Intelligente Technische Systeme – Lösungen aus dem Spitzencluster it's OWL

Reihe herausgegeben von
it's OWL Clustermanagement GmbH,
Paderborn, Deutschland

Im Technologie-Netzwerk Intelligente Technische Systeme OstWestfalenLippe (kurz: it's OWL) haben sich rund 200 Unternehmen, Hochschulen, Forschungseinrichtungen und Organisationen zusammengeschlossen, um gemeinsam den Innovationssprung von der Mechatronik zu intelligenten technischen Systemen zu gestalten. Gemeinsam entwickeln sie Ansätze und Technologien für intelligente Produkte und Produktionsverfahren, Smart Services und die Arbeitswelt der Zukunft. Das Spektrum reicht dabei von Automatisierungs- und Antriebslösungen über Maschinen, Fahrzeuge, Automaten und Hausgeräte bis zu vernetzten Produktionsanlagen und Plattformen. Dadurch entsteht eine einzigartige Technologieplattform, mit der Unternehmen die Zuverlässigkeit, Ressourceneffizienz und Benutzungsfreundlichkeit ihrer Produkte und Produktionssysteme steigern und Potenziale der digitalen Transformation erschließen können.

In the technology network Intelligent Technical Systems OstWestfalenLippe (short: it's OWL) around 200 companies, universities, research institutions and organisations have joined forces to jointly shape the innovative leap from mechatronics to intelligent technical systems. Together they develop approaches and technologies for intelligent products and production processes, smart services and the working world of the future. The spectrum ranges from automation and drive solutions to machines, vehicles, automats and household appliances to networked production plants and platforms. This creates a unique technology platform that enables companies to increase the reliability, resource efficiency and user-friendliness of their products and production systems and tap the potential of digital transformation.

Roman Dumitrescu
(Hrsg.)

Gestaltung digitalisierter Arbeitswelten

Handlungsfelder und Praxisbeispiele zur Umsetzung digitalisierter Arbeit

Hrsg.
Prof. Dr.-Ing. Roman Dumitrescu
Fraunhofer Institut für
Entwurfstechnik Mechatronik IEM
Produktentstehung Paderborn, Deutschland

ISSN 2523-3637   ISSN 2523-3645 (electronic)
Intelligente Technische Systeme – Lösungen aus dem Spitzencluster it's OWL
ISBN 978-3-662-58013-4   ISBN 978-3-662-58014-1 (eBook)
https://doi.org/10.1007/978-3-662-58014-1

Die Deutsche Nationalbibliothek verzeichnet diese Publikation in der Deutschen Nationalbibliografie; detaillierte bibliografische Daten sind im Internet über http://dnb.d-nb.de abrufbar.

© Springer-Verlag GmbH Deutschland, ein Teil von Springer Nature 2022
Das Werk einschließlich aller seiner Teile ist urheberrechtlich geschützt. Jede Verwertung, die nicht ausdrücklich vom Urheberrechtsgesetz zugelassen ist, bedarf der vorherigen Zustimmung des Verlags. Das gilt insbesondere für Vervielfältigungen, Bearbeitungen, Übersetzungen, Mikroverfilmungen und die Einspeicherung und Verarbeitung in elektronischen Systemen.
Die Wiedergabe von allgemein beschreibenden Bezeichnungen, Marken, Unternehmensnamen etc. in diesem Werk bedeutet nicht, dass diese frei durch jedermann benutzt werden dürfen. Die Berechtigung zur Benutzung unterliegt, auch ohne gesonderten Hinweis hierzu, den Regeln des Markenrechts. Die Rechte des jeweiligen Zeicheninhabers sind zu beachten.
Der Verlag, die Autoren und die Herausgeber gehen davon aus, dass die Angaben und Informationen in diesem Werk zum Zeitpunkt der Veröffentlichung vollständig und korrekt sind. Weder der Verlag, noch die Autoren oder die Herausgeber übernehmen, ausdrücklich oder implizit, Gewähr für den Inhalt des Werkes, etwaige Fehler oder Äußerungen. Der Verlag bleibt im Hinblick auf geografische Zuordnungen und Gebietsbezeichnungen in veröffentlichten Karten und Institutionsadressen neutral.

Lektorat: Alexander Grün
Springer Vieweg ist ein Imprint der eingetragenen Gesellschaft Springer-Verlag GmbH, DE und ist ein Teil von Springer Nature.
Die Anschrift der Gesellschaft ist: Heidelberger Platz 3, 14197 Berlin, Germany

Geleitwort des Projektträgers

Unter dem Motto „Deutschlands Spitzencluster – Mehr Innovation. Mehr Wachstum. Mehr Beschäftigung" startete das Bundesministerium für Bildung und Forschung (BMBF) 2007 den Spitzencluster-Wettbewerb. Ziel des Wettbewerbs war, die leistungsfähigsten Cluster auf dem Weg in die internationale Spitzengruppe zu unterstützen. Durch die Förderung der strategischen Weiterentwicklung exzellenter Cluster soll die Umsetzung regionaler Innovationspotenziale in dauerhafte Wertschöpfung gestärkt werden.

In den Spitzenclustern arbeiten Wissenschaft und Wirtschaft eng zusammen, um Forschungsergebnisse möglichst schnell in die Praxis umzusetzen. Die Cluster leisten damit einen wichtigen Beitrag zur Forschungs- und Innovationsstrategie der Bundesregierung. Dadurch sollen Wachstum und Arbeitsplätze gesichert bzw. geschaffen und der Innovationsstandort Deutschland attraktiver gemacht werden.

Bis 2012 wurden in drei Runden 15 Spitzencluster ausgewählt, die jeweils über fünf Jahre mit bis zu 40 Mio. € gefördert wurden. Der Cluster Intelligente Technische Systeme OstWestfalenLippe – kurz it's OWL wurde in der dritten Wettbewerbsrunde im Januar 2012 als Spitzencluster ausgezeichnet. Seitdem hat sich der Spitzencluster it's OWL zum Ziel gesetzt, die intelligenten technischen Systeme der Zukunft zu entwickeln. Gemeint sind hier Produkte und Prozesse, die sich der Umgebung und den Wünschen der Benutzer anpassen, Ressourcen sparen sowie intuitiv zu bedienen und verlässlich sind. Für die Unternehmen des Maschinenbaus, der Elektro- und Energietechnik sowie für die Elektronik- und Automobilzulieferindustrie können die intelligenten technischen Systeme den Schlüssel zu den Märkten von morgen darstellen.

Auf einer starken Basis im Bereich mechatronischer Systeme beabsichtigt it's OWL, im Zusammenspiel von Informatik und Ingenieurwissenschaften den Sprung zu Intelligenten Technischen Systemen zu realisieren. It's OWL sieht sich folglich als Wegbereiter für die Evolution der Zusammenarbeit beider Disziplinen hin zur sogenannten vierten industriellen Revolution oder Industrie 4.0. Durch die Teilnahme an it's OWL stärken die Unternehmen ihre Wettbewerbsfähigkeit und bauen ihre Spitzenposition auf den internationalen Märkten aus. Der Cluster leistet ebenfalls wichtige Beiträge zur

Erhöhung der Attraktivität der Region Ostwestfalen-Lippe für Fach- und Führungskräfte sowie zur nachhaltigen Sicherung von Wertschöpfung und Beschäftigung.

Mehr als 180 Clusterpartner – Unternehmen, Hochschulen, Kompetenzzentren, Brancheninitiativen und wirtschaftsnahe Organisationen – arbeiten in 47 Projekten mit einem Gesamtvolumen von ca. 90 Mio. € zusammen, um intelligente Produkte und Produktionssysteme zu erarbeiten. Das Spektrum reicht von Automatisierungs- und Antriebslösungen über Maschinen, Automaten, Fahrzeuge und Haushaltsgeräte bis zu vernetzten Produktionsanlagen und Smart Grids. Die gesamte Clusterstrategie wird durch Projekte operationalisiert. Drei Projekttypen wurden definiert: Querschnitts- und Innovationsprojekte sowie Nachhaltigkeitsmaßnahmen. Grundlagenorientierte Querschnittsprojekte schaffen eine Technologieplattform für die Entwicklung von intelligenten technischen Systemen und stellen diese für den Einsatz in Innovationsprojekten, für den Know-how-Transfer im Spitzencluster und darüber hinaus zur Verfügung. Innovationsprojekte bringen Unternehmen in Kooperation mit Forschungseinrichtungen zusammen zur Entwicklung neuer Produkte und Technologien, sei als Teilsysteme, Systeme oder vernetzte Systeme, in den drei globalen Zielmärkten Maschinenbau, Fahrzeugtechnik und Energietechnik. Nachhaltigkeitsmaßnahmen erzeugen eine Entwicklungsdynamik über den Förderzeitraum hinaus und sichern die Wettbewerbsfähigkeit.

Interdisziplinäre Projekte mit ausgeprägtem Demonstrationscharakter haben sich als wertvolles Element in der Clusterstrategie erwiesen, um Innovationen im Bereich der intelligenten technischen Systeme produktionsnah und nachhaltig voranzutreiben. Die ersten Früchte der engagierten Zusammenarbeit werden im vorliegenden Bericht der breiten Öffentlichkeit als Beitrag zur Erhöhung der Breitenwirksamkeit vorgestellt. Den Partnern wünschen wir viel Erfolg bei der Konsolidierung der zahlreichen Verwertungsmöglichkeiten für die im Projekt erzielten Ergebnisse sowie eine weiterhin erfolgreiche Zusammenarbeit in it's OWL.

Dezember 2017   Dr.-Ing. Alexander Lucumi
Projektträger Karlsruhe (PTKA)
Karlsruher Institut für Technologie (KIT)

Geleitwort des Clustermanagements

Wir gestalten gemeinsam die digitale Revolution – Mit it's OWL!

Die Digitalisierung wird Produkte, Produktionsverfahren, Arbeitsbedingungen und Geschäftsmodelle verändern. Virtuelle und reale Welt wachsen immer weiter zusammen. Industrie 4.0 ist der entscheidende Faktor, um die Wettbewerbsfähigkeit von produzierenden Unternehmen zu sichern. Das ist gerade für Ostwestfalen-Lippe als einem der stärksten Produktionsstandorte in Europa entscheidend für Wertschöpfung und Beschäftigung.

Die Entwicklung zu Industrie 4.0 ist mit vielen Herausforderungen verbunden, die Unternehmen nicht alleine bewältigen können. Gerade kleine und mittlere Unternehmen (KMU) brauchen Unterstützung, da sie nur über geringe Ressourcen für Forschung- und Entwicklung verfügen. Daher gehen wir in Ostwestfalen-Lippe den Weg zu Industrie 4.0 gemeinsam: mit dem Spitzencluster it's OWL. Unternehmen und Forschungseinrichtungen entwickeln Technologien und konkrete Lösungen für intelligente Produkte und Produktionsverfahren.

Davon profitieren insbesondere auch kleine und mittlere Unternehmen. Mit einem innovativen Transferkonzept bringen wir neue Technologien in den Mittelstand, beispielsweise in den Bereichen Selbstoptimierung, Mensch-Maschine-Interaktion, intelligente Vernetzung, Energieeffizienz und Systems Engineering. In 170 Transferprojekten können KMU diese neuen Technologien nutzen, um die Zuverlässigkeit, Ressourceneffizienz und Benutzerfreundlichkeit ihrer Maschinen, Anlagen und Geräte zu sichern.

Die Rückmeldungen aus den Unternehmen sind sehr positiv. Sie können einen ersten Schritt zu Industrie 4.0 gehen und erhalten Zugang zu aktuellen, praxiserprobten Ergebnissen aus der Forschung, die sie direkt in den Betrieb einbinden können. Unser Transferkonzept wurde aus 3000 Bewerbungen mit dem Industriepreis des Huber Verlags für neue Medien in der Kategorie Forschung und Entwicklung ausgezeichnet.

Jetzt geht es darum, die Auswirkungen auf die Arbeitsplätze und die Anforderungen an die Qualifikation der Mitarbeiter zu ermitteln. Dazu haben wir Modellprojekte in sechs Unternehmen gestartet, in denen Unternehmensleitung,

Produktionsverantwortliche, Personalabteilung, Beschäftigte, Betriebsrat und Gewerkschaft gemeinsam Produktionsarbeitsplätze zukunftsfähig machen.

Eine wichtige Voraussetzung dafür ist, dass neue Technologien von den Beschäftigten akzeptiert und eingesetzt werden. Auf diesem Gebiet haben die Universitäten Bielefeld und Paderborn mit dem Projekt „Akzeptanz gewährleisten" wichtige Vorarbeit geleistet. Die Handlungsempfehlungen für Nutzerorientierung sowie Sozialverträglichkeit sind die Basis für das optimale Zusammenspiel von Mensch und Maschine und die Gestaltung von neuen Arbeitswelten. Wir sind überzeugt, dass sie vielen Unternehmen bei der Einführung von neuen Technologien helfen.

It's OWL – Das ist OWL: Innovative Unternehmen mit konkreten Lösungen für Industrie 4.0. Anwendungsorientierte Forschungseinrichtungen mit neuen Technologien für den Mittelstand. Hervorragende Grundlagenforschung zu Zukunftsfragen. Ein starkes Netzwerk für interdisziplinäre Entwicklungen. Attraktive Ausbildungsangebote und Arbeitgeber in Wirtschaft und Wissenschaft.

Prof. Dr.-Ing. Roman Dumitrescu, Geschäftsführer it's OWL Clustermanagement
Günter Korder, Geschäftsführer it's OWL Clustermanagement
Herbert Weber, Geschäftsführer it's OWL Clustermanagement

Vorwort des Herausgebers[1]

Auf Empfehlung des wissenschaftlichen Beirats beleuchtet it's OWL in Kooperation mit verschiedenen Clusterpartnern das Thema Industrie 4.0 aus unterschiedlichen Blickwinkeln und veröffentlicht wesentliche Ergebnisse unter dem Titel »Auf dem Weg zu Industrie 4.0«. In der vorliegenden Ausgabe stellen wir nun den Menschen in den Mittelpunkt. Denn im Zukunftsprojekt Industrie 4.0 stand lange die Frage im Fokus, was technisch möglich ist. Mit der Digitalisierung der Arbeit rücken allerdings auch soziale Aspekte der Arbeitsgestaltung in den Vordergrund. Der Wandel zu immer komplexeren Produkten und Dienstleistungen sowie die zunehmende Bedeutung von unternehmensübergreifenden Ad-hoc-Wertschöpfungsnetzen und Allianzen wirken sich stark auf die Arbeitsorganisation und die Qualifikationsprofile der Beschäftigten aus. Vielfältige Erfahrungen mit Veränderungsprozessen in Unternehmen legen es nahe, dass es letztlich die Beschäftigten sind, die Industrie 4.0 zu einem Erfolg oder Misserfolg werden lassen. Die neuen Möglichkeiten der Digitalisierung können offensichtlich dazu beitragen, die Konzepte Work-Life-Balance und Vereinbarkeit von Familie und Beruf zu verwirklichen und so hohe Arbeitszufriedenheit und Leistungsbereitschaft zu fördern; Voraussetzung dafür ist die Partizipation der Arbeitnehmer. Im Rahmen des Spitzenclusters wurden 2016 und 2017 in fünf Unternehmen Modellprojekte gestartet, in denen Unternehmensspitze, Produktionsleitung, Personalabteilung, Beschäftigte, Betriebsrat und Gewerkschaften zusammenarbeiten. Beteiligt sind die Clusterunternehmen (Hettich Holding GmbH & Co. oHG (Hettich), Miele & Cie. KG/Imperial-Werke oHG (Miele/Imperial), PHOENIX CONTACT GmbH & Co. KG (Phoenix Contact), Weidmüller GmbH & Co KG (Weidmüller) und WINCOR NIXDORF International GmbH (Diebold Nixdorf). Inhaltlich geht es beispielsweise um den Einsatz von Assistenzsystemen, interaktive Robotik und Technologieakzeptanz. Aus den Ergebnissen wurden erste Handlungsempfehlungen erarbeitet. Zu den Projektergebnissen zählte aber auch der

---

[1] Aus Gründen der besseren Lesbarkeit wird bei personenbezogenen Substantiven und Pronomen das generische Maskulinum verwendet. Diese Regelung impliziert jedoch keine Benachteiligung nicht-maskuliner Geschlechteridentitäten, sondern dient ausschließlich der sprachlichen Vereinfachung.

Breitentransfer, sowohl innerhalb eines Unternehmens als auch über Unternehmensgrenzen hinweg. Ein wesentlicher Erfolgsfaktor für die Projekte war die frühzeitige Einbindung der Betriebsräte und der IG Metall. In einer durchweg vertrauensorientierten Kooperation und Abstimmung zwischen alle Projektbeteiligten konnten viele Hindernisse für Innovationen frühzeitig überwunden werden. Die soziotechnische Vorgehensweise war dabei der richtige und von allen akzeptierte Weg. Die vorliegende Ausgabe gibt eine Einführung in das Thema Arbeit 4.0 und Einblicke in die Ergebnisse der fünf Pilotprojekte. Dabei werden erste Handlungsempfehlungen beschrieben. Ein Ausblick und die Aktivitäten von it's OWL im Kontext Arbeit 4.0 runden diese Ausgabe ab.

Fraunhofer Institut für Entwurfstechnik Prof. Dr.-Ing. Roman Dumitrescu
Mechatronik IEM
Produktentstehung
Paderborn, Deutschland

Inhaltsverzeichnis

1 Einführung... 1
Michael Bansmann
   1.1   Problemstellung... 1
   1.2   Zielsetzung... 5
   1.3   Planung und Ablauf des Projekts............................ 6
   1.4   Beitrag zu den strategischen Zielen des Spitzenclusters it's OWL...... 8
   Literatur.. 10

2 Grundlagen.. 11
Michael Bansmann
   Literatur.. 20

3 Transfer von Arbeit 4.0-Anwendungsszenarien.................... 23
Michael Bansmann, Roman Dumitrescu und Christian Fechtelpeter
   3.1   Ausgangssituation und Handlungsbedarf..................... 24
   3.2   Zielsetzung... 30
   3.3   Transfer von Arbeit 4.0-Anwendungsszenarien................ 31
         3.3.1   Identifikation und Klassifizierung nutzenversprechender Arbeit 4.0-Anwendungsszenarien....... 33
         3.3.2   Analyse der Auswirkungen........................ 36
         3.3.3   Identifikation einer Projektstrategie................. 40
         3.3.4   Erarbeitung eines Projektvorschlags................ 42
   3.4   Validierung.. 43
   Literatur.. 45

4 Zukunftswerkstatt COMBICON – PHOENIX CONTACT............ 49
Tim Kleineberg, Sven Hinrichsen und Klaus Lütkemeier
   4.1   Ausgangssituation und Problemstellung...................... 49
   4.2   Zielsetzung und Konzeption................................... 50

	4.3	Realisierung	53
	4.4	Erfahrungen	60
		Literatur	62

5 Entwicklung eines Leitfadens für die Einführung von Werkerassistenzsystemen 63
Tim Kleineberg, Sven Hinrichsen und Felix Busch

	5.1	Ausgangssituation und Problemstellung	63
	5.2	Zielsetzung und Konzeption	67
	5.3	Realisierung	69
	5.4	Erfahrungen	74
		Literatur	75

6 Wissenstransfer und Industrial Connectivity bei Weidmüller 79
Dominik Bentler, Agnieszka Paruzel, Katharina Schlicher und Günter W. Maier

	6.1	Ausgangssituation und Problemstellung			80
		6.1.1	Kompetenzaufbau und Kompetenzerhalt		80
		6.1.2	Work-Life-Balance und Arbeitseinstellungen		81
		6.1.3	Arbeitsplatzgestaltung und Arbeitskomfort		82
	6.2	Zielsetzung und Konzeption			83
	6.3	Realisierung			84
		6.3.1	Erstellung Anwendungsszenarien		84
		6.3.2	Abfrage Erwartungen und Befürchtungen der Datenbrillennutzer		85
		6.3.3	Erstellung Anforderungsprofil		88
			6.3.3.1	Strukturierte Interviews	88
			6.3.3.2	Clustering der Informationen	88
			6.3.3.3	Wichtig- und Häufigkeitsbewertung der ermittelten Anforderungen	89
	6.4	Erfahrungen			90
		Literatur			91

7 Arbeit4.0@Hettich – Berufliche Handlungskompetenz in der Umsetzung des Auftragsdurchlaufs von morgen 93
Katharina Schlicher, Dominik Bentler, Agnieszka Paruzel und Günter W. Maier

	7.1	Ausgangssituation und Problemstellung		94
		7.1.1	Konkretisierung des Forschungsvorhabens	94
		7.1.2	Wissenschaftlicher Forschungsstand im Themengebiet	96

	7.2	Zielsetzung und Konzeption..	97
		7.2.1 Zielsetzung des Projekts.......................................	97
		7.2.2 Methode der Arbeits- und Anforderungsanalyse	99
	7.3	Realisierung...	101
		7.3.1 Ermittlung der berufs- und abteilungsspezifischen Kompetenzanforderungen im Interview.......................	102
		7.3.2 Gestaltung von Workshops zur Szenariengenerierung..........	103
		7.3.3 Fragebogenerhebung zur Ermittlung der Ist-Soll Abweichung	107
	7.4	Erfahrungen...	113
		7.4.1 Verwertbarkeit der Projektergebnisse im Unternehmen Hettich und in der Forschung..	113
		7.4.2 Gestaltung des Veränderungsprozesses der Einführung intelligenter und vernetzter Systeme.........................	115
		7.4.3 Fazit..	118
	Literatur..		119
8	**Qualitätssteigerung durch Informationsrückführung – Assistenzsysteme in der Montage (Diebold Nixdorf)**...................		123
	Holger Fischer und Gunnar Schomaker		
	8.1	Ausgangssituation und Problemstellung	123
		8.1.1 Problematik und Handlungsbedarf bei der Diebold Nixdorf AG..	124
	8.2	Zielsetzung und Konzeption..	126
	8.3	Realisierung...	129
		8.3.1 Individuelle und organisationale Akzeptanzkriterien...........	132
		8.3.2 Beschäftigten-zentrierter Gestaltungs- und Entwicklungsprozess..	136
		8.3.3 Interaktionskonzept	139
	8.4	Erfahrungen...	141
	Literatur..		144
9	**Mehrwert Mitgestaltung – Der ganzheitliche Weg zu Arbeit 4.0**.........		147
	Wolfgang Nettelstroth, Oliver Dietrich, Gabi Schilling, Inger Korflür, Ralf Löckener und Thomas Gebauer		
	9.1	Ausgangssituation und Problemstellung: Chancen und Risiken der Digitalisierung aus der Perspektive der Beschäftigten...............	148
		9.1.1 Neue Gestaltungsanforderungen zur „Humanisierung der Arbeit"...	150
		9.1.1.1 Diskussion und Gestaltung soziotechnischer Arbeitssysteme.................................	150
		9.1.1.2 Partizipation der Beschäftigten..................	152
		9.1.1.3 Rolle der Betriebsräte und Gewerkschaften	152

9.2		Zielsetzung und Konzeption: Wahrnehmungen von Betriebsräten bestätigen wissenschaftliche Erkenntnisse.	154
9.3		Gestaltungsoffenheit nutzen – Impulse für ein neues Leitbild „Arbeit 4.0"	157
9.4		Schlussfolgerungen für die Praxis: Leitfaden für Prozesse der Mitgestaltung durch Betriebsräte, Beschäftigte und IG Metall	160
	9.4.1	Ziel- und Interessenklärung zum Start des Projektes.	162
	9.4.2	Projektdefinition.	164
	9.4.3	Arbeits- und Beteiligungskonzepte	165
		9.4.3.1 Nachvollziehbare Auswahl von relevanten Akteuren aus betroffenen Abteilungen und Beschäftigtengruppen sowie des Projektteams.	165
		9.4.3.2 Zum Start: Basis-Information für die gesamte Belegschaft	166
		9.4.3.3 Strukturierte Arbeitspakete	166
		9.4.3.4 Steuerung des gesamten Prozesses – Steuerung aufseiten des Betriebsrats	167
		9.4.3.5 Rollenverständnis der Akteure	168
		9.4.3.6 Rolle des Betriebsrats und der IG Metall	168
		9.4.3.7 Beschäftigte einbeziehen und für die Mitgestaltung gewinnen	169
		9.4.3.8 Eigene Beteiligungsinstrumente des Betriebsrats und der IG Metall	170
	9.4.4	Klärung von Gestaltungsoptionen durch stetige Rückkopplungsprozesse.	171
	9.4.5	Die Umsetzung nimmt Gestalt an	172
9.5		Gesamt-Fazit: Erfolgsfaktoren und Stolpersteine aus Sicht der IG Metall und der Betriebsräte	172
	9.5.1	Von der konventionellen Technikeinführung zur ganzheitlichen Gestaltung von Arbeit 4.0	175
Literatur.			178

10 Ausblick 181
Michael Bansmann

Einführung

Michael Bansmann

Inhaltsverzeichnis

1.1 Problemstellung 1
1.2 Zielsetzung 5
1.3 Planung und Ablauf des Projekts 6
1.4 Beitrag zu den strategischen Zielen des Spitzenclusters it's OWL 8
Literatur 10

1.1 Problemstellung

Die zunehmende Durchdringung des Maschinenbaus und verwandter Branchen mit Informations- und Kommunikationstechnik (IKT) bietet faszinierende Möglichkeiten für die Kreation technischer Systeme. Schon heute lässt sich der Trend erkennen, dass technische Systeme unserer realen Umgebung durch eingebettete Software in das weltumspannende Kommunikationsnetz integriert werden. Die zugehörige Entwicklung, Produktion und der Betrieb werden dabei mehr und mehr als komplexes, informationsverarbeitendes System verstanden, in dem die durchgängige Unterstützung durch IKT eine herausragende Rolle spielt. Schlagwörter wie Cyber-Physical Systems, Smart Things, Internet of Things oder ganz allgemein Industrie 4.0 bringen diesen Trend zum Ausdruck.

Die mit Industrie 4.0 einhergehenden Potentiale werden durch die Unternehmen bislang jedoch stark aus der technischen Perspektive bezogen auf Produktinnovationen

---

M. Bansmann (✉)
Fraunhofer IEM, Produktentstehung, Paderborn, Deutschland
E-Mail: michael.bansmann@iem.fraunhofer.de

© Springer-Verlag GmbH Deutschland, ein Teil von Springer Nature 2022
R. Dumitrescu (Hrsg.), *Gestaltung digitalisierter Arbeitswelten*, Intelligente Technische Systeme – Lösungen aus dem Spitzencluster it's OWL,
https://doi.org/10.1007/978-3-662-58014-1_1

betrachtet. Die Leitfrage lautet häufig: „Was ist technisch möglich?". Allerdings haben die entsprechenden Technologien starke Auswirkungen auf die Organisation und die Arbeitswelt.

Im Zuge der Entwicklungen sind es die Menschen, die die Veränderungen gestalten und die sich gleichzeitig selbst am meisten verändern müssen. So ist beispielsweise der Einsatz von virtuellen Entwicklungsumgebungen, Datenbrillen in der Produktion, weltweite Verfügbarkeit von Remote-Experten auf Tablet-PCs keine kühne Vision mehr, sondern gelebte Realität. Um dieser Entwicklung jedoch im Hinblick auf die Arbeitnehmer aus allen Unternehmensbereichen und deren Umgang mit technologischen Erneuerungen Schritt zu halten, bedarf es eines soziotechnischen Ansatzes, der auf partizipativer Arbeitsgestaltung und kontinuierlichen Qualifizierungsmaßnahmen fußt. Für aktuelle Bemühungen in diesem Spannungsfeld steht der Begriff Arbeit 4.0, der alle Akteure auf Seiten der Arbeitnehmer und Arbeitgeber betrifft (Bundesministerium für Arbeit und Soziales 2015). In diesem Bezug führte das Fraunhofer-Institut für Arbeitswirtschaft und Organisation IAO eine Studie zur zukünftigen Produktionsarbeit durch, die die Sicht der Unternehmen auf das Thema Arbeit 4.0 anhand von nachfolgenden Zahlen und Fakten widerspiegelt. Der Studie zufolge sehen 97 % der befragten Unternehmen trotz des Wandels im Kontext Industrie 4.0 die menschliche Arbeit für ihre Produktion auch zukünftig weiter als wichtig an. Im Allgemeinen wird ein hohes Nutzenpotenzial durch den Einsatz mobiler Endgeräte zur Unterstützung des Produktionsmitarbeiters erwartet: 52 % der befragten Unternehmen sehen in diesem Zusammenhang die mobile Kommunikationstechnik als zunehmende Bereicherung; 73 % erkennen ein Nutzenpotential bei der Verarbeitung von aktuellen Produktionsdaten durch den Einsatz mobiler Endgeräte. Dennoch sind 19 % noch skeptisch und stimmen einer zunehmenden Nutzung nicht zu. Somit spielt die Sensibilisierung von Unternehmen und Mitarbeitern heute eine entscheidende Rolle, wenn es darum geht, in Zukunft die Vorteile und Möglichkeiten von Industrie 4.0 und Arbeit 4.0 nutzen zu wollen (Fraunhofer-Institut für Arbeitswirtschaft und Organisation IAO 2013).

Charakteristisch für die Digitalisierung der Industrie ist beispielsweise der Zuwachs an Datenströmen, die über den gesamten Lebenszyklus des Produktes entstehen. Neben zahlreichen Produktdaten sind moderne Produkte bereits heute schon in der Lage, selbst Daten über sich und ihre Umgebung zur Verfügung zu stellen (Porter und Heppelmann 2015). Komplexe, für den Menschen nicht mehr überschaubare Datensätze sind das Ergebnis. Diese können jedoch mit aktuellen Datenbank-Management-Systemen und Datenanalyse-Applikationen nicht mehr verarbeitet werden (White 2009). Lösungsansätze zum Umgang mit solchen Datenmengen werden unter dem Begriff Big Data zusammengefasst. Wesentliche Herausforderung ist es dabei, die Datenerfassung, -vorverarbeitung, -speicherung und letztlich die Datenanalyse in einer annehmbaren Zeit durchführen zu können (Jacobs 2009). Die in diesem Zuge aufbereiteten Daten werden z. B. in der Produktion mit Hilfe von Assistenzsystemen den Beschäftigten bereitgestellt. Dabei kommen Technologien wie z. B. Datenbrillen zur Ergänzung der Bildschirmarbeit,

Caves für Virtual Design Reviews oder Augmented/Virtual Reality (AR/VR) zum Einsatz.

Der Faktor Mensch, z. B. in neuartigen Interaktionstechniken, wird in diesem Zusammenhang oftmals fälschlicherweise vernachlässigt. Es ist zu klären, wie diese Technologien zur Unterstützung der Beschäftigten beitragen können. Zwei wesentliche Trends machen die Unterstützung der Arbeit durch solche Technologien notwendig. Zum einen vollzieht sich ein Wandel hin zu immer komplexeren Produkten und Dienstleistungen. Zum anderen verändert sich die Zusammenarbeit hin zu sog. Entwicklungs- und Innovationsnetzwerken, die über zeitliche und räumliche Grenzen hinweg auszugestalten sind. Dies führt zu einem fundamentalen Wandel in der Arbeitsorganisation sowie in den Tätigkeiten und Qualifikationsprofilen der Beschäftigten. Unternehmen stehen häufig bei der Einführung entsprechender digitaler Technologien und Konzepte vor großen Herausforderungen: So ist eine Einführung mit einem hohen finanziellen Aufwand verbunden. Auch bleibt das Nutzenpotential solcher Technologien für eine konkrete Situation oft unklar. Gleichzeitig ergeben sich aus deren Einführung allerdings auch vielfältige Möglichkeiten für eine humanorientierte Gestaltung der Arbeitsorganisation (Plattform Industrie 4.0 2014).

Zusammenfassend lassen sich die Themenbereiche **Big Data, Assistenzsysteme und Faktor Mensch** in neuartigen Interaktionstechniken als wesentliche Treiber auf dem Weg hin zu Arbeit 4.0 bei produzierenden Unternehmen identifizieren. Sie bilden folglich die inhaltliche Grundlage des angestrebten Verbundvorhabens. Daher bildet das Konsortium diese drei Themen als sog. Kompetenzfelder ab. Es wird deutlich, dass aufgrund der zunehmenden Digitalisierung mit ihren Fabriken der Zukunft das Verhältnis von Mensch und Maschine und nicht zuletzt die Arbeit der Zukunft im Rahmen von Industrie 4.0 weiterentwickelt und zum Teil neu definiert werden muss. Auf dem Weg zu dieser Vision kommen bei den Beschäftigten viele Fragen auf: Welche Rolle spielt Arbeit in Zukunft? Welche Arbeit wird noch gebraucht? Welche Qualifikationen und Kompetenzen sind vorhanden? Welche müssen hinzukommen? Werden bestimmte Berufe und Tätigkeitsprofile überflüssig? Unklar bleibt auch, inwieweit der Einsatz entsprechender Technologien von den Beschäftigten als Unterstützung oder evtl. sogar als psychische und/oder physische Belastung empfunden wird. Zusätzlich mangelt es an Qualifikations- und Weiterbildungskonzepten, die die Beschäftigten zur Nutzung derartiger Technologien befähigen.

Positive Effekte im Kontext dieser sog. Arbeit 4.0 werden häufig diskutiert, so z. B. die enormen Entfaltungsmöglichkeiten für Mitarbeiterinnen und Mitarbeiter in der Produktion (Fraunhofer IAO 2013). Unklar ist jedoch, wie sich die fortschreitende Entwicklung auf die Arbeitswelt auswirkt. Dies führt zu Unsicherheiten und Ängsten bei Beschäftigten, die sich insbesondere dann zeigen, wenn es um konkrete Veränderungen am eigenen Arbeitsplatz geht. Jahrelange und vielfältige Erfahrungen mit Veränderungsprozessen in Unternehmen lassen vermuten, dass es letztlich die Beschäftigten sind, die Industrie 4.0 zu einem Erfolg oder Misserfolg werden lassen. Dieser Umstand verweist darauf, dass die Beteiligung der Mitarbeiter und die gemeinsame Kommunikation im Unternehmen unerlässlich sein werden. Arbeit 4.0 ist daher eine sozio-technische Herausforderung, die eine Balance zwischen Maßnahmen in den Handlungsbereichen Mensch, Organisation und Technik erfordert. Für das angestrebte Verbundvorhaben sind dabei zwei Leitfragen wesentlich:

- Wie lassen sich Chancen/Anforderungen der Industrie 4.0 auf die Arbeit in Gruppen und des Einzelnen identifizieren und gestalten?
- Wie können Unternehmen breitenwirksam befähigt werden, Arbeit 4.0 zu verstehen und umzusetzen?

Um diese Leitfragen entsprechend zu beantworten, gliedert sich das Vorhaben in drei übergeordnete Handlungsfelder. Orthogonal zu diesen liegen die bereits zuvor skizzierten Kompetenzfelder Big Data, Assistenzsysteme und Faktor Mensch in neuartigen Interaktionstechniken

Handlungsfeld 1: Identifikation der Potentiale von digitalisierter Arbeit zur Produktivitätssteigerung und Beschäftigungssicherung

Digitale Technologien und Konzepte sind die Grundlage der Arbeit von morgen. Eine digitale Technologie stellt beispielsweise Augmented Reality dar. Diese lässt sich auf einer Datenbrille nutzen, aber auch auf einem Tablet abbilden. Sogar untypische Technologien wie Apps oder gar Aktivitätstracker könnten die Arbeit in der Produktentstehung unterstützen, z. B. durch eine gezielte Erhöhung der Aufmerksamkeit bei ermüdender Bildschirmarbeit. Daher bedarf es zunächst einer Übersicht der Bandbreite möglicher Technologien für die Gestaltung der Arbeitswelt im Kontext Industrie 4.0. Darüber hinaus ist zu klären, wie diese Technologien die Unternehmensprozesse und Tätigkeiten mehrwertstiftend und humangerecht unterstützen können.

Handlungsfeld 2: Gestaltung digitalisierter Arbeit zur Produktivitätssteigerung und Beschäftigungssicherung

Die Einführung neuer Technologien, Werkzeuge und Methoden aus dem Kontext Industrie 4.0 hat Auswirkungen auf die Beschäftigten und die Organisation. Dabei geht es zum einen um die Anforderungen an die Mitarbeiter, den Umgang mit Belastungen und entsprechende Kompensationsmöglichkeiten in der Arbeit 4.0 sowie die fortlaufende Qualifizierung für gute Arbeit in Gruppen und der/s Einzelnen. Zum anderen gehen mit der Einführung digitaler Arbeitsmaßnahmen aufgrund der damit einhergehenden tief greifenden Veränderungen auch Anpassungen an der Aufbau- und insbesondere der Ablauforganisation von Unternehmen einher. Daher bedarf es der Identifikation dieser Auswirkungen, um entsprechende Handlungsempfehlungen zur Erschließung der Potentiale digitalisierter Arbeit abzuleiten.

Handlungsfeld 3: Breitentransfer
Die Gestaltung der Arbeitswelt im Kontext der Digitalisierung ist unternehmensindividuell vorzunehmen. Im Hinblick auf eine spätere Übertragbarkeit sind die Ergebnisse der empirischen Pilotprojekte dieses Vorhabens im Sinne eines Zwiebelmodells zu generalisieren. Damit weitere Unternehmen von dem Verbundprojekt profitieren können und somit ein volkswirtschaftlicher Nutzen gestiftet werden kann, sind in einem ersten Schritt die Ergebnisse zu abstrahieren und zu generalisieren. In einem zweiten Schritt werden diese in einem Leitfaden zur Gestaltung digitalisierter Arbeitswelten dokumentiert und so interessierten Unternehmen zur Verfügung gestellt. Insgesamt ist die Übertragbarkeit dieser Ergebnisse auf unternehmensspezifische Rahmenbedingungen zu gewährleisten. Des Weiteren ist ein Austausch von Erfahrungen sowie die Aufbereitung der Projektergebnisse notwendig, sodass insbesondere auch KMU frühzeitig von den Ergebnissen partizipieren können. Ferner sind die Ergebnisse der Pilotprojekte sowie die Erfahrungen aus dem Breitentransfer zu aggregieren und in die Forschung zurückzuspiegeln.

1.2 Zielsetzung

Zielsetzung des Verbundprojektes ist die Vorbereitung, Durchführung und Nachbereitung einer Praxisstudie mit sechs Pilotunternehmen des BMBF-Spitzencluster it's OWL, um die unternehmensspezifischen Herausforderungen einer digitalisierten Arbeitswelt zu betrachten und die Potentiale der Arbeit 4.0 auszuschöpfen. Das Hauptergebnis sind validierte Empfehlungen aus Unternehmen, die anderen Unternehmen den Wandel und mögliche Gestaltungsfelder hin zur Arbeit 4.0 aufzeigen. Im Mittelpunkt stehen dabei die Anforderungen der Mitarbeiterinnen und Mitarbeiter an die Arbeit. Gleichzeitig sollen in den beteiligten Unternehmen die erzielten Ergebnisse verstetigt und die beteiligten Mitarbeiterinnen und Mitarbeiter für die Herausforderungen der Arbeit 4.0 qualifiziert werden. Auf Basis der identifizierten Handlungsfelder ergeben sich die folgenden Teilziele.

Teilziel 1: Identifikation der Potentiale digitalisierter Arbeit
Um die Arbeit in der digitalisierten Welt humangerecht und mehrwertstiftend gestalten zu können, müssen zunächst die Potentiale digitalisierter Arbeit zur Beschäftigungssicherung aufgedeckt und ihre gezielte Entwicklung im Betrieb beschrieben werden. Ziel ist es daher, digitale Technologien und Konzepte und deren Unterstützungspotential in Unternehmensprozessen und Tätigkeiten auf Basis von Prozessmodellierungstechniken wie z. B. OMEGA zu identifizieren und in Steckbriefen zusammenzufassen. Folglich besteht die Notwendigkeit einer Potentiallandkarte der digitalisierten Arbeit in einem Referenzprozess sowie in den Prozessen der Pilotunternehmen.

Teilziel 2: Gestaltung der digitalisierten Arbeit
Die Arbeit in der digitalisierten Welt ist so zu gestalten, dass die identifizierten Potentiale digitalisierter Technologien und Konzepte erschlossen werden können. Ziel ist es daher, die Auswirkungen der digitalisierten Arbeit auf die Beschäftigten und die Organisation zu identifizieren und auf dieser Grundlage Handlungsempfehlungen für die Gestaltung der Mitarbeiterprofile in der digitalen Arbeit, Qualifizierungsprogramme sowie für Prozesse und Organisation abzuleiten und umzusetzen. Dabei lassen sich aus heutiger Sicht für die partizipative Gestaltung von Arbeit 4.0 in Pilotprojekten verschiedene Szenarien beschreiben:

- Partizipative belastungsfreie Einführung einer neuen Technologie
- Partizipative Identifikation konkreter Qualifizierungsfelder und diesbezüglicher Umsetzungsmaßnahmen
- Partizipative Gestaltung einer neuen Arbeits- und Organisationsstruktur/-kultur

Teilziel 3: Breitentransfer
Die Ergebnisse aus dem Verbundprojekt sollen im Sinne eines Zwiebelmodells an eine Vielzahl von Unternehmen herangetragen werden. Hierzu werden im ersten Schritt verallgemeinernde Gemeinsamkeiten der verschiedenen Pilotprojekte über die Handlungs- und Kompetenzfelder hinweg extrahiert und dokumentiert. Darüber hinaus soll der Zugang der Gewerkschaft zu Betriebsräten, Vorständen, Beiräten und Beschäftigten genutzt werden, um auf Betriebsversammlungen Unternehmen für das Thema Arbeit 4.0 zu sensibilisieren. In einem zweiten Schritt sollen die Ergebnisse aus den Arbeitspaketen evaluiert und in einem Leitfaden zur Gestaltung digitalisierter Arbeitswelten in bilateraler Abstimmung mit den Projektpartnern zusammenfassend dokumentiert werden. Dieser beinhaltet ein Quick-Check zur Identifizierung unternehmensindividueller Einsatzmöglichkeiten digitaler Technologien und der damit verbundenen Gestaltung der Arbeit 4.0. Drittens soll ein Demonstrator die Ergebnisse greifbarer werden lassen, sodass Aspekte der Arbeit 4.0 z. B. auf Messen veranschaulicht werden können. Das Konzept des Breitentransfers (Zwiebelmodell) sieht zusammenfassend vor, dass zunächst sechs Unternehmen in den Pilotprojekten direkt betreut werden. Durch die Sensibilisierungsmaßnahmen werden in einem zweiten Schritt Unternehmen im Einzugskreis des Clusters it's OWL indirekt betreut. Drittens können durch den Demonstrator und den Leitfaden zur Gestaltung digitalisierter Arbeitswelten Unternehmen über das Cluster hinaus an den Ergebnissen des geplanten Vorhabens partizipieren.

1.3 Planung und Ablauf des Projekts

Der Lösungsansatz sieht eine sorgfältige Identifikation, Vorbereitung und Durchführung von fünf Pilotprojekten vor, welche den Leitfaden zur Gestaltung digitaler Arbeitswelten ermöglichen. Aufgrund mangelnder praktischer Erfahrung der Unternehmen im Handlungsfeld Arbeit 4.0 ist die Vorbereitung für den nachhaltigen Erfolg aller Beteiligten von entscheidender Bedeutung. Zentral ist hierbei, unternehmensübergreifende Gestaltungsfelder für die Arbeit in der digitalisierten Industrie zu identifizieren, um Pilotprojekte mit einem größtmöglichen Hebel für das Unternehmen und für den Transfer in die Breite definieren zu können. Abb. 1.1 stellt die Struktur des Gesamtvorhabens dar, welche im Folgenden erläutert wird.

Die Struktur des Gesamtvorhabens sieht eine Gliederung in drei Arbeitspakete vor. Die Projektkoordination steht dabei über den Arbeitspaketen. Hierin erfolgen die Konzeptentwicklung, das Management der Pilotprojekte und die Organisation des unternehmensübergreifenden Austauschs. Das erste Arbeitspaket dient der Identifikation und dem Dialog in den Pilotprojekten durch das Fraunhofer IEM und die IG-Metall. Im zweiten Arbeitspaket werden auf den drei Kompetenzfeldern der Forschungspartner Universität Bielefeld, Hochschule Ostwestfalen-Lippe sowie Universität Paderborn die Pilotprojekte bearbeitet. Im dritten Arbeitspaket erfolgt der Breitentransfer der Ergebnisse.

Die Pilotprojekte sollen in ausgewählten Unternehmen durchgeführt werden, damit die Unternehmenstypen des Clusters repräsentiert sind. Die Auswahl der Unternehmen erfolgt im ersten Arbeitspaket. Zur Definition der Projektinhalte werden die spezifischen Herausforderungen der nominierten Unternehmen in den Handlungsfeldern im Detail

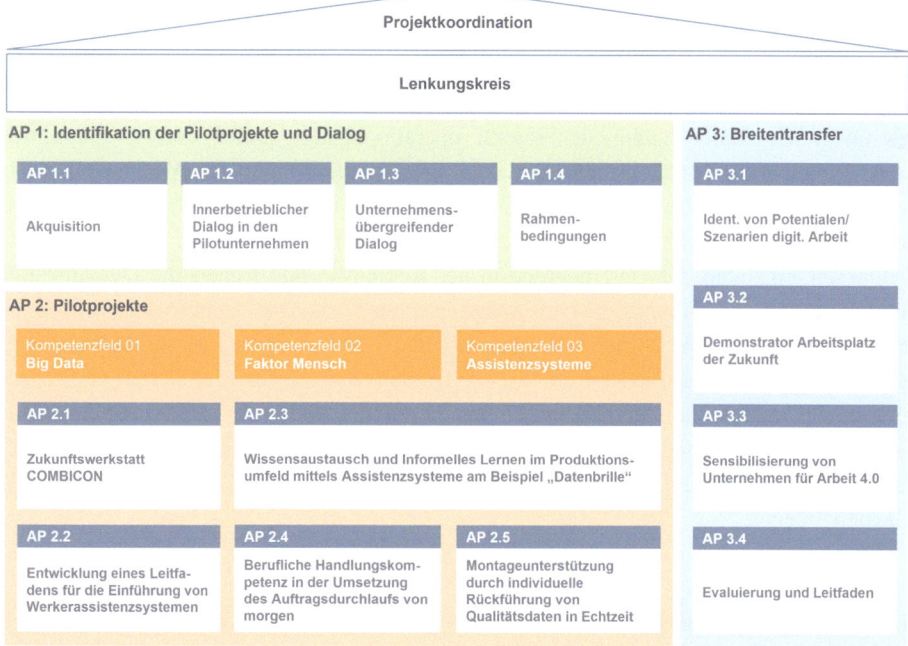

Abb. 1.1 Projektstruktur

identifiziert. Es wird eine Auswahl getroffen, welche Herausforderungen im Pilotprojekt betrachtet werden können. So kann ein Konsortium zusammengestellt werden, welches die Anforderungen des jeweiligen Unternehmens abdeckt. Angebot (Forschungsinstitute) und Nachfrage (Unternehmen) werden zusammengebracht. Der Umfang und die konkrete Ausgestaltung der Pilotprojekte sind dann zu präzisieren. Ziel der Pilotprojekte ist zum einen, eine Hilfestellung für die Pilotunternehmen bei konkreten Herausforderungen der Gestaltung der neuen Arbeitswelt zu bieten. Zum anderen bekommen die Forschungsinstitute einen Einblick, welche Herausforderungen konkret bestehen und wie diese gelöst werden können. Da Forschungsinstitute an mehreren Pilotprojekten beteiligt werden, können die Ergebnisse aggregiert und reflektiert in die Forschung zurückgespielt werden. Die Pilotprojekte haben eine Laufzeit von etwa eineinhalb Jahren. Die Teilnehmer verpflichten sich über die jeweiligen Pilotprojekte hinaus sich z. B. durch Veröffentlichungen, Teilnahme an entsprechenden Veranstaltungen etc. an dem Breitentransfer zu beteiligen. Das Vorgehen ist vergleichbar mit den Querschnittsprojekten des Clusters, welche Forschungsergebnisse in die Innovationsprojekte transferieren und die Ergebnisse der praxisnahen Validierung in ihre Forschung zurückspiegeln. Darüber hinaus sind die Ergebnisse des gesamten Vorhabens in die Breite zu tragen. Dazu werden verschiedene Kanäle wie z. B. Konferenzen, Fachtagungen, Lehre oder allgemeine Öffentlichkeitsarbeit genutzt.

1.4 Beitrag zu den strategischen Zielen des Spitzenclusters it's OWL

Die Strategie des Spitzenclusters Intelligente Technische Systeme OstWestfalenLippe – it's OWL wird durch zahlreiche Projekte operationalisiert. Dabei werden unterschiedliche Projektarten unterschieden. Bei dem Projekt Gestaltung der Arbeitswelt in der Industrie vor dem Hintergrund der Digitalisierung (itsowl-Arbeit40) handelt es sich um eine Cluster-Nachhaltigkeitsmaßnahme (CNM). Diese zielt auf den Ausbau der Schlüsselfähigkeiten der Unternehmen in der Region ab und sichert die Dynamik über die Clusterförderung hinaus. Die im Spitzencluster erarbeitete Technologieplattform für Intelligente Technische Systeme wird durch die CNM um einen wesentlichen Aspekt ergänzt. In Zusammenarbeit mit der CNM Technologietransfer wird sichergestellt, dass eine große Anzahl von Unternehmen an den zu entwickelnden Konzepten zur Gestaltung und Nutzung der Potentiale der Arbeit 4.0 partizipiert. Die Nachhaltigkeitsmaßnahme leistet damit direkt einen Beitrag zur strategischen Ebene „Leistungsfähigkeit" der Clusterstrategie.

Folgende Aspekte, die dem Cluster zugutekommen, werden im Speziellen adressiert:

1. Technologische Perspektive erweitern
Durch die CNM wird die bislang sehr technologisch geführte Diskussion hinsichtlich des Wandels hin zur Industrie 4.0 um den Faktor Mensch erweitert. Hierzu werden zusätz-

liche Stakeholder wie Betriebsräte und Gewerkschaften in den Unternehmen in den Dialog aufgenommen, die bisher nur Rande am Spitzencluster beteiligt waren. It's OWL wird somit noch stärker das Leitthema in den Unternehmen und beschränkt sich nicht nur auf die Führungs- und Fachebene. Die Akzeptanz wird dadurch wesentliche steigen.

2. Qualifizierung vorantreiben

Es wird es eine enge Zusammenarbeit mit der CNM it's OWL Bildungsmotor angestrebt. In dieser CNM werden seit Anfang 2013 Informations- und Qualifizierungsangebote für konkrete Zielgruppen (z. B. Schüler, Studierende, berufserfahrene Fachkräfte) entwickelt und umgesetzt. In der CNM Arbeit 4.0 werden in spezifischen Themenfeldern der digitalisierten Arbeitswelt (z. B. Big Data) Ergebnisse konzipiert und umgesetzt. Ausgehend von diesen Ergebnissen können die Angebote des Bildungsmotors um Qualifizierungsaspekte im Kontext Arbeit 4.0 ergänzt werden. Dies geschieht in Zusammenarbeit mit konkreten Clusterunternehmen und zielt auf die Auswirkungen der Digitalisierung in der jeweiligen Unternehmensorganisation. Die Ergebnisse und Maßnahmen werden auch zukünftig regelmäßig abgestimmt.

3. Barrieren herabsetzen

Das Projekt itsowl-Arbeit40 verschafft den Unternehmen einen einfachen Zugang zu Forschungsergebnissen. Die Kompetenz, die dabei aufgebaut wird, hilft den Unternehmen Barrieren und Vorurteile gegenüber dem Wandel in der Arbeitswelt abzubauen. Somit ermöglichen die Pilotprojekte interessierten Unternehmen später einen besseren Zugang zu größeren Forschungs -und Verbundprojekten und eine schnellere Umsetzung der Ergebnisse.

4. Region stärken

Es wird erwartet, dass durch die vorgesehene Pilotierung des Trendthemas Arbeit 4.0 der Innovationsstandort Ostwestfalen-Lippe noch bekannter wird. Die Hochschulen und hochschulnahen Kompetenzzentren der Region werden langfristig die Unternehmen der Region bei der Befähigung unterstützen. Dabei werden die im Zuge des Projektes entstandenen Kontakte der Partner genutzt. Die Nachhaltigkeitsmaßnahme itsowl-Arbeit40 trägt maßgeblich dazu bei, den im Cluster entwickelten Technologie- und Know-how-Vorsprung langfristig zu halten und somit Ostwestfalen-Lippe als international führende Referenzregion für Intelligente Technische Systeme zu etablieren.

5. Arbeitsplätze schaffen und sichern

Durch die arbeitstechnische Betrachtung des Themas Digitalisierung kann das Projekt itsowl-Arbeit40 dazu beitragen, Arbeitsplätze langfristig zu sichern. Wesentlich hierfür ist die frühzeitige Identifikation der Auswirkungen und strategische Mitgestaltung im Dialog mit allen beteiligten Stakeholdern. Hier setzt der partizipative Ansatz des Projekts direkt an.

Literatur

Bundesministerium für Arbeit und Soziales, Abteilung Grundsatzfragen des Sozialstaats, der Arbeitswelt und der sozialen Marktwirtschaft (2015) Grünbuch Arbeit 4.0

Fraunhofer-Institut für Arbeitswirtschaft und Organisation (IAO) (2013) Studie Produktionsarbeit der Zukunft – Industrie 4.0

Jacobs A (2009) The pathologies of big data. Commun ACM 52(8):36–44. https://doi.org/10.1145/1536616.1536632, ISSN 0001–0782

Plattform Industrie 4.0 (2014) Neue Chancen für unsere Produktion. 17 Thesen des wissenschaftlichen Beirats der Plattform Industrie 4.0

Porter M, Heppelmann J (2015) How smart, connected products are transforming companies. In: Harvard Business Review, Oktober 2015

White T (2009) Hadoop: the definitive guide, 1. Aufl. O'Reilly Media, Inc, Farnham. ISBN 0596521979, 9780596521974

Grundlagen

2

Michael Bansmann

Inhaltsverzeichnis

Literatur. 20

Für die inhaltliche Umsetzung des Innovationssprungs hin zu Arbeit 4.0 sind die adressierten Kompetenzfelder Big Data, Assistenzsysteme sowie der Faktor Mensch in neuartigen Interaktionstechniken essentiell. Vor diesem Hintergrund gliedern sich die nachfolgenden Ausführungen entlang dieser inhaltlichen Themenstellungen und nicht der zeitlich orientierten Gliederung entlang der drei Handlungsfelder (Identifikation der Potentiale digitalisierter Arbeit, Gestaltung digitalisierter Arbeit und Breitentransfer). Die untersuchten Ansätze sind in den Gesamtkontext der Arbeit 4.0 einzubetten, sodass dieses übergeordnete Themenfeld im Vorfeld analysiert wird.

Arbeit 4.0

Die Zukunft der Arbeit wird durch die Digitalisierung stark geprägt. Neben der vielfach erforschten Produktionsarbeit ist hiervon zunehmend auch die Wissensarbeit betroffen (Spath et al. 2012). Dabei ist der Mensch in den Mittelpunkt der Veränderungen zu rücken – unabdingbar sind soziale Arbeitsbedingungen in dieser digitalisierten Welt sowie eine „Fitness für Digitalisierung" – auch für die Unternehmensorganisation. Das Forschung- und Entwicklungsprogramm (FuE-Programm) „Zukunft der Arbeit" ist Teil des Dachprogramms „Innovationen für die Produktion, Dienstleistung und Arbeit

---

M. Bansmann (✉)
Fraunhofer IEM, Produktentstehung, Paderborn, Deutschland
E-Mail: michael.bansmann@iem.fraunhofer.de

© Springer-Verlag GmbH Deutschland, ein Teil von Springer Nature 2022
R. Dumitrescu (Hrsg.), *Gestaltung digitalisierter Arbeitswelten,* Intelligente Technische Systeme – Lösungen aus dem Spitzencluster it's OWL,
https://doi.org/10.1007/978-3-662-58014-1_2

von morgen". Aus diesen entstammen u. a. die nachfolgend beschriebenen Projekte des BMBF. Darüber hinaus werden weitere Projekte beschrieben, die sich der Gestaltung der Digitalisierung der Arbeit angenommen haben.

Die Bekanntmachung „Innovative Produkte effizient entwickeln" des Rahmenkonzeptes „Forschung für die Produktion von morgen" des BMBF fokussiert die Verbesserung der Produktentwicklung mittels der Entwicklung geeigneter Methoden und Werkzeuge. Unter den 13 geförderten Verbundprojekten sind EUREKA-MEPROMA und COMMAND beispielhaft zu nennen (Bundesministerium für Bildung und Forschung 2012). EUREKA-MEPROMA zielt auf eine nachhaltige Verbesserung des mechatronischen Entwicklungsprozesses durch Erarbeitung von Lösungen für die Verbesserung von Prozessen sowie die Ermöglichung einer kontextspezifischen Auswahl von Methoden, Sprachen und IT-Werkzeugen ab. Auf Basis der Ergebnisse werden Schulungskonzepte und Leitfäden abgeleitet (Meporoma 2015). Im Projekt COMMAND dient ein Datenmanagementsystem als Grundlage für den verteilten Produktentstehungsprozess. Darauf aufbauend wurde eine Entwicklungsumgebung geschaffen, die im Speziellen in der Zahntechnik eine simultane Gestaltung des kundenindividuellen Produktes und seines Produktionssystems ermöglicht (PTK Projektträger Karlsruhe 2015).

Das Projekt ELIAS aus dem Förderprogramm „Arbeiten – Lernen – Kompetenzen entwickeln. Innovationsfähigkeit in einer modernen Arbeitswelt" zielt auf die Ausarbeitung eines Konzeptes zur lernförderlichen Gestaltung von Arbeits- und Produktionssystemen im Entstehungsprozess ab. Es wird ein Lernförderlichkeitsplaner erstellt, der im Entstehungsprozess Empfehlungen für geeignete Lernmethoden und -technologien gibt sowie deren Auswirkungen beschreibt (DLR Projektträger 2015).

Mit der 32. Bekanntmachung „Intelligente Vernetzung in der Produktion – Ein Beitrag zum Zukunftsprojekt ‚Industrie 4.0'" des BMBF-Programms „Innovationen für Produktion, Dienstleistungen und Arbeit von morgen" wird u. a. das Projekt mecPro2 gefördert. mecPro2 verfolgt das Ziel der Effizienzsteigerung im Entwicklungsprozess von Cyber-Physical-Systems (CPS) mittels Integration von Informationen und Daten, die durch die beteiligten Disziplinen entstehen. Zur disziplinübergreifenden Beschreibung von CPS und Produktionssystemen werden Techniken des Model-Based Systems Engineering herangezogen (Technische Universität Kaiserslautern 2015).

Das Technologieprogramm „AUTONOMIK für Industrie 4.0" des BMWi verzahnt in 16 Projekten IKT mit der industriellen Produktion und beschleunigt die Entwicklung innovativer Produkte. Die Position Deutschlands als Anbieter für Produktionstechnologien soll durch vier Querschnittsthemen und 16 Projekte gestärkt werden (Bundesministerium für Wirtschaft und Energie 2015a). Im Projekt APPsist wird beispielsweise die Entwicklung multimedialer Assistenzsysteme angestrebt, die die Wissensstände der Arbeitnehmer in der Produktion sowie die konkreten Arbeitssituationen berücksichtigen und dadurch Unterstützung im Arbeitsprozess leisten. Zusätzlich soll das Wissen der Mitarbeiter durch diese Systeme ausgebaut werden (APPsist 2015; Bundesministerium für Wirtschaft und Energie 2015a). Das Projekt OPAK hat ebenfalls die Entwicklung eines Assistenzsystems zum Ziel. Dieses soll den Entwicklern und Betreibern einer

Anlage ermöglichen, die Planung, Entwicklung und Inbetriebnahme intuitiv über eine 3D-gestützte Engineering-Oberfläche durchzuführen (Bundesministerium für Wirtschaft und Energie 2015a).

Das Fraunhofer IAO setzt mit der Innovationsoffensive „Office 21" auf die Erkennung derzeitiger und zukünftiger Trends in der Arbeitswelt, um daraus Handlungsoptionen zur Gestaltung der Büroarbeit in Unternehmen abzuleiten. Mittels einer Befragung wurden beispielsweise derzeitige und zukünftige Anforderungen an IKT in der Arbeitswelt erhoben (Fraunhofer-Institut für Arbeitswirtschaft und Organisation IAO 2015).

Fazit

Die Notwendigkeit und Potentiale der digitalisierten Arbeit wurden erkannt und die genannten Initiativen und Projekte tragen zur Gestaltung der Arbeitswelten bei. „AUTONOMIK für Industrie 4.0" fokussiert stark die Arbeit in der Produktion. Die anderen Projekte adressieren zwar die Arbeit in der Entwicklung, bringen allerdings nicht die große Anzahl digitaler Technologien in die erfolgreiche Anwendung und gestalten zudem nicht ihr Zusammenspiel. Ebenso werden für die Beschäftigten Schulungen für den Umgang mit digitalen Technologien entwickelt, wobei die Perspektive des Anwenders im Spannungsfeld von Mensch-Organisation-Technik jedoch keine Rolle spielt.

Big Data

Das Sammeln und Auswerten von heterogenen Daten ist ein Kernelement von Industrie 4.0 und wird daher die zukünftige Arbeit in entsprechenden Produktionsprozessen stark prägen: Die Datenanalyse z. B. zur Energieoptimierung oder Effizienzsteigerung wird in Zukunft ein Teil der normalen Tätigkeit in der Produktion, das Arbeitsverhalten der Mitarbeiter wird transparenter und intelligente Assistenzsysteme nutzen die Daten kontinuierlich zur Unterstützung der Mitarbeiter.

Dieser zumeist als Big Data bezeichnete Trend umfasst die Sammlung von Datensätzen mit einer Größe und Komplexität, welche die Verarbeitung mit aktuellen Datenbank-Management-Systemen und Datenanalyse-Applikationen nicht mehr zulässt (White 2009). Herausforderung ist es, die Datenerfassung, -vorverarbeitung, -speicherung und letztlich die Datenanalyse in einer annehmbaren Zeit durchführen zu können (Jacobs 2009). Die Datenanalyse oder das Data Mining gehört dabei in vielen Bereichen zum Stand der Technik. Data Mining bezeichnet den Prozess des automatischen Gewinnens von gültigem, neuartigem, potentiell nützlichem und auch verständlichem Wissen aus großen Datenmengen (Fayyad et al. 1996), zumeist mittels Statistik und maschinellem Lernen (Berry und Linoff 1997; Ester und Sander 2000). Für technische Systeme existieren sehr verschiedene Data Mining-Anwendungen: Analyse der Produktqualität (Gröger et al. 2012; Skormin et al. 2002), Anlagendiagnose (Chen et al. 2005; Filev et al. 2010), Wartungsoptimierung in Fabriken (Batanov et al. 1993; Romanowski und Nagi 2002), Analyse in den Umweltwissenschaften (Trépos et al. 2012), Auswertung von Crash-Simulationen in der Automobilindustrie (Mei und Thole 2008; Zhao et al. 2010), Predictive Maintenance von Flugzeugturbinen (Painter et al. 2006) oder Evaluation von

Brückensimulationen (Burrows et al. 2011). Da es sich vor allem um verteilte Systeme mit komplexen Abhängigkeiten handelt, wird zunehmend auf modellbasierte Ansätze gesetzt (Zhao et al. 2005; Hofbaur und Williams 2002; Wang und Dearden 2009).

Hiermit lassen sich im Bereich Big Data Potentiale in Form besserer Datenanalyse und Erkenntnisgewinnung für Unternehmen nutzen. Dadurch entstehen jedoch Fragestellungen in Bezug auf Datenschutz, der Mitarbeiteraus- und weiterbildung und bezüglich der Integration dieser Thematiken in innerbetriebliche Regularien. In diesem Projekt soll daher ein Leitfaden für Firmen zum Einsatz solcher Technologien entwickelt werden.

Die zunehmende Vernetzung aller Geräte innerhalb einer Produktionsanlage und die Speicherung der entstehenden Daten in Big Data Plattformen ist eine Schlüsseltechnologie für Industrie 4.0 (Acatach 2013, 2015). Allerdings zahlen Firmen für diese Vernetzung aktuell noch einen hohen Preis: Durch den höheren Vernetzungsgrad, gerade auch zwischen Produktionsstandorten, steigt das Risiko eines Cyber-Angriffs wie z. B. Stuxnet oder Night Dragon, wodurch die Datensicherheit gefährdet ist. Beispiele sind die Beeinflussung von Maschinen, die zu Produktbeeinträchtigungen oder Produktionsausfällen führen, das Auslesen von Betriebsgeheimnissen oder die Beeinflussung der IT-Strukturen z. B. durch Denial-of-Service-Angriffe. Als Beispiel für die Anwendung von etablierten Sicherheitstechnologien in einem Anwendungsfall ist das Projekt STEUERUNG (IBB-Verbundvorhaben „Steuerung" 2015) zu nennen. In diesem Projekt wurden durch Schadsoftware hervorgerufene Krisenfälle im Bereich kritische Infrastrukturen untersucht und Abwehrmaßnahmen entwickelt. Die Projekte NEMESYS (Nemesys 2013) und MobileShield (Real-Time Security Shield for Mobile Platforms 2014) liefern weitere Beispiele für Datensicherheit. In diesen Projekten wurden unterschiedliche Daten aus einem Mobilfunksystem erhoben und auf durch Schadsoftware verursachte Aktivitäten analysiert.

Fazit
Big Data Plattformen und Datenanalysethemen gehören zu den ersten Industrie 4.0 Themen, die eine breite Einführung erleben werden. Dies liegt vor allem daran, dass sie neue Geschäftsmodelle anbieten, ohne das bestehende Technologien wie z. B. die Automation grundsätzlich verändert werden müssen. Bislang lag der Forschungsfokus vor allem aber auf technischen Themen. Aber die Einführung solcher Technologien verändert Arbeitsplätze und Ausbildungsanforderungen, außerdem werden betriebliche Regelungen und Fragen der Datensicherheit berührt. Aus diesem Grund soll in diesem Projekt ein entsprechender Leitfaden für eine juristisch abgesicherte Technologieeinführung entwickelt werden. Des Weiteren sollen offene Punkte an Standardisierungsgremien wie die Plattform Industrie 4.0 und die DIN kommuniziert werden. Die Antragsteller arbeiten aktiv in diesen Gremien mit.

Assistenzsysteme
Mit dem industriellen Wandel hinsichtlich Industrie 4.0 und der damit einhergehenden Digitalisierung menschlicher Arbeitsabläufe verstärkt sich insbesondere die Forderung nach einer stärkeren Fokussierung auf den Menschen. Dabei ändern sich die Schwer-

punkte und Methoden der Aus-, Fort- oder Qualifizierungsangebote. Diese gilt es zu identifizieren und zu gestalten. Softwaresysteme sollen bereits bei der Konzeption durch angemessenes Software Engineering sowie darin beinhaltete Usability und User Experience Methoden so gestaltet werden, dass die entstehenden Assistenzsysteme die Menschen kollaborativ in ihrer Wertschöpfung unterstützen und zugleich vollkommen neue Produktionskonzepte ermöglichen. Eine Fremdbestimmung oder sogar Substitution des Menschen, wie in manchen Negativ-Szenarien zur Industrie 4.0 aufgezeigt, werden dabei gänzlich abgelehnt. Stattdessen wird eine dialogbasierte Vorgehensweise angestrebt, bei welcher die Mitarbeiter in letzter Instanz die Entscheidungen treffen (Deuse et al. 2014). Die Fabrik der Zukunft zeichnet sich aus durch eine perfekte Kombination von Mensch, Technik und IT, die nur durch eine zu erzeugende soziale sowie organisationale Akzeptanz ermöglicht werden kann, indem die Mitarbeiter bereits aktiv in die (Um-) Gestaltung der Arbeitsorganisation eingebunden werden (Buhr 2015). Die wesentliche Aufgabe eines Assistenzsystems besteht in der schnellen und kontinuierlichen Bereitstellung von Informationen, sodass die Mitarbeiter bei ihrer Arbeit unterstützt werden und sich gänzlich auf ihre Kernkompetenzen konzentrieren können (Bischoff et al. 2015). Wichtig dabei ist vor allem die Nachvollziehbarkeit für den Mitarbeiter und das damit einhergehende Gefühl einer gerechten Behandlung. Zum Einsatz kommen dabei u. a. Technologien zur Visualisierung, beispielsweise mittels einer erweiterten Realität (Augmented Reality, kurz AR) über Datenbrillen, mobile Endgeräte, eine direkte Interaktion zwischen Mensch und Maschine (u. a. Roboter), Simulationen von Produkten und Produktionen sowie der 3D-Druck/Scan (Botthof 2014). Diese Technologien lassen sich in diversen Unternehmensbereichen einsetzen. Im Bereich der Produktion lassen sich Arbeitsanleitungen elektronisch abbilden (Senderek und Geisler 2015), sodass der Mensch beispielsweise diese direkt über eine AR-Brille am Werkstück selbst eingeblendet bekommt. Neben einer Verbesserung der Produktivität und einer Reduktion von Fehlerquellen, besteht dabei ebenfalls die Chance einer Beschleunigung von Einarbeitungsprozessen (Ovtcharova et al. 2014). Des Weiteren lassen sich auch im Bereich der Produktentwicklung entsprechende Fertigungsstraßen sowie Produkte virtuell simulieren, um so Aspekte wie die Arbeitssicherheit bereits während der Planung (be-)greifbar zu machen (Ovtcharova et al. 2014). Im Unternehmensbereich der Instandhaltung und Qualitätssicherung können Anlagenzustände visualisiert und Wartungsanleitungen elektronisch hinterlegt werden (Senderek und Geisler 2015), damit der Mitarbeiter bei Bedarf angemessen eingreifen kann und somit ein IT gestütztes Qualitätsmanagement initialisiert wird sowie implizit zur Erhöhung der Prozess- und Produktqualität beigetragen wird. Ein weiterer wesentlicher Unternehmensbereich stellt der Vertrieb dar. Hierbei lassen sich Assistenzsysteme in Form von Produkt-Konfiguratoren sowie entsprechende Werkzeuge zur Prognose von Lieferterminen, zum Anzeigen der Produkthistorie oder für ein Claimmanagement aufzeigen (Bischoff et al. 2015). Systeme zur Wegeführung und Routenoptimierung unterstützen die Mitarbeiter im Bereich der Intralogistik (Viereck et al. 2014). Weitere Assistenzsysteme unterstützen die Mitarbeiter beim Wissens- und Innovationsmanagement. So können z. B. über 3D-Druckverfahren Produkte und Modelle angemessen simuliert und überprüft werden (Bundesministerium für Wirtschaft und Energie 2015b).

Fazit
Die Spannbreite an Assistenzsystemen reicht derzeit von der schlichten Anzeige von Arbeitsanweisungen über eine visuelle und multimodale Unterstützung bis hin zur kontextsensitiven Unterstützung bei Berechnungen oder motorischen Abläufen. Die Intention der Assistenzsysteme ist zumeist die Unterstützung der Mitarbeiter zur Konzentration auf deren Kernkompetenzen. Ein einheitliches Selbstverständnis über diese Kernkompetenzen und Erfordernisse der Anwender bilden so einen Grundstein für die breite Akzeptanz dieser Systeme.

Die ganzheitliche Betrachtung von Veränderungen innerhalb der Assistenzsysteme durch Innovations- oder Aktualisierungszyklen von Software sowie bei den Erfordernissen der Nutzer über deren Nutzungszeit und sich durch Veränderungen der Systeme ergebene Einflüsse von vernetzten Akteuren auf Freiräume in der Arbeitsgestaltung anderer werden kaum berücksichtigt. Alle benannten Aspekte bilden jedoch Risikofaktoren bei der individuellen und organisationalen Nutzerakzeptanz der Systeme. Sie bedürfen somit einer methodischen Identifikation, der Sensibilisierung und der Bewertung zur Berücksichtigung in der Unternehmensführung. Der Forschungsbedarf besteht demnach in anwendungsnahen Methoden zur Identifikation, Erfassung und ganzheitlichen Bewertung dieser relevanten Faktoren. Das wesentliche Ziel besteht darin, diese durch Kennzahlensysteme, Metriken oder Leitfäden in Unternehmen zu sensibilisieren und im Entwurf, als auch in der Weiterentwicklung der Assistenzsysteme, zu integrieren.

Faktor Mensch in neuartigen Interaktionstechniken
Der derzeitige Wandel der Produktionsarbeit in Sinne einer vierten industriellen Revolution wurde in Politik, Wirtschaft und Wissenschaft bislang vorwiegend vor dem Hintergrund der technologischen Veränderungen und Herausforderungen sowie den damit verbundenen technischen und betriebswirtschaftlichen Zielen diskutiert (Ötting und Maier 2015). Um den digitalen Wandel bestmöglich gestalten und Potentiale optimal nutzen zu können, ist es allerdings unabdingbar neben den technologischen Entwicklungen auch den Faktor Mensch in neuartigen Interaktionstechniken mit in die Betrachtung einzubeziehen. Denn mit den technologischen Veränderungen gehen auch Veränderungen der Arbeitsumgebungen einher: Die Anzahl der Arbeitsstellen im Bereich der Produktion nimmt ab, während Arbeitsstellen in den Bereichen Forschung und Entwicklung, IT sowie Vertrieb und Service zunehmen. Darüber hinaus entstehen neue Berufsgruppen, die beispielsweise auf die Erfassung von Betriebsdaten sowie auf die Koordination von Robotern spezialisiert sind. Folglich wird sich durch Industrie 4.0 die Beschaffenheit aller Arbeitsplätze sowie deren Gestaltung verändern (Lorenz et al. 2015).

Damit einhergehend werden Beschäftigte einerseits mit neuen Aufgaben konfrontiert, die andere Kompetenzen für eine erfolgreiche Ausübung des Berufes erfordern. Andererseits wirkt sich die Umgestaltung der Arbeit unmittelbar auf die Arbeitseinstellungen, das Verhalten, die Kognition und das Wohlbefinden der Beschäftigten aus (Morgenson und Humphrey 2008). Die Auswirkungen der sich verändernden Arbeit auf den Menschen sind daher zu analysieren. Darüber hinaus ist der Prozess der Umgestaltung durch umfassendere Maßnahmen des Change Managements zu unterstützen, die das gesamte soziotechnische System im Sinne einer Arbeit 4.0 einbeziehen.

Für das Feld Faktor Mensch in neuartigen Interaktionstechniken lassen sich somit drei forschungsrelevante Felder ableiten: Erkenntnisse zur Wirkung von Arbeit beziehungsweise der Gestaltung von Arbeit, Methoden der psychologischen Arbeitsanalyse sowie Modelle des Change Managements.

Für eine bestmögliche Einführung beziehungsweise weitere Verbreitung von Industrie 4.0 wird in diesem Projekt auf psychologisch fundierte Theorien zur Wirkung und damit einhergehender Gestaltung von Arbeit zurückgegriffen. Denn empirische Studien belegen, dass die Art, wie Arbeit gestaltet ist, sich sowohl auf die einzelnen Beschäftigten als auch auf Arbeitsgruppen und die Organisation als Ganzes auswirkt (Morgeson und Campion 2003; Parker 2014; Wall und Martin 1987). Werden Veränderungen einer bestehenden Arbeitsgestaltung angestrebt, sind stets alle Komponenten eines soziotechnischen Systems zu verändern. Denn nur so kann die Maßnahme erfolgreich sein (Clegg 2000).

In der arbeits- und organisationspsychologischen Forschung werden derzeit vier Kategorien von Merkmalen der Arbeit diskutiert, die auch bei der Gestaltung des Übergangs hin zu einer Industrie 4.0 eine zentrale Rolle einnehmen sollten: Aufgabenmerkmale, Wissensmerkmale, soziale Merkmale und kontextbezogene Merkmale (Morgeson und Humphrey 2006). Aufgabenmerkmale beschreiben die Arbeitsaufgaben, die mit einem Beruf verbunden sind sowie die Art und Weise, wie diese Aufgaben erledigt werden müssen. Zu den Aufgabenmerkmalen gehören beispielsweise die Aufgabenvielfalt, Autonomie bei der Aufgabenbearbeitung oder die Bedeutsamkeit der Aufgabe. Wissensmerkmale beschreiben die Fähigkeiten, Fertigkeiten und das Wissen, die die Ausübung eines Berufes vom Beschäftigten erfordert. Hierzu zählen unter anderem die Komplexität der Arbeitsaufgaben, der Grad an Informationsverarbeitung beziehungsweise des erforderlichen Problemlösens sowie die erforderliche Spezialisierung. Unter sozialen Merkmalen verstehen Morgeson und Humphrey z. B. die soziale Unterstützung, die Beschäftigte bei der Erledigung der Arbeitsaufgabe erfahren, die Interdependenz, die eine Tätigkeit auszeichnet, die zur Aufgabenerledigung notwendigen Interaktionen mit Personen außerhalb der Organisation sowie die Möglichkeit, innerhalb der Organisation Rückmeldung zu den eigenen Leistungen zu erhalten (Morgeson und Humphrey 2006). Die letzte Kategorie umfasst kontextbezogene Merkmale. Hierunter werden Merkmale zusammengefasst, die sich auf Aspekte der angemessenen und richtigen Bewegung und Haltung bei der Erledigung der Arbeit (Ergonomie), erforderliche physische Aktivität oder Anstrengung, die Arbeitsbedingungen beziehungsweise die Komplexität und Vielfalt der Technologien und der zur Verrichtung der Arbeit notwendigen Ausstattung beziehen. Da sich diese Merkmale der Arbeit sowohl auf die Arbeitseinstellungen (z. B. Zufriedenheit, intrinsische Motivation, Verbundenheit mit einem Unternehmen), das

Verhalten (Arbeitsleistung, Eigeninitiative, Absentismus, Kündigung), kognitive (Lernen, Rollenwahrnehmung, Kündigungsabsicht) und organisationsbezogene (Unternehmensleistung, Entlohnung, Trainingsbedarfe, Anforderungen) Variablen als auch auf die Gesundheit von Beschäftigten auswirken, ist der Einbezug psychologischer Modelle der Arbeitsgestaltung in den Wandel der Produktions- und Wissensarbeit unabdingbar (Morgeson und Humphrey 2008; Humphrey et al. 2007).

Darüber hinaus wird auf psychologische Arbeits- und Anforderungsanalysen zurückgegriffen, um die sich durch die Industrie 4.0 verändernden Anforderungen an die Beschäftigten zu quantifizieren. Psychologische Arbeits- und Anforderungsanalysen dienen dazu, systematisch Informationen über die Arbeitstätigkeit und Arbeitsbedingungen einer Person sowie über die Wirkung beider zu erfassen. Die Erkenntnisse aus den Analysen lassen sich einerseits für die Arbeitsgestaltung, andererseits auch als Grundlage für Qualifizierungsmaßnahmen oder Personalentscheidungen heranziehen (Schaper 2014). Des Weiteren werden sie verwendet, um die Auswirkungen der Arbeitstätigkeit vor dem Hintergrund ihres Technologiegrades abzuschätzen (Hormel 1993).

Die Mehrzahl der Verfahren betrachtet dabei bereits bestehende Arbeitsplätze. Für eine optimale Gestaltung der Einführung und Intensivierung von Industrie 4.0-Maßnahmen ist es jedoch unerlässlich, Anforderungen und mögliche Auswirkungen einer zu schaffenden Tätigkeit in einem zu schaffenden Arbeitsumfeld prospektiv zu analysieren. Eine solche Analyse künftiger Kompetenzen integriert beispielsweise das Anforderungsanalyse-Instrument „Task-Analysis-Tools" (TAToo) (Koch und Westhoff 2012), auf das in diesem Projekt zurückgegriffen werden soll. Auf Basis von erfolgskritischen Situationen (Flanagan 1954) werden mit diesem Verfahren Anforderungen prospektiv ermittelt. Maßgeblich für das beantragte Projekt ist ebenfalls das Instrument „Planungskonzept Technik-Arbeit-Innovation" (P-TAI) (Hormel 1993; Kannheiser et al. 1993). P-TAI ist ein praxisgerechtes Instrument zur Analyse von Tätigkeiten, das insbesondere den Planungsprozess und die Voraussetzungen erfolgreicher Projektarbeit in den Mittelpunkt rückt (Kannheiser et al. 1993). Das Instrument ist im Zuge der Einführung von computerbasierten Technologien in Unternehmen entwickelt worden. Durch eine fundierte Zielanalyse können mithilfe des P-TAI Teilziele eines Veränderungsprozesses in den Bereichen Technik, Organisation und Personal definiert und zielgerichtet geplant werden. Außerdem stellt das Verfahren einen Leitfaden bereit, der für die Analyse des Ist-Zustandes und vorhandener Schwachstellen herangezogen werden kann. In beide Analyseprozesse werden die von den Veränderungen betroffenen Beschäftigten direkt miteinbezogen. Im Hinblick auf die Analyse von Arbeitsaufgaben beleuchtet das P-TAI insbesondere die Arbeitsteilung (z. B. Analyse der Mensch-Mensch- beziehungsweise Mensch-Maschine-Arbeitsteilung an bestehenden Arbeitsplätzen, Abschätzen des Ausmaßes an Kooperation mit Kollegen an geplanten Arbeitsplätzen), die Arbeitsorganisation und das Stresspotential der Arbeit (z. B. Abhängigkeit von anderen Beschäftigten, Abhängigkeit von technischen Einrichtungen, Leistungs- und Zeitdruck, Störungen und Wartezeiten). Ausgehend vom TAToo und dem P-TAI sollen Verfahren entwickelt werden, die eine detaillierte prospektive Analyse künftiger Anforderungen und der Auswirkung der Arbeitsgestaltung ermöglichen. Durch

Abgleich von Ist- und Soll-Kompetenzprofilen lassen sich die Inhalte von und der Bedarf an Qualifizierungsmaßnahmen ableiten.

Das P-TAI stellt nicht nur ein Instrument zur Analyse von Arbeitstätigkeiten dar, sondern bettet Umgestaltungen in Unternehmen in einen umfassenderen Veränderungsprozess ein. Modelle des Change Managements stellen das dritte forschungsrelevante Feld aus Sicht der Arbeits- und Organisationspsychologie dar. Wie metaanalytische Befunde aus dem Bereich des Job Enrichments zeigen, fällt der Effekt ebensolcher Maßnahmen dann höher aus, wenn die Aufgabenbereicherung in einen strategischen Change Management Prozess integriert ist (Schewe und Maier 2011). Wie Burke und Litwin darlegen, sollte ein solcher Prozess eine Vielzahl an Variablen berücksichtigen, die Einfluss auf das Gelingen der Organisationsentwicklung haben (Burke und Litwin 1992). Hierzu zählen beispielsweise sowohl die externe Umgebung eines Unternehmens, die Einfluss auf die organisationale Leistung hat, die Mission und Strategie einer Organisation, die vorherrschende (Führungs-)Kultur, Managementpraktiken als auch die Anforderungen, die an einzelne Beschäftigte gestellt werden sowie deren individuelle Fertigkeiten, Motivation oder Leistung. Ausgehend von den im P-TAI skizzierten Phasen und Maßnahmen eines Veränderungsprozesses soll die Einführung und weitere Umsetzung von Industrie 4.0 in den beteiligten Unternehmen vorbereitet und begleitet werden. Darüber hinaus soll ein umfängliches Konzept zum Change Management erarbeitet werden.

Fazit
Während die technologische Entwicklung der Industrie 4.0 bereits weit fortgeschritten ist, rückt der Faktor Mensch in neuartigen Interaktionstechniken erst zunehmend in den Mittelpunkt der Forschung. Zwar stellt die Arbeits- und Organisationspsychologie empirisch bestätigte Modelle bereit, die sich auf die Gestaltung von Arbeit und deren Auswirkung auf die Wahrnehmung von Beschäftigten beziehen, doch wurden diese Modelle bislang vor dem Hintergrund herkömmlicher Arbeitsplätze untersucht und fanden auf diese Anwendung. Wie sich Arbeitstätigkeiten durch die Einführung neuer Technologien und Interaktionstechniken verändern, wie sich eine solche Arbeitsgestaltung auf die Arbeitseinstellungen und das Wohlbefinden der Beschäftigten auswirkt und über welche Kompetenzen Beschäftigte unter Industrie 4.0 verfügen müssen, ist derzeit unklar und bedarf weiterer Forschung. Bestehende Instrumente der psychologischen Arbeits- und Anforderungsanalyse, die für die Beantwortung dieser Fragen herangezogen werden können, analysieren jedoch vorrangig den Ist-Zustand der Arbeit. Sie müssen deshalb zunächst um eine Zukunftsperspektive erweitert und für die Anwendung unter Industrie 4.0 adaptiert werden, um prospektiv Anforderungen einer künftigen Tätigkeit antizipieren und Auswirkungen der Arbeitsgestaltung abschätzen zu können. Wie metaanalytisch bestätigt, sollte der Prozess der Einführung oder Intensivierung von Industrie 4.0-Maßnahmen dabei in das Change Management integriert werden, um einen höchstmöglichen Erfolg zu erzielen. Das Instrument P-TAI stellt aufgrund der gezielten Anpassungen auf die Arbeitsplanung und -gestaltung bei fortschreitender Digitalisierung und Vernetzung hierfür einen adäquaten Ausgangspunkt dar.

Literatur

Acatech (2013) Abschlussbericht des Arbeitskreises Industrie 4.0. Umsetzungsempfehlungen für das Zukunftsprojekt Industrie 4.0

Acatech (2015) Studie: Smart Service Welt – Umsetzungsempfehlungen für das Zukunftsprojekt Internetbasierte Dienste für die Wirtschaft

APPsist (2015) Willkommen bei dem Verbundprojekt "APPsist". Festo Lernzentrum Saar GmbH. http://www.appsist.de/. Zugegriffen: 6. Nov. 2015

Batanov D, Nagarur N, Nitikhunkasem P (1993) EXPERT-MM: a knowledge-based system for maintenance management. Artif Intell Eng 8(4):283–291. https://doi.org/10.1016/0954-1810(93)90012-5, ISSN 0954-1810

Berry M, Linoff G (1997) Data mining techniques. Wiley, Hoboken, New Jersey, USA

Bischoff J, Taphorn C, Wolter D, Braun N, Fellbaum M, Goloverov A, Ludwig S, Hegmanns T, Prasse C, Henke M, Ten Hompel M, Döbeller F, Fuss E, Kirsch C, Mättig B, Braun S, Guth M, Kaspers M, Scheffler D (2015) Studie "Erschließung der Potentiale der Anwendung von Industrie 4.0 im Mittelstand". Studie im Auftrag des BMWi

Botthof A (2014) Zukunft der Arbeit im Kontext von Autonomik und Industrie 4.0. In: BMWi (Hrsg) Zukunft der Arbeit in Industrie 4.0 – Ergebenisdokumentation eines Diskurses im Rahmen der Begleitforschung zum Technologieprogramm AUTONOMIK, S 4–6

Buhr D (2015) Industrie 4.0 – neue Aufgaben für die Innovationspolitik. In: Friedrich-Ebert-Stiftung (Hrsg) Wiso direkt – Analysen und Konzepte zur Wirtschafts- und Sozialpolitik, April 2015. http://library.fes.de/pdf-files/wiso/11303.pdf

Bundesministerium für Bildung und Forschung (2012) Innovative Produkte effizient entwickeln „Forschung für die Produktion von morgen"- Projektportraits

Bundesministerium für Wirtschaft und Energie (2015a) Automnomik 4.0. http://www.autonomik40.de. Zugegriffen: 6. Nov. 2015

Bundesministerium für Wirtschaft und Energie (2015b) Industrie 4.0 und Digitale Wirtschaft – Impulse für Wachstum, Beschäftigung und Innovation

Burke W, Litwin G (1992) A causal model of organizational performance and change. J Manag 18:523–545

Burrows S, Stein B, Frochte J, Wiesener D, Müller K (2011) Simulation data mining for supporting bridge design. In: Christen P, Li J, Ong K, Stranieri A, Vanplew P (Hrsg) 9th Australasian data mining conference, Bd 121. ACM, New York, Dezember 2011 (CRPIT). ISBN 978–1–921770–02–9, S 163–170

Chen W, Tseng S, Wang C (2005) A novel manufacturing defect detection method using association rule mining techniques. Expert Syst Appl 29(4):807–815. https://doi.org/10.1016/j.eswa.2005.06.004

Clegg C (2000) Sociotechnical principles for system design. Appl Ergon 31:463–477

Deuse J, Weisner K, Hengstebeck A, Busch F (2014) Gestaltung von Produktionssystemen im Kontext von Industrie 4.0. In: BMWi (Hrsg) Zukunft der Arbeit in Industrie 4.0 – Ergebenisdokumentation eines Diskurses im Rahmen der Begleitforschung zum Technologieprogramm AUTONOMIK, S 43–49

DLR Projektträger (2015) Innovative Arbeitsgestaltung und Dienstleistungen: Arbeiten – Lernen – Kompetenzen entwickeln. Innovationsfähigkeit in einer modernen Arbeitswelt – Liste der Vorhaben

Ester M, Sander J (2000) Knowledge Discovery in Databases: Techniken und Anwendungen. Springer, Heidelberg

Fayyad U, Piatetsky-Sharpiro G, Smyth P, Uthurusamy R (1996) Advances in knowledge discovery and data mining. AAAI/MITPress, Cambridge, Massachusetts, USA. ISBN 0–262–56097-6

Filev D, Chinnam R, Tseng F, Baruah P (2010) An industrial strength novelty detection framework for autonomous equipment monitoring and diagnostics. IEEE Trans Industr Inform 6(4):767–779. https://doi.org/10.1109/TII.2010.2060732

Flanagan J (1954) The critical incident technique. Psychol Bull 51:327–358

Fraunhofer-Institut für Arbeitswirtschaft und Organisation (IAO) (2015) Office 21. http://www.office21.de/. Zugegriffen: 6. Nov. 2015

Gröger C, Niedermann F, Mitschang B (2012) Data mining-driven manufacturing process optimization. In: Ao, Gelman L, Hukins D, Hunter A, Korsuns-Ky A (Hrsg) Proceedings of the world congress on engineering 2012, Bd III, WCE 2012, 4–6 July, 2012, Newswood, London. ISBN 978-988-19252-2-0, S 1475–1481

Hofbaur M, Williams I (2002) Mode estimation of probabilistic hybrid systems. In: International Conference on Hybrid Systems: Computation and Control. Springer, Heidelberg, S 253–266

Hormel R (1993) Arbeitspsychologische Unterstützung betrieblicher Planung- und Problemlöseprozesse. Hampp, München

Humphrey S, Nahrgang J, Morgeson F (2007) Integrating motivational, social, and contextual word design features: a meta-analytic summary and theoretical extension of the work design literature. J Appl Psychol 92:1332–1356

IBB-Verbundvorhaben „STEUERUNG" (2015) Sicherheit kritischer Infrastrukturen in unsicherer Umgebung, 06/2013–12/2015

Jacobs A (2009) The pathologies of big data. Commun ACM 52(8):36–44. https://doi.org/10.1145/1536616.1536632, ISSN 0001–0782

Kannheiser W, Hormel R, Aichner R (1993) Planung im Projektteam. Bd 1: Handbuch zum Planungskonzept Technik-Arbeit-Innovation (P-TAI). Hampp, München

Koch A, Westhoff K (2012) Task-Analysis-Tools (TAToo) – Schritt für Schritt Unterstützung zur erfolgreichen Anforderungsanalyse. Pabst Science, Lengerich

Lorenz M, Rüßmann M, Strack R, Lueth K, Bolle M (2015) Man and machine in Industry 4.0. How will technology transform the industrial workforce through 2025? The Boston Consulting Group

Mei L, Thole C (2008) Data analysis for parallel car-crash simulation results and model optimization. Simul Model Pract Theory 16(3):329–337

Meporoma (2015) Mechatronisches Engineering zur effizienten Produktentwicklung im Maschinen- und Anlagenbau. http://meproma.iwb.mw.tum.de/. Zugegriffen: 5. Nov. 2015

Morgeson F, Campion M (2003) Work design. In: Borman W, Ilgen D, Klimoski R (Hrsg) Handbook of psychology: industrial and organizational psychology. Wiley, Hoboken, S 423–452

Morgeson F, Humphrey S (2006) The Work Design Questionnaire (WDQ): developing and validating a comprehensive measure for assessing job design and the nature of work. J Appl Psychol 91:1321–1339

Morgeson F, Humphrey S (2008) Job and team design. Toward a more integrative conceptualization of work design. In: Martocchio J (Hrsg) Research in personnel and human resource management. Emerald, Bingley, West Yorkshire, England. S 39–91

Nemesys (2013) EU-Verbundprojekt: Enhanced Network Security for Seamless Service Provisioning in the Smart Mobile Ecosystem. http://www.nemesys-project.eu/nemesys. Zugegriffen: 9. Nov. 2015

Ötting S, Maier G (2015) Schöne neue Arbeitswelt: Wie sollte aus Sicht der Arbeits- und Organisationspsychologie die Arbeit der digitalen Revolution gestaltet sein (Manuskript in Vorbereitung)

Ovtcharova J, Häfner P, Häfner V, Katicic J, Vinke C (2014) Aufbruch in eine neue Arbeitskultur durch Virtual Engineering. In: BMWi (Hrsg) Zukunft der Arbeit in Industrie 4.0 – Ergebnisdokumentation eines Diskurses im Rahmen der Begleitforschung zum Technologieprogramm AUTONOMIK, S 50–57

Painter M, Erraguntla M, Hogg G, Beachkofski B (2006) Using simulation, data mining, and knowledge discovery techniques for optomized aircraft engine fleet management. In: Nicol D,

Fujimoto R, Lawson B, Liu J, Perrone F, Wieland F (Hrsg) Proceedings of the thirty-eighth winter simulation conference. IEEE Press, Monterey, S 1253–1260

Parker S (2014) Beyond motivation: job and work design for development, health, ambidexterity, and more. Annu Rev Psychol 65:661–691

PPTKA Projektträger Karlsruhe (2015) Innovative Produkte effizient entwickeln – Schneller von der Idee zum Produkt. http://www.produktionsforschung.de/UCM01_001330. Zugegriffen: 6. Nov. 2015

Real-Time Security Shield for Mobile Platforms (2014) EU-Verbundprojekt „Real-Time Security Shield for Mobile Platforms", 01/2014–12/2014

Romanowski C, Nagi R (2002) Data mining for design and manufacturing. Version: 2002. http://dl.acm.org/citation.cfm?id=566052.566065. Kluwer, Norwell, ISBN 1–4020–0034–0, Kapitel Analyzing maintenance data using data mining methods, S 235–254

Schaper N (2014) Arbeitsanalyse und -bewertung. In: Nerdinger F, Blickle G, Schaper N (Hrsg) Arbeits- und Organisationspsychologie. Springer, Heidelberg, S 347–370

Schewe A, Maier G (2011) Die Wirksamkeit von Job Enrichment Maßnahmen: Eine Metaanalyse quasi-experimenteller Studien. 7. Tagung der Fachgruppe Arbeits-, Organisations- und Wirtschaftspsychologie. 7.–9. September 2011, Rostock

Senderek R, Geisler K (2015) Assistenzsysteme zur Lernunterstützung in der Industrie 4.0. In: Rathmayer S, Pongratz H (Hrsg) Proceedings of DeLFI Workshops im Rahmen der 13. e-Learning Fachtagung der Gesellschaft für Informatik e. V. (DeLFI2015). S 36–46

Skormin V, Gorodetski V, Popyack L (2002) Data mining technology for failure prognostic of avionics. IEEE Trans Aerosp Electron Syst 38(2):388–403. https://doi.org/10.1109/TAES.2002.1008974, ISSN 0018–9251

Spath D (Hrsg.), Bauer W, Rief S, Kelter J, Ernsthaner U, Urecic M (2012) Arbeitswelten 4.0. Wie wir morgen arbeiten und leben. Fraunhofer Verlag, Fraunhofer IAO, Stuttgart

Technische Universität Kaiserslautern (2015) Mecpro2 – Modellbasierter Entwicklungsprozess cybertronischer Produkte und Produktionssysteme. http://www.mecpro.de/?page_id=15. Zugegriffen: 6. Nov. 2015

Trépos R, Masson V, Cordier M, Gascuelodoux C, Salmon-Monviola J (2012) Mining simulation data by rule induction to determine critical source areas of stream water pollution by herbicides. Comput Electron Agric 86:75–88. https://doi.org/10.1016/j.compag.2012.01.006, ISSN 0168–1699

Viereck V, Tödter J, Krüger-Basjmeleh T, Wittmann T (2014) Steigerung des Autonomiegrades von autonomen Transportrobotern im Bereich der Intralogistik – technische Entwicklungen und Implikationen für die Arbeitswelt 4.0. In: BMWi (Hrsg) Zukunft der Arbeit in Industrie 4.0 – Ergebnisdokumentation eines Diskurses im Rahmen der Begleitforschung zum Technologieprogramm AUTONOMIK, S 28–31

Wall T, Martin R (1987) Job and work design. In: Cooper C, Robertson I (Hrsg) International review of industrial and organizational psychology. Wiley, Oxford, S 61–91

Wang M, Dearden R (2009) Detecting and learning unknown fault states in hybrid diagnosis. In: Proceedings of the 20th International Workshop on Principles of Diagnosis, DX09. Stockholm, Sweden, S 19–26

White T (2009) Hadoop: the definitive guide, 1. Aufl. O'Reilly Media, Inc. Sebastopol, Kalifornien, USA. ISBN 0596521979, 9780596521974

Zhao F, Koutsoukos X, Haussecker H, Reich J, Cheung P (2005) Monitoring and fault diagnosis of hybrid systems. IEEE Trans Syst Man Cybern, Part B 35(6):1225–1240

Zhao Z, Jin X, Cao Y, Wang J (2010) Data mining application on crash simulation data of occupant restraint system. Expert Syst Appl 37(8):5788–5794. ISSN 0957–4174

Transfer von Arbeit 4.0-Anwendungsszenarien

Michael Bansmann, Roman Dumitrescu und Christian Fechtelpeter

Inhaltsverzeichnis

3.1	Ausgangssituation und Handlungsbedarf	24
3.2	Zielsetzung	30
3.3	Transfer von Arbeit 4.0-Anwendungsszenarien	31
	3.3.1 Identifikation und Klassifizierung nutzenversprechender Arbeit 4.0-Anwendungsszenarien	33
	3.3.2 Analyse der Auswirkungen	36
	3.3.3 Identifikation einer Projektstrategie	39
	3.3.4 Erarbeitung eines Projektvorschlags	42
3.4	Validierung	43
Literatur		45

Teile dieses Kapitels sind im Rahmen einer Dissertation veröffentlicht worden. Diese betrifft die Kapitel 3.1, 3.3.1 und 3.3.2. (Bansmann 2021)

M. Bansmann (✉) · R. Dumitrescu · C. Fechtelpeter
Fraunhofer IEM, Produktentstehung, Paderborn, Deutschland
E-Mail: michael.bansmann@iem.fraunhofer.de

R. Dumitrescu
E-Mail: roman.dumitrescu@iem.fraunhofer.de

C. Fechtelpeter
E-Mail: christian.fechtelpeter@iem.fraunhofer.de

© Springer-Verlag GmbH Deutschland, ein Teil von Springer Nature 2022
R. Dumitrescu (Hrsg.), *Gestaltung digitalisierter Arbeitswelten*, Intelligente Technische Systeme – Lösungen aus dem Spitzencluster it's OWL,
https://doi.org/10.1007/978-3-662-58014-1_3

3.1 Ausgangssituation und Handlungsbedarf

Digitaler Wandel der Arbeitswelt

In der globalen Informationsgesellschaft durchdringen Informations- und Kommunikationstechnologien (IKT) alle Hierarchieebenen von Unternehmen (Dumitrescu et al. 2015). Infolge der rasant fortschreitenden Bedeutung des Internets vollzieht sich ein Wandel mit fundamentalen Auswirkungen – die digitale Transformation. Dies konfrontiert Unternehmen mit einem grundlegenden Paradigmenwechsel (Andersch 2015; Bloching et al. 2015). Neben Veränderungen in Wertschöpfungsnetzen, Geschäftsmodellen und -abläufen wirkt sich der Wandel insbesondere auf die Arbeitswelten produzierender Unternehmen aus (Bauer et al. 2018).

Aufbauend auf den Arbeiten von Ulich, Trist und Nerdinger et al. können diese Arbeitswelten als dreigliedriges System verstanden werden (Abb. 3.1; Ulich 2011; Trist 1981; Nerdinger et al. 2015)

Demnach ist der Gegenstand der ersten Ebene der Arbeitsprozess. Dessen zentrale Komponenten sind das arbeitende Subjekt sowie eine Arbeitsaufgabe. Diese wird durch die Arbeitstätigkeit unter Verwendung von Arbeitsmitteln verwirklicht und unterliegt Ausführungsbedingungen (Pangalos und Knutzen 2000). Die zweite Ebene aggregiert den Arbeitsprozess zu Interaktionsbeziehungen, Formen und Bedingungen von Arbeitsgruppen. Dies bildet die Grundlage von Geschäftsprozessen. Gegenstand der zweiten Ebene sind daher in Anlehnung an das St. Galler Management Modell die Ablauf- und

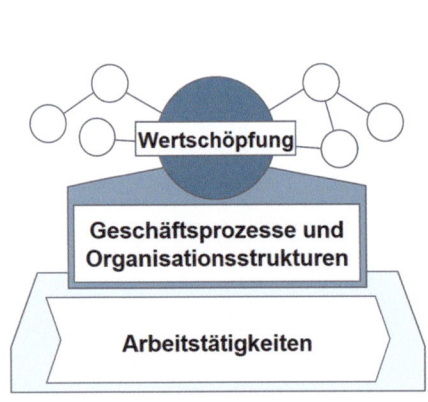

Abb. 3.1 Arbeitswelten in der produzierenden Industrie

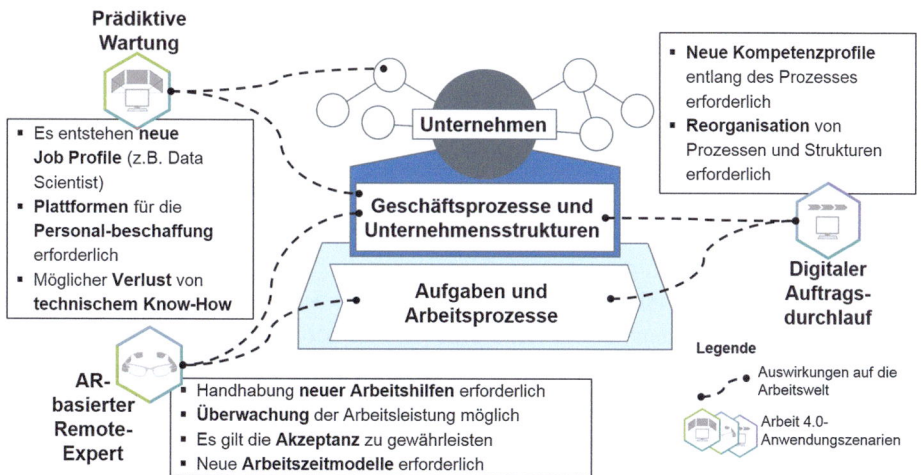

Abb. 3.2 Beispielhafte Arbeit 4.0-Anwendungsszenarien und ihre Auswirkungen

Aufbauorganisation des Unternehmens (Rügg-Sturm und Grand 2017). Die dritte Ebene bezieht sich auf Formen und Charakteristika der Organisation. Des Weiteren wird in dieser Ebene die Beziehung der Organisation zu seiner Umwelt betrachtet. Dies konkretisiert sich in der Einbettung der Organisation in das entsprechende Wertschöpfungssystem.

Der digitale Wandel der Arbeitswelt produzierender Unternehmen basiert auf einer schnellen und breiten Adaption fortschrittlicher Technologien. Diese besitzen – insbesondere durch ihre Verknüpfungen zueinander – vielfältige Potentiale zur grundlegenden Beeinflussung der Art und Weise des Arbeitens (Bundesministerium für Arbeit und Soziales 2016a, b). Diese technologischen Grundlagen lassen sich in Anlehnung an Roland Berger in vier Technologiefelder gliedern (Roland Berger 2016): Zum ersten in Technologien, die sich auf die Erfassung, Verarbeitung und Analyse digitaler Daten beziehen (z. B. Big Data-Ansätze). Zum zweiten in Technologien zur Automatisierung von Wertschöpfungsketten und Produkten (z. B. fortschrittliche Robotik). Die dritte Gruppe adressiert Technologien zur Vernetzung von Systemen. Die letzte Gruppe bilden Technologien zur Virtualisierung, wie Augmented und Virtual Reality (AR/VR). Diese versprechen jeweils für sich und erst recht in Wechselwirkung miteinander großen Nutzen in der Arbeitswelt. Die Anwendung der Technologien in der Arbeitswelt werden als Arbeit 4.0-Anwendungsszenarien bezeichnet (Abb. 3.2):

Das Konstrukt des Arbeit 4.0-Anwendungsszzenarios mit den entsprechenden Auswirkungen auf die Arbeitsumgebung wird anhand von drei Beispielen erläutert:

- **AR-basierter Remote Experte:** AR ermöglicht eine Erweiterung der Realität um form- und lagerichtige Zusatzinformationen. So können dem Werker visuell kontextsensitive Informationen zur Durchführung von Arbeitstätigkeiten in das Sichtfeld projiziert werden (Neugebauer 2018). Hierzu werden entsprechende Endgeräte (z. B. Smartphone, Brille) benötigt. Zusätzlich besteht die Möglichkeit, einen sogenannten Remote Experten einzubinden. Dieser kann bei Bedarf über eine akustische Anbindung detailliertes Fachwissen zu der bestehenden Arbeitsaufgabe übermitteln. So wird z. B. eine standortübergreifende Fernwartung ermöglicht (Wu et al. 2014). Die nachhaltige Implementierung dieses Szenarios erfordert die Handhabung neuer Arbeitsmittel. Zudem ist die Akzeptanz der involvierten Akteure zu gewährleisten. Dies ist u. a. vor dem Hintergrund der resultierenden Möglichkeiten zur Überwachung der Arbeitsleistung eine Herausforderung. Darüber hinaus ist die Sicherstellung der permanenten Verfügbarkeit von Remote Experten eine organisatorische Herausforderung. Dies kann z. B. neue Arbeitszeitmodelle erfordern oder ermöglichen. Eine Übersicht über Anwendungsbeispiele AR-basierter Services in der Wartung von Maschinen- und Anlagen (z. B. wissensintensive Produktionsaktivitäten) geben (Wild et al. 2014).

- **Digitaler Arbeitsdurchlauf:** Neben neuen Arbeitswerkzeugen schreitet die Digitalisierung der unternehmensinternen Wertschöpfungsprozesse weiter voran. Beispielsweise adressiert die vollständige Digitalisierung des Auftragsdurchlaufs die Implementierung eines rein IT-basierten und somit effizienteren Auftragsabwicklungsprozesses von der Auftragsannahme über die Produktion bis zur Logistik (Milosevic et al. 2016). Zudem könne Arbeitstätigkeiten entfallen, sodass eine Reorganisation von Abläufen und Strukturen notwendig wird.
- **Prädiktive Wartung:** Ziel ist ein System, welches basierend auf einer Zustandsüberwachung und der intelligenten Analyse erfasster Daten in der Lage ist, notwendige Wartungstätigkeiten vorausschauend zu antizipieren. Diese Vorhersagen werden dem Instandhaltungsmitarbeiter in Form von Meldungen oder Alarmen mitgeteilt. Es resultiert ein Wandel in der Wartungsterminierung von starren Wartungsplänen hin zu flexiblen, bedarfsgerechten Wartungen (Selcuk 2016). In diesem Zusammenhang kann es notwendig werden, Humankapital für hoch spezialisierte Arbeitstätigkeiten nicht mehr dauerhaft im Unternehmen zu halten, sondern situativ über Plattformen zu beziehen.

Die Beispiele verdeutlichen, dass Auswirkungen und Potentiale der Arbeit 4.0-Anwendungsszenarien weit über rein technische Aspekte hinausgehen. In Kombination mit Ausprägungen der organisatorischen und sozialen Dimensionen ergeben sich umfassende Weiterentwicklungsmöglichkeiten der Arbeitswelt produzierender Unternehmen. Folglich müssen die Szenarien in einem sozio-technischen Spannungsfeld zwischen Mensch, Organisation und Technik gestaltet werden (Hirsch-Kreinsen und Weyer 2014).

Allerdings stehen Unternehmen bei der Planung und Umsetzung derartiger Arbeit 4.0-Anwendungsszenarien vor verschiedenen Herausforderungen. Typische Barrieren sind unzureichendes Wissen oder fehlende Ressourcen. Unternehmen sind oft nicht in der Lage, die Vielfalt der verfügbaren Arbeit 4.0-Anwendungsszenarien, die verbundenen Potentiale sowie ihre sozio-technischen Auswirkungen zu überschauen und vollständig zu erschließen. Darüber hinaus gibt es bei der Implementierung von Arbeit

4.0-Anwendungsszenarien signifikante Unterschiede gegenüber konventionellen Technologie-Einführungen. Dies umfasst insbesondere die folgenden Punkte:

- Organisatorische und soziale Aspekte gelten als maßgebliche Einflussfaktoren für das Gelingen der Umsetzung eines Szenarios – die Tragweite des Wandels der Arbeitswelt übersteigt die rein technische Perspektive. Dies wird mehr und mehr Entscheidungsträgern bewusst, die sich mit der Umsetzung von Lösungen konfrontiert sehen. Dennoch herrscht Unklarheit darüber, wie die organisatorische und soziale Dimension Umsetzungsprojekten adäquat berücksichtigt werden und die Szenarien nachhaltig umgesetzt werden können.
- Arbeit 4.0-Anwendungsszenarien basieren auf einer stetig wachsenden Vielfalt von Technologiefeldern. Oft verfügen Unternehmen nicht in allen Technologiefelder über ausreichendes Know-how, um Lösungen eigenständig umzusetzen. Diese Problematik betrifft insbesondere kleine und mittlere Unternehmen (KMU). Sie sind oftmals nicht in der Lage, mit der zunehmenden Vielfalt der Technologiefelder eigenständig Schritt zu halten.
- Unternehmen neigen dazu, Lösungen ohne systematische Analyse der langfristigen Auswirkungen zu implementieren. Darüber hinaus werden Lösungen oft nicht systematisch ausgewählt. Das Resultat sind oftmals Insellösungen und nicht genutzte Skaleneffekte.

Kooperative Planung und Erschließung von Arbeit 4.0-Anwendungsszenarien
Es besteht die Herausforderung, erfolgversprechende Arbeit 4.0-Anwendungsszenarien zu identifizieren sowie deren Potenziale und den erforderlichen Implementierungsaufwand adäquat zu bewerten. Aufbauend auf dieser Grundlage kann eine nachhaltige Implementierung der Anwendungsszenarien in die betriebliche Praxis erfolgen. Aufgrund der aufgezeigten Herausforderungen ist der Zugang zu externem Expertenwissen häufig der erfolgskritische Faktor. Vor dem Hintergrund des Wandels der Arbeitswelt in Richtung Arbeit 4.0 gewinnen FuE-Kooperationen mit externen Partnern somit für die Innovationskraft der Unternehmen an Bedeutung (Hightech-Forum 2017). Die intensive Vernetzung wird zum entscheidenden Erfolgsfaktor. Der acatech „Innovationsindikator 2015" unterstreicht den hohen Stellenwert der vorwettbewerblichen Forschungszusammenarbeit als Motor der Entwicklung innovativer Lösungen sowie der langfristigen Ausprägung von Kompetenzen (Frietsch et al. 2015).

In diesem Zusammenhang stellen projektbezogene FuE-Kooperationen mit Forschungseinrichtungen zur Planung und Erschließung der Szenarien eine vielversprechende Möglichkeit für Unternehmen dar. Durch einen effizienten Technologietransfer kann das Know-how zu Technologien und Methoden aus der angewandten Forschung in innovative Anwendungen im Unternehmen überführt werden (Carayannis und Campbell 2012). Es bietet sich folglich ein guter Zugang zu technologischem Know-how und qualifiziertem Personal. Experten von Forschungseinrichtungen können die Unternehmen bei der Bewertung, Planung und Umsetzung der Arbeit 4.0-Anwendungsszenarien unterstützen. Auf diese Weise lassen sich limitierte Ressourcen auf Unternehmensseite ausgleichen sowie typische Barrieren, wie ein mangelnder Überblick über die Vielfalt der Anwendungsszenarien, überwinden. Die Zusammenarbeit gilt als erfolgreich, wenn die Transferinhalte nachhaltig in der Organisation verankert sind. Das Ziel der Zusammenarbeit geht somit über die reine Umsetzung einer Lösung hinaus: Kompetenzen sollen aufgebaut werden. So können Unternehmen die Entwicklung auch nach Projektende fortsetzen. Zudem ist ein Transfer in andere Anwendungsbereiche im Unternehmen möglich.

Der Technologietransfer im Rahmen von Arbeit 4.0-Anwendungsszenarien umfasst neben dem Übertrag von technologischem Wissen (z. B. zu Kommunikationsprotokolle oder AR-Devices) einen erheblichen methodischen Anteil (z. B. Gestaltungsrichtlinien, Routinen). Diese Aspekte decken sich mit der grundlegenden Definition des Technologietransfers, welche sowohl die Technologie als auch das Wissen um ihre Anwendung umfasst (Bozeman 2000). Insbesondere müssen die spezifischen Anforderungen und Randbedingungen des Unternehmens berücksichtigt werden. Demnach variieren Fokus und Umsetzungsreichweite der projektbezogenen FuE-Kooperation. Der Fokus kann z. B. auf einer detaillierten Einschätzung der Potentiale und Hindernisse von Anwendungsszenarien für das Unternehmen liegen (z. B. Vermittlung von Basiswissen über den Einsatz maschineller Lernverfahren für Assistenzsysteme). In einem aufbauenden Projekt könnten sich die Kooperationspartner mit der Implementierung eines priorisierten Anwendungsszenarios beschäftigen. Dies setzt allerdings voraus, dass schon umfangreiche Kenntnisse über das Szenario vorliegen, die über die einfachen Einsatzmöglichkeiten hinausgehen. Es lassen sich vier Projektkategorien mit spezifischen Merkmalen und Zielen unterscheiden (Abb. 3.3).

Diese Kategorien helfen Anwendern im Rahmen der Projektplanung, um eine geeignete Umsetzungsstrategie unter der gegebenen Ausgangssituation festzulegen. Außerdem lassen sich den Klassen typische Einschränkungen zuordnen, die es in der Projektplanung und -umsetzung zu vermeiden gilt – andernfalls wird die Zielsetzung einer nachhaltig erfolgreichen Realisierung gefährdet. Ein möglicher Planungsfehler wäre etwa die Durchführung eines Pilotprojekts anstatt einer Studie, um einen vollständige Überblick über die Auswirkungen sowie die Skalierbarkeit von Anwendungsszenarien zu erhalten. Hierdurch besteht die Gefahr, das "große Ganze", das die technischen, organisatorischen und sozialen Dimensionen des Arbeit 4.0-Anwendungsszenarios betrifft, aus dem Blick zu verlieren und sich ausschließlich auf die technische Umsetzung zu konzentrieren. Hiermit verbunden ist das Risiko, organisatorische Veränderungen erst zu betrachten, nachdem der technologische Teil des Szenarios bereits definiert ist. Ein Beispiel könnte wie folgt aussehen: Ein Assistenzsystem, das den Werker bei der Montage eines medizinischen Fußschalters zur Kontrolle von Operationstischen unterstützt, wurde aus technischer Sicht realisiert, ohne jedoch die Auswirkungen auf die Arbeitsroutine des Werkers ausreichend zu betrachten. Folglich fehlt es dem System von Beginn an Akzeptanz unter den Werkern und diese verzeihen anfängliche Anlaufschwierigkeiten im Betrieb nicht – das System setzt sich nicht durch.

Kategorie	Merkmale	Vorteile	Einschränkungen
Studie	- Exploration der detaillierten Auswirkungen eines Anwendungsszenarios - Erste Schritte in einem neuen Handlungsfeld	- Schaffen einer umfangreichen Grundlage für weitere Aktivitäten - Berücksichtigung aller Dimensionen eines Anwendungsszenarios - Aufwand überschaubar	- Umsetzung beschränkt sich auf Konzepte und Bewertungen dieser - Risiken aus der Implementierung können unterschätzt werden
Pool-Projekt	- Zusammenschluss mehrerer Unternehmen u. Forschungs-einrichtungen - Gemeinsame Erschließung eines Handlungsbereichs - Charakter ähnlich einer Studie, es stehen explorative Tätigkeiten im Fokus	- Kosten- und Risiko-Reduzierung für einzelne Partner - Voneinander-Lernen und Kompetenz-bündelung - Hohe Anwendungs-orientierung durch die Beteiligung mehrerer Unternehmen - Risiken, Hemmnisse der Implementierung zu übersehen, sinkt	- Risiko, den Fokus auf die eigenen Unter-nehmensziele zu verlieren - Unpassend für unternehmenssensible Themen (trotz Geheimhaltungs-vereinbarung) - Höherer Reiseaufwand
Test-umgebung	- Implementierung eines Arbeit 4.0-Anwendungsszenarios in einer Testumgebung - Absteckung verschiedener Ausprägungsmerkmale eines Szenarios	- Volle Potentialentdeckung des Szenarios - Entdeckung von Abhängigkeiten zwischen Szenarien - Test mit Arbeitnehmern möglich - Geringerer Aufwand gegenüber Implementierung als Pilot	- Gefahr, dass Lösungen nie eine produktive Nutzungsphase erreichen - Fehlender Kontakt zur Shopfloor Realität - Eingeschränkte Aussagefähigkeiten durch Testen unter idealisierten Bedingungen
Pilot	- Hoher Serienreifegrad - Keine vollständige Potentialerschließung - Umsetzung bei hohem Bedarf	- Wettbewerbsfähige Implementierung möglich - Erschließung konkreter Nutzenpotentiale	- Verfrühte Festlegung auf ein Anwendungsszenario ohne die vollständigen Potentiale zu kennen - Geringe Adaptierbarkeit auf andere Anwendungs-szenarien im Unternehmen - Hoher Implemen-tierungsaufwand

Abb. 3.3 Projektkategorien für die Erschließung von Arbeit 4.0-Anwendungsszenarien

Um derartige Probleme zu vermeiden, ist eine verlässliche Prognose der Auswirkungen der Implementierung des Anwendungsszenarios in den Produktivbetrieb erforderlich. Wesentliche Einflussfaktoren auf den Transferprozess sind der Charakter des Transferinhalts sowie die Eigenschaften des Unternehmens. In verschiedenen Publikationen wird der Einfluss der Eigenschaften der Transferinhalte auf ihre Transfereignung untersucht (Souder et al. 1990; Rogers 1983; Zißler 2010; Meißner 2001). Einflussfaktoren sind beispielsweise der Reifegrad der betrachteten Technologie sowie der Kenntnisstand des Unternehmens in relevanten Technologiefeldern. Diese gilt es in der Planungsphase zu berücksichtigen. Jedoch liegen nur wenige praxistaugliche Methoden vor, die die Planungsphase von FuE-Kooperationsprojekten systematisch unterstützen. Gerybadze (2004) definiert einen sechsstufigen Prozess zur Strukturierung von FuE-Kooperationsprojekten. Laube (2008) stellt ein Roadmap-basiertes Verfahren zur Planung des Technologietransfers für KMU vor. Wesentliche Elemente sind ein Vorgehensmodell für das Transfermanagement sowie ein Transferportfolio zur Unterstützung der Auswahlphase. Luczak und Killich (2013) unterstützen die Planung der Zusammenarbeit zwischen Forschungseinrichtungen und Unternehmen durch ein vierstufiges Modell (Initiierung, Gründung, Umsetzung und Abschluss). Auch wenn dies vielversprechende Ansätze sind, lassen sie sich nicht direkt auf die Planung von FuE-Kooperationsprojekten zur Einführung von Arbeit 4.0-Anwendungsszenarien übertragen. Insbesondere fehlt es an Methoden, um die Potentiale und Auswirkungen von Arbeit 4.0-Anwendungsszenarien auf das eigene Unternehmen strukturiert beurteilen zu können. Hier bedarf es einer systematischen Unterstützung, die Unternehmen in der Praxis bedarfsgerecht anwenden können.

3.2 Zielsetzung

FuE-Kooperationen zwischen produzierenden Unternehmen und Forschungseinrichtungen sind ein vielversprechender Ansatz bei der Planung und Implementierung von Arbeit 4.0-Anwendungsszenarien. Allerdings ist eine systematische Unterstützung im Zuge der Identifikation und Auswahl ebenso erforderlich wie bei der kooperativen Erschließung. So zeigt Gerybadze (2004), dass aus Fehlern im Planungsprozess oft zentrale Probleme in der späteren Zusammenarbeit resultieren. Es wird deutlich: Der kooperativen Erschließung eines Arbeit 4.0-Anwendungsszenarios im Rahmen eines FuE-Kooperationsprojekts geht eine detaillierte Planung voraus. Diese sollte ebenfalls gemeinsam in Zusammenarbeit zwischen Unternehmen und Forschungseinrichtungen erfolgen. Der folgende Beitrag adressiert diese Herausforderung. Es wird das Ziel verfolgt, einen Rahmen für die systematische Erschließung von Arbeit 4.0-Anwendungsszenarien im Rahmen von FuE-Kooperationen zu schaffen. Hiermit verbunden sind die Festlegung einer Projektkategorie sowie die hiermit verbundene Ausrichtung des Projekts. In diesem Zusammenhang wird die spezifische Ausgangssituation des Unternehmens (Wo steht das Unternehmen? Welche Kompetenzen liegen vor? Welche vergleichbaren Implementierungsaktivitäten erfolgten in der vergangenen Zeit?) ebenso betrachtet wie die langfristige Umsetzungsperspektive (Wie soll es nach dem FuE-Kooperationsprojekt mit der Umsetzung des Szenarios weitergehen?). Durch eine strukturierte Betrachtung dieser Aspekte wird sichergestellt, das volle Potential eines Arbeit 4.0-Anwendungsszenarios auszuschöpfen und mögliche Skaleneffekte auf andere Aufgabenstellungen im Unternehmen frühzeitig mitzudenken. Weiterhin stehen folgende Teilziele im Fokus:

- **Strukturierung von Arbeit 4.0-Anwendungsszenarien:** Es bedarf einer Strukturierung von Arbeit 4.0-Anwendungsszenarien, welche eine allgemeingültige Einordnung aller Szenarien ermöglicht. Dies dient dem Verständnis der Auswirkungen der Szenarien für das weitere Vorgehen.
- **Berücksichtigung der sozio-technischen Auswirkungen:** Der Ansatz muss die sozio-technischen Auswirkungen der Arbeit 4.0-Anwendungsszenarien im Spannungsfeld Mensch, Organisation und Technik berücksichtigen. Es gilt die entsprechenden Handlungsfelder zu identifizieren. Dies ermöglicht eine Bewertung durch das Unternehmen als elementare Voraussetzung für die Planung von FuE-Kooperationsprojekten.
- **Bewertung der Arbeit 4.0-Anwendungsszenarien:** Der Ansatz muss eine systematische Bewertung der Attraktivität und der Neuheit der Arbeit 4.0-Anwendungsszenarien ermöglichen. Auf dieser Basis können Strategien abgeleitet werden, die eine zielgerichtete Planung der Kooperation unterstützten und den Anwendern helfen, typische Fallstricke zu vermeiden.
- **Vorgabe von Gestaltungshinweisen:** Die Planung der FuE-Kooperation soll durch konkrete Handlungsempfehlungen unterstützt werden. Diese berücksichtigen ebenfalls die Dimensionen Mensch, Organisation und Technik eines ganzheitlichen Arbeit 4.0-Anwendungsszenarios.

3.3 Transfer von Arbeit 4.0-Anwendungsszenarien

Auf Grundlage des dargestellten Handlungsbedarfs wird im Folgenden ein Ansatz zum Transfer von Arbeit 4.0-Anwendungsszenarien vorgestellt. Dabei steht die Planung von Transferprojekten zur Einführung von Arbeit 4.0-Anwendungsszenarien im Fokus. Das in Abb. 3.4 dargestellte vierstufige Vorgehensmodell bieten den methodisches Rahmen des Ansatzes. Dabei nimmt die Informationsdichte mit jeder Phase kontinuierlich zu.

1. **Identifikation und Klassifizierung nutzenversprechender Arbeit 4.0-Anwendungsszenarien:** Zu Beginn werden nutzenversprechende Arbeit 4.0-Anwendungsszenarien identifiziert und zur Einführung ausgewählt. Das Vorgehensmodell wird dabei jeweils für ein Szenario durchlaufen. Um die Handhabung der Szenarien zu gewährleisten, wurden acht Typen von Arbeit 4.0-Anwendungsszenarien identifiziert. Das ausgewählte Szenario wird einem dieser Typen zugeordnet, so dass dessen Charakteristika bekannt sind. Das Resultat ist ausgewähltes und klassifiziertes Arbeit 4.0-Anwendungsszenarien.
2. **Analyse der Auswirkungen:** Anschließend werden die Anforderungen an das Unternehmen zur Einführung des ausgewählten Szenarios festgelegt. Dazu werden dessen Auswirkungen im Spannungsfeld Mensch, Organisation und Technik analysiert. Es werden acht Handlungsfelder vorgestellt, die es im Rahmen der Einführung zu Bedienen gilt. Für jedes Handlungsfeld stehen Leitfragen zur Verfügung, mit denen

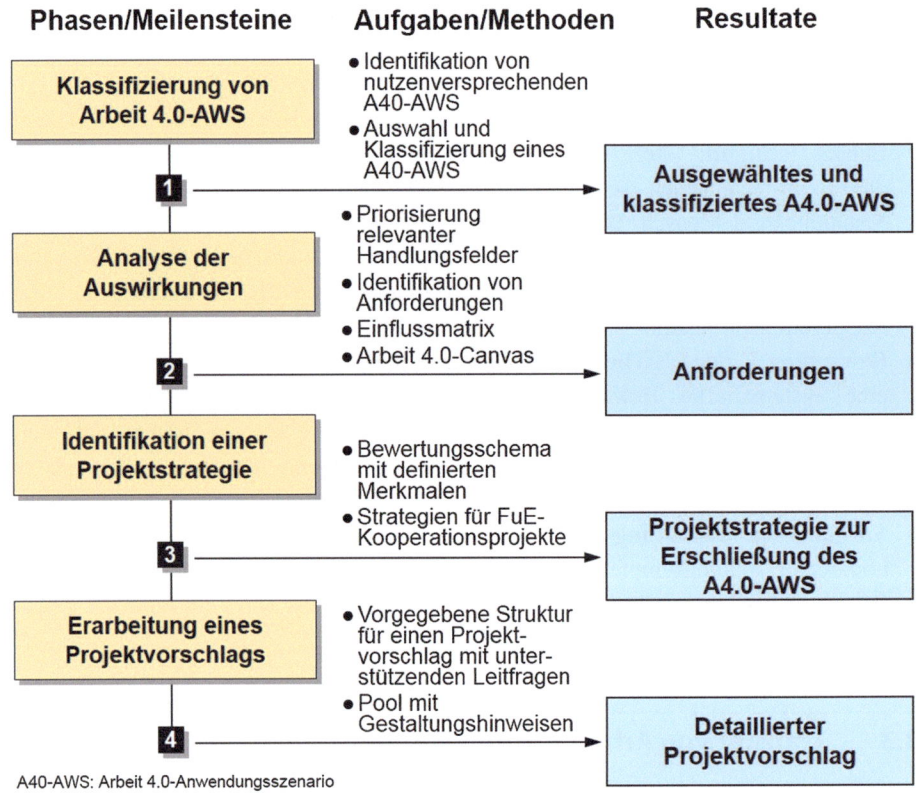

Abb. 3.4 Arbeit 4.0-Anwendungsszenarien und der Planung zur kooperativen Erschließung

die Anforderungen ermittelt werden können. Eine entsprechende Canvas dient dazu als Hilfsmittel. Das Resultat sind identifizierte Anforderungen.

3. **Identifikation einer Projektstrategie:** Auf Basis der identifizierten Anforderungen führt das Unternehmen eine Bewertung durch. Diese umfasst die Einstufung des Arbeit 4.0-Anwendungsszenarios anhand verschiedener Merkmale in den Dimensionen Attraktivität und Neuheit. Mithilfe eines Portfolios wird eine erfolgversprechende Strategie für das geplante FuE-Projekt abgeleitet.
4. **Erarbeitung eines Projektvorschlags:** In der letzten Phase werden die zusammengetragenen Planungsinformationen und Empfehlungen in einen gemeinsamen Projektvorschlag der Kooperationspartner gebündelt. Dafür erhalten die Anwender eine Struktur mit integrierten Leitfragen sowie eine Sammlung mit Gestaltungshinweisen.

3.3.1 Identifikation und Klassifizierung nutzenversprechender Arbeit 4.0-Anwendungsszenarien

Zu Beginn werden nutzenversprechende Arbeit 4.0-Anwendungsszenarien identifiziert. Ideen und Impulse können sich u. a. aus interdisziplinären Workshops, Industriemessen oder internen Projekten ergeben. Die Arbeit 4.0-Anwendungsszenarien haben heterogene Auswirkungen und Anforderungen bezüglich ihrer Einführung. Eine Zuordnung der Szenarien zu definierten Typen mit charakteristischen Merkmalen ermöglicht die Handhabung der Szenarien. Auf Grundlage von Leitfragen wird diese Zuordnung unterstützt. Die Zuordnung zu einem Arbeit 4.0-Typ ist die Grundlage der Identifikation der relevanten Handlungsfelder.

Insgesamt wurden acht Typen von Arbeit 4.0 identifiziert. Dazu wurden zunächst fünf allgemeingültige Merkmale von Arbeit 4.0-Anwendungsszenarien identifiziert. Diese wurden auf Basis von über 100 Beispielen identifiziert. Grundlage der Beispiele sind die Nachhaltigkeitsmaßnahme Arbeit 4.0 des Spitzenclusters it's OWL[1], die Ergebnisse des Industriekreises Arbeit 4.0[2] sowie des BMBF-Verbundprojekts IviPep[3]. Die Elemente sind jeweils durch zwei bis vier Ausprägungen (Abb. 3.5) charakterisiert.

Digitale Technologien: Digitale Technologien umfassen die Datenerfassung, -verarbeitung, -übertragung und -speicherung. Sie basieren auf einer physischen Grundlage und dienen der Informationsgewinnung beziehungsweise Datenanalyse und können nutzenstiftend in der Marktleistung und Wertschöpfung verwendet werden. Es wird dabei unterschieden zwischen Technologien die sich vorrangig auf die Vernetzung, Kommunikation, Datenanalyse oder Virtualisierung beziehen.

Akteur: Dieses Element beschreibt das handelnde Objekt innerhalb des Arbeit 4.0-Anwendungsszenarios. Dies kann entweder eine Kooperation zwischen Mensch und System (i. S. digitaler Technologien) oder lediglich ein System sein. Ein solches System besteht dabei i. d. R. aus mehreren digitalen Technologien.

Arbeitsaufgabe: Die Arbeitsaufgabe steht im Fokus der Referenzarchitektur. Sie beschreibt die Aufgabe, die es im Rahmen des Arbeit 4.0-Anwendungsszenarios zu

---

[1] Ziel der Nachhaltigkeitsmaßnahme Arbeit 4.0 des Spitzenclusters it's OWL waren validierte Empfehlungen aus der Industrie, wie der digitale Wandel der Arbeitswelt gelingen kann.

[2] Ziel des Industriekreis Arbeit 4.0 ist ein Masterplan of Action zur Gestaltung des digitalen Wandels der Arbeitswelt. Dieser wird in zwölf unternehmensübergreifenden Workshops mit den Unternehmen GEA, Hettich und Miele erarbeitet.

[3] Ziel des BMBF-Verbundprojekts IviPep ist ein intelligentes Instrumentarium zur menschengerechten Gestaltung der digitalen Arbeitswelt bei gleichzeitiger Effizienzsteigerung der Produktentstehung.

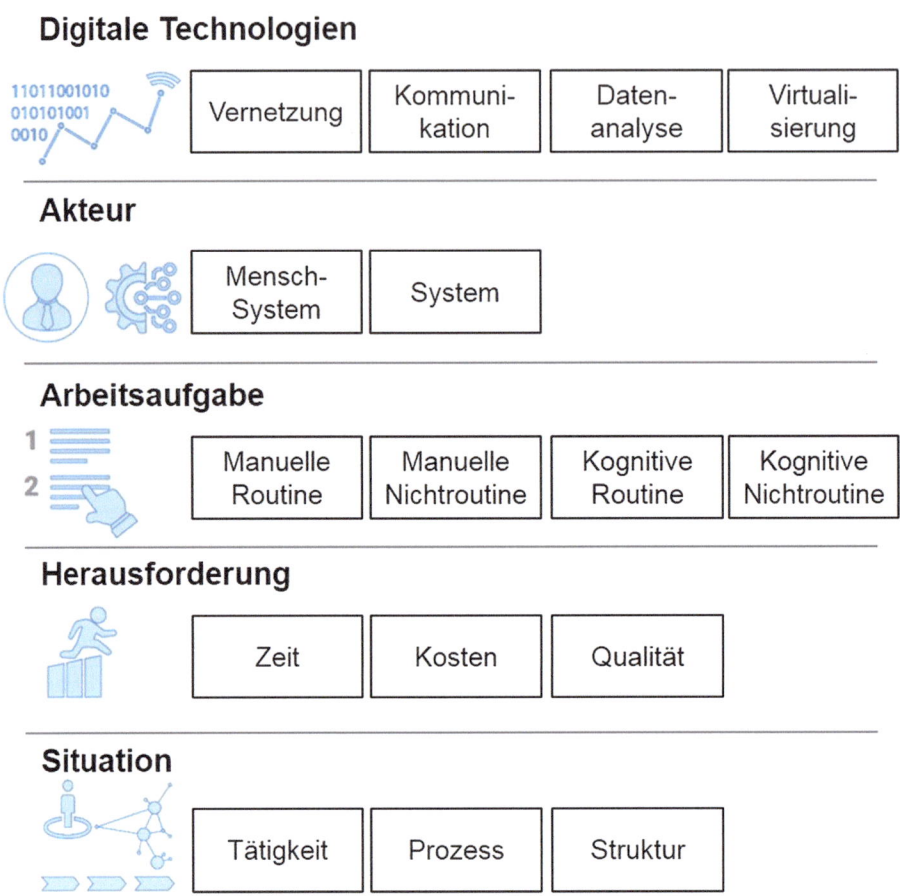

Abb. 3.5 Merkmale und Ausprägungen von Arbeit 4.0-Anwendungsszenarien

erledigen gilt. Dabei werden vier Typen von Arbeitsaufgaben unterschieden: manuelle Routine, manuelle Nichtroutine, kognitive Routine sowie kognitive Nichtroutine.

Herausforderung: Prämisse für ein Arbeit 4.0-Anwendungsszenario ist es, dass eine digitale Technologie in der Arbeitswelt eingesetzt wird, um eine Herausforderung zu adressieren. Daher bildet diese ein weiteres zentrales Element. Die Ausprägungen sind angelehnt an das sogenannte magische Dreieck im Projektmanagement mit den Dimensionen Zeit, Kosten und Qualität.

Situation: Die Situation umschreibt die Ebene der Arbeitswelt, in der das Arbeit 4.0-Anwendungsszenario verortet werden kann. Die Ausprägungen lauten daher Tätigkeit, Prozess und Struktur.

Auf Basis der Elemente und deren Ausprägungen erfolgt die Klassifizierung von Arbeit 4.0-Anwendungsszenarien. Dabei wird eine Vielzahl von Beispielen derartiger

Anwendungsszenarien in die Referenzarchitektur eingeordnet; d. h. die jeweiligen Ausprägungen dieser Beispiele werden identifiziert. Auf Grundlage einer Analyse der Häufigkeiten der Verteilung der Ausprägungen ergeben sich die folgenden acht Typen von Arbeit 4.0:

Digital Supporter (Typ 1): Dieser Typ umfasst digitale Assistenzsysteme, die Mitarbeiter bei motorischen Aufgaben unterstützen. Die zu unterstützende Aufgabe und das zu erzielende Resultat müssen dabei klar definiert sein. Typische Beispiele sind Datenbrillen zur Unterstützung von Wartungstätigkeiten oder kollaborative Roboter. Typisches Einsatzgebiet ist das Produktionsumfeld. Die entsprechenden Leitfragen lauten: a) Werden im Kontext des Arbeit 4.0-Anwendungsszenarios motorische Aufgaben ausgeführt? und b) Werden ein haptisches Feedback, visuelle Unterstützung oder eine Zuschaltung von Fern-Experten angeboten?

Digital Man of Action (Typ 2): Dieser Typ beschreibt Systeme, die motorische Arbeitsaufgaben ersetzen. Die Systeme arbeiten autonom, es werden jedoch keine kognitiven Funktionen ausgeführt. Szenarien dieser Klasse werden insbesondere in der Produktion und Logistik eingesetzt. Beispiele sind fahrerlose Transportsysteme oder Schweißroboter. Die dazugehörigen Leitfragen sind: a) Werden im Kontext des Arbeit 4.0-Anwendungsszenarios Aufgaben durchgeführt, die (körperlich) belastend sind? und b) werden im Kontext des Arbeit 4.0-Anwendungsszenarios motorische und körperliche Aufgaben ausgeführt?

Smart Aide (Typ 3): Der dritte Typ bezieht sich auf intelligente Assistenzsysteme. Diese Systeme unterstützen die Mitarbeiter bei kreativen und wissensbasierten Aufgaben. Ein Beispiel ist die Informationsbereitstellung über Sprachassistenten. Ein typisches Einsatzgebiet derartiger Arbeit 4.0-Anwendungsszenarios ist die Produktentwicklung. Die Leitfragen lauten: a) Werden im Kontext des Arbeit 4.0-Anwendungsszenarios kognitive Aufgaben ausgeführt? und b) Werden bedarfsgerechte Zusatzinformationen zur Verfügung gestellt?

Smart Decider (Typ 4): Dieser Typ umfasst intelligente Systeme, die auf maschinellen Lernverfahren basieren. Dies verleiht ihnen urteilende und somit kognitive Fähigkeiten. Daher können sie Situationen selbständig beurteilen und Entscheidungen ohne menschliche Interaktion treffen. Deren Fähigkeiten und die Qualität der Entscheidungen hängen dabei von den zugrunde liegenden Algorithmen und den Trainingsdaten ab, die sie erhalten haben. In dieser Klasse lauten die Leitfragen: a) Werden im Kontext des Arbeit 4.0-Anwendungsszenarios kognitive Aufgaben ausgeführt? und b) Werden Entscheidungen getroffen oder kreative Aufgaben gelöst, welche ein Assistenzsystem übernimmt?

Digital Processes (Typ 5): Dieser Typ beschreibt die Digitalisierung einfacher Workflows. Dabei können Medienbrüche vermieden werden. Ein Beispiel ist die Digitalisierung von Dienstreiseanträgen auf Basis elektronsicher Signaturen. Typisches Einsatzgebiet ist die Verwaltung. Die entsprechende Leitfrage ist: Werden im Kontext des Arbeit 4.0-Anwendungsszenarios einfach Abläufe digital abgebildet (z. B. in Form von Workflows)?

Intelligent Processes (Typ 6): Intelligente Prozesse schaffen einen Mehrwert durch die intelligente Datenerhebung, -verarbeitung und -nutzung. Solche werden im sechsten Typ zusammengefasst. Ein Beispiel ist die prädiktive Wartung. Typische Einsatzgebiete finden sich entlang der aller wertschöpfenden Prozesse eines Unternehmens. Die Leitfrage lautet: Werden im Kontext des Arbeit 4.0-Anwendungsszenarios Daten genutzt, die intelligent erfasst und aufbereitet werden?

Agile Ressource Management (Typ 7): Dieser Typ bezieht auf die Flexibilisierung von internen Prozessen und organisationalen Strukturen. Ein typisches Beispiel ist eine selbstorganisierte Kapazitätsflexibilität auf Basis eines „Schichten-Doodle". Dabei können Mitarbeiter selbständig ihre Verfügbarkeiten organisieren. Die Leitfrage lautet: Werden im Kontext des Arbeit 4.0-Anwendungsszenarios interne Abläufe und Strukturen flexibilisiert?

Agile Value Systems (Typ 8): Der achte Typ umfasst die Flexibilisierung von Lieferanten- und Kundenbeziehungen. Ein Beispiel ist die Rückführung von Felddaten in die Produktentstehung z. B. zur Unterstützung von Anpassungsentwicklungen. Die Leitfrage lautet: Werden im Kontext des Arbeit 4.0-Anwendungsszenarios Lieferanten- und Kundenbeziehungen flexibilisiert?

Während der ersten Phase ordnen die potentiellen Projektpartner das ausgewählte Arbeit 4.0-Anwendungsszenario einem der acht vorgestellten Typen zu. Als Hilfestellung dienen die angegebenen Leitfragen. Das soll am Beispiel des Szenarios „Datenbrille zur Unterstützung von Wartungsarbeiten" verdeutlicht werden. In diesem Fall werden die Leitfragen des Typs Digital Supporter a) Werden im Kontext der Herausforderung motorische Aufgaben ausgeführt? und b) Würde ein haptisches Feedback, visuelle Unterstützung oder eine Zuschaltung von Fern-Experten helfen? mit „ja" beantwortet. Folglich ist das Beispiel als Digital Supporter klassifiziert.

3.3.2 Analyse der Auswirkungen

Ziel der zweiten Phase sind identifizierte Anforderungen an die Organisation für die Einführung des ausgewählten Arbeit 4.0-Anwendungsszenarios. Dabei werden zwei Schritte durchgeführt: Zunächst werden allgemeingültige organisatorische Handlungsfelder identifiziert. Innerhalb der Handlungsfelder werden im nächsten Schritt die

3 Transfer von Arbeit 4.0-Anwendungsszenarien

Abb. 3.6 Einfluss der Arbeit 4.0-Typen auf organisatorische Handlungsfelder

Anforderungen identifiziert. Dazu stehen zwei Hilfsmittel zur Verfügung: Eine Einflussmatrix (Abb. 3.6) und eine Arbeit 4.0-Canvas (Abb. 3.7).

Identifikation und Priorisierung relevanter Handlungsfelder
Auf Grundlage einer Befragung von 200 betrieblichen Akteuren (z. B. Betriebsräte, Personalabteilung, Geschäftsführer) in Form eines Fragebogens und von 15 Interviews mit Experten aus verschiedenen Unternehmensbereichen und -ebenen wurden insgesamt acht organisatorische Handlungsfelder zur Einführung von Arbeit 4.0-Anwendungsszenarien identifizieren.

Arbeitsorganisation: Die Digitalisierung der Arbeit erfordert und ermöglicht neue Arbeitsmethoden und Organisationsformen. Zum einen lässt sich eine zunehmende Entgrenzung der Grenzen zwischen Ort und Zeit beobachten. Zum anderen verbreiten sich zunehmend neuartige Methoden, welche Kreativität und Flexibilität erhöhen (z. B. Scrum).

Unternehmensorganisation: Die Einführung von Arbeit 4.0-Anwendungsszenarien geht mit tief greifenden Veränderungen an der Aufbau- und Ablauforganisation von Unternehmen einher. Diese müssen identifiziert und analysiert werden und entsprechende Handlungsempfehlungen abgeleitet werden.

Technische Infrastruktur: Eine elementare Voraussetzung für die erfolgreiche Einführung von Arbeit 4.0-Anwendungsszenarien ist die Bereitstellung der entsprechenden technischen Infrastruktur. Ein wichtiger Aspekt ist dabei die Einführung von Standards.

Arbeitshilfen: Dieses Handlungsfeld bezieht sich auf die Gestaltung der Mensch-System-Schnittstellen von neuartigen Arbeitshilfen (z. B. Datenbrillen). Dies bezieht sich sowohl auf motorische als auch auf kognitive Assistenzsysteme. Der Fokus des Handlungsfeldes liegt dabei auf der Gestaltung der Interaktionsmöglichkeiten und der Aufgabenteilung zwischen Mensch und System.

Arbeitstätigkeiten: Arbeit 4.0-Anwendungsszenarien können einen erheblichen Einfluss auf Arbeitstätigkeiten und -abläufe haben. Dies bezieht sich zum einen auf bereits bestehende Tätigkeiten (z. B. zunehmende Bedeutung der interdisziplinären Zusammenarbeit). Zum anderen entstehen gänzlich neue Aktivitäten (z. B. Analyse großer Datenmengen). Die jeweiligen Veränderungen hängen dabei stark von den konkreten Technologieentscheidungen ab, sodass nur generische Aussagen über allgemeine Veränderungen möglich sind.

Kompetenzen und Qualifizierung (bestehende Berufsbilder): Arbeit 4.0-Anwendungsszenarien führen zu grundlegenden und stetigen Veränderungen der benötigten Kompetenzen und Qualifikationsprofilen der Handlungspersonen. Diese gilt es zu identifizieren und entsprechende Handlungsempfehlungen zu erarbeiten. Auch hier hängen die konkreten Veränderungen von den jeweiligen Arbeit 4.0-Anwendungsszenarien ab.

Kompetenzen und Qualifizierung (neue Berufsbilder): Durch einige Arbeit 4.0-Anwendungsszenarien entstehen gänzliche neue Berufsbilder. Dies sind oft hoch spezialisierte Fachkräfte (z. B. Data Scientist). Dabei stehen Unternehmen der produzierenden Industrie vor der Herausforderung, insbesondere KMU, diese Spezialisten bedarfsgerecht in das eigene Unternehmen einzubinden.

Akzeptanz und Unternehmenskultur: Die Unternehmenskultur und die Akzeptanz der Mitarbeiter sind ein wesentlicher Erfolgsfaktor bei der Einführung von Arbeit 4.0-Anwerndungsszenarien. Es gilt die Bereitschaft zur Veränderung und gemeinsame Miteinander zu gewährleisten und zu fördern.

Dabei beeinflussen die Szenarien die Handlungsfelder unterschiedlich stark. Dies zeigt die in Abb. 3.6 dargestellte Einflussmatrix.

So haben zum Beispiel Szenarien der Klasse "Digital Supporter" wenig Einfluss auf die Unternehmensorganisation, während diese durch Szenarien der Klasse „Agile Value Systems" stark beeinflusst wird.

Ermittlung von Anforderungen auf Basis einer Arbeit 4.0-Canvas

Auf Basis der Einflussmatrix können die für das ausgewählte Arbeit 4.0-Anwendungsszenario relevanten Handlungsfelder identifiziert werden. Innerhalb dieser Handlungsfelder müssen die Anforderungen an die Organisation für die Einführung des Szenarios spezifiziert werden. Die in Abb. 3.7 dargestellte Arbeit 4.0-Canvas ist geeignet, die Anforderungserhebung in interdisziplinären Workshops zu unterstützen.

Die Canvas besteht aus zwei Teilen. Im ersten Teil werden zu den skizzierten Handlungsfeldern Leitfragen zur Anforderungserhebung zur Verfügung gestellt. Im zweiten Teil („Perspektive des Unternehmens") wird die Ist-Situation im Unternehmen abgefragt. Dies adressiert etwa den Brückenschlag zur übergeordneten Innovationsstrategie des Unternehmens, fehlende Schlüsselkompetenzen zur Implementierung des Arbeit 4.0-Anwendungsszenarios oder die generelle FuE-Kooperationskultur des Unternehmens. Letztere lässt sich über quantitative Kennzahlen (z. B. Anzahl durchgeführter FuE-Kooperationsprojekte mit Forschungseinrichtungen) oder eine qualitative Einschätzung der Innovationskultur herleiten.

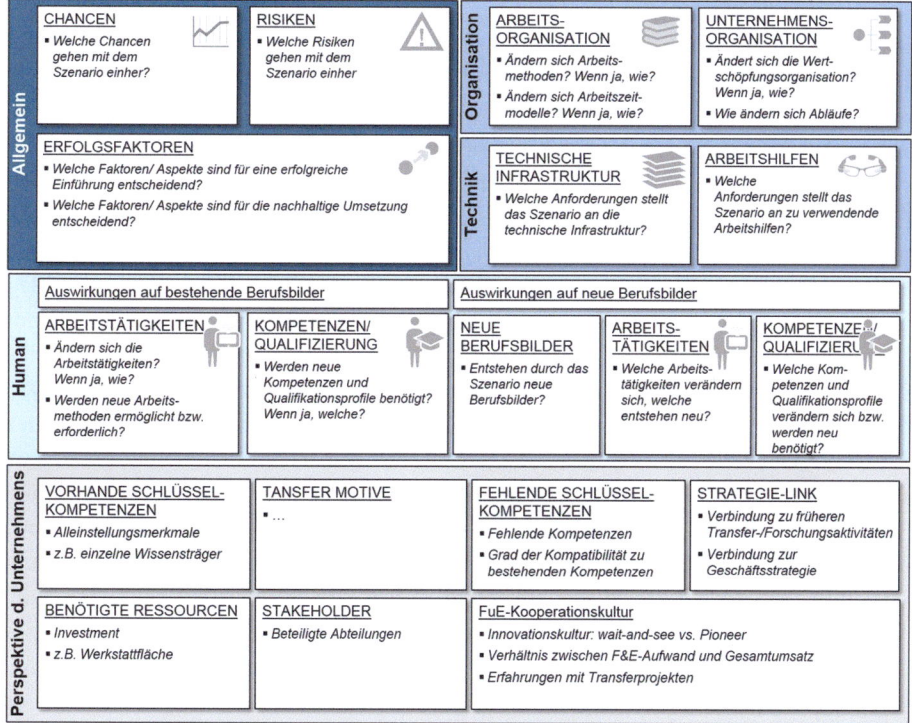

Abb. 3.7 Anforderungen an die Organisation zur Einführung von Arbeit 4.0-Anwendungsszenarien

3.3.3 Identifikation einer Projektstrategie

Ausgehend von den ermittelten Artefakten aus der Canvas erfolgt die Ableitung einer geeigneten Strategie für die Erschließung des Arbeit 4.0-Anwendungsszenarios im Rahmen eines FuE-Kooperationsprojekts. Um eine reibungslose FuE-Kooperation ohne Transferbarrieren zu gewährleisten und somit die nachhaltige Verankerung der Projektergebnisse in der Organisation sicherzustellen, ist ein sorgfältiger Planungsprozess erforderlich. Die Hauptaufgabe besteht darin, systematisch Informationen zusammenzutragen und somit eine unvollständige Datenbasis zu vermeiden (Meißner 2001). Dabei integriert die Planungsphase u. a. die Tätigkeiten „Anforderungen spezifizieren", „Ziele formulieren" und „Vorgehen und Vorgehensweise dokumentieren" (Gresse 2010). Es gilt, Faktoren wie die Konsistenz der Arbeit 4.0-Anwendungsszenarien zur technologischen Basis des Unternehmens systematisch zu berücksichtigen.

Vor diesem Hintergrund bewertet das Unternehmen das angestrebte **Arbeit 4.0-Anwendungsszenario** (bzw. mehrere relevante Szenarien) anhand einer Merkmalsliste in den **Dimensionen Neuheit und Attraktivität** (Abb. 3.8). Eine kooperative Bewertung zusammen mit einer Forschungseinrichtung erhöht die Verlässlichkeit der Ergebnisse. Die Merkmale resultieren einerseits aus den beschriebenen Einflussfaktoren des Transferobjekts auf den Technologietransfer aus der Literatur. Andererseits zeigte unsere Forschungsarbeit die Notwendigkeit weiterer Merkmale (z. B. Bewusstsein über das vollständige Potential des Arbeit 4.0-Anwendungsszenarios). Basierend auf der Bewertung der einzelnen Merkmale berechnen die Anwender den Mittelwert für die beiden Dimensionen. Diese Werte dienen als Input für ein Portfolio.

Mehrere Projektideen lassen sich in einem gemeinsamen Portfolio gegenüberstellen. Ziel ist es, eine Projektstrategie entsprechend dem vorliegenden Bedarf des Unternehmens abzuleiten. Auf diese Weise werden die Erfolgsaussichten des FuE-Projekts erhöht und die Grundlagen für die Fortführung der Aktivitäten nach Projektende gelegt. Eine geringe Einstufung in der Dimension Neuheit bedeutet hierbei nicht, dass das Unternehmen in der Lage ist, das A4.0-AWS vollständig eigenständig zu erschließen. Stattdessen wurden Szenarien, für die keine FuE-Kooperation mit einer Forschungseinrichtung eingegangen werden muss, bereits in den ersten Phasen des Vorgehensmodells selektiert. Dennoch ist der technologische oder organisatorische Innovationssprung kleiner einzustufen als bei einer höheren Bewertung in dieser Dimension. Definierte Felder des Portfolios sind mit den skizzierten Projektkategorien (Abb. 3.3) sowie Strategieempfehlungen verknüpft. Im gezeigten Beispiel ergibt sich aus der Bewertung das Feld C mit der Kategorie Testumgebung. Dieses ist verknüpft mit der Empfehlung, dass sich die Projektaktivitäten auf die Konzipierung und Implementierung eines seriennahen Demonstrators in einer Testumgebung konzentrieren sollten. Es liegt die Annahme zugrunde, dass bereits hinreichende Kenntnisse über die Potentiale und Hindernisse des Anwendungsszenarios vorliegen. Dennoch besteht ein wichtiges Projektziel darin, das Verständnis über die Auswirkungen des Anwendungsszenarios weiter zu schärfen und die Grundlage für eine Implementierung in einer produktiven Einsatzumgebung zu legen.

3 Transfer von Arbeit 4.0-Anwendungsszenarien

Merkmal	Nr.	Kriterien	0	1	2	Wert
Attraktivität des A4.0-AWS (A)	01	Technologische und/ oder wirtschaftliche Vorteilhaftigkeit (z. B. Marktpotential) (gering – hoch)		x		1,3
	02	Erweiterungs-/ Diversifikationsmöglichkeiten nach dem Projektende (gering – hoch)		x		
	03	Position im Lebenszyklus (Basis (1), Schlüssel (2), Schrittmacher (3))			x	
	04	Hebelwirkung auf die Wettbewerbsfähigkeit des Unternehmens (gering – hoch)		x		
Neuheit des A4.0-AWS (N)	05	Grad des bestehenden Wissens in relevanten Technologiefeldern (hoch – gering)	x			0,6
	06	Nähe zur Technologiebasis des Unternehmens (nah – eher entfernt)		x		
	07	Vorherige FuE-Aktivitäten im Technologiefeld (viele – wenige)	x			
	08	Wahrgenommener Änderungsgrad infolge des Arbeit 4.0-AWS (gering – hoch)		x		
	09	Bewusstsein über den notwendigen Implementierungsaufwand (hoch – gering)		x		
	10	Bewusstsein über das ganzheitliche Potential des Arbeit 4.0-AWS (hoch – gering)		x		
	11	Bisherige Erfahrungen zum betrachteten Arbeit 4.0-AWS (praktische, theoretische, keine)	x			

Attraktivität (A)	Neuheit (N)	Feld	Kategorie	Strategie
<1	<1	A	Szenario prüfen	Fokus: Weitere Nutzenpotentiale identifizieren
>1	<1	B	Pilot	Fokus: Implementierung
0,5	1,5	C	Testumgebung	Fokus: Konzipierung bis Implementierung, seriennaher Demonst.
<1,5	0,5 < x < 2	D	Testumgebung	Fokus: Konzipierung, Verständnis vertiefen
<1	>1	E	Studie	Fokus: Verständnis vertiefen, Nutzenpotentiale identifizieren, wiederholte Bewertung
>1	>1	F	Testumgebung	Fokus: Sensibilisierung bis Konzipierung

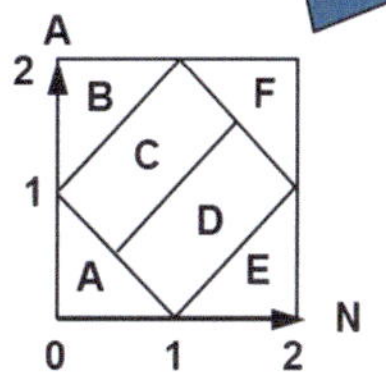

Beispiel:
- Attraktivität: 1,3
- Neuheit: 0,6

Fokus auf die Konzipierung und Implementierung eines seriennahen Demonstrators in einer Testumgebung

Abb. 3.8 Ableitung der Projektstrategie auf Basis einer Merkmalsbewertung

3.3.4 Erarbeitung eines Projektvorschlags

In der letzten Phase des Vorgehensmodells erarbeiten die Partner auf Grundlage der zusammengetragenen Informationen und Empfehlungen einen gemeinsamen Projektvorschlag für die FuE-Kooperation. In diesem werden die Ziele, Arbeitspakete sowie ein Zeitplan gemäß einer vorgegebenen Struktur festgehalten. Eine zentrale Aufgabe besteht in der finalen Abstimmung der Ziele und Erwartungen. Etwaige Diskrepanzen müssen abgestimmt und in ein gemeinsames Verständnis überführt werden. Dies umfasst die Festlegung von Rollen (z. B. Verantwortlichkeiten von Arbeitspaketen), Prioritäten, Unterstützung durch das höhere Management der jeweiligen Organisation (z. B. Festlegung eines Lenkungskreises) oder eine Abstimmung der Handlungsweise im Falle von Unstimmigkeiten im Projektverlauf. Folgende Struktur wird für den Projektvorschlag empfohlen:

- **Herausforderung und Handlungsbedarf:** Beschreiben Sie die Ausgangssituation und Motivation für das FuE-Kooperationsprojekt. Stellen Sie hierbei die Lücke zwischen dem aktuellen und dem gewünschten Leistungsstand dar.
- **Projektziel:** Beschreiben Sie das Projektziel sowie die notwendigen Teilziele. Wenn möglich, quantifizieren Sie diese Ziele. Beschreiben Sie außerdem den Demonstrator/Laborprototyp usw., der während des Projekts entwickelt werden soll. Entscheidend ist, unter Berücksichtigung des Vorkenntnisstands des Unternehmens und des Arbeit 4.0-Anwendungsszenarios ambitionierte, aber erreichbare Ziele festzulegen. Dabei liefern die in der dritten Phase abgeleiteten Handlungsstrategien einen wertvollen Input. Zudem unterstützen die in der Canvas gesammelten Artefakte eine zuverlässige Definition des geeigneten Planungshorizonts. Weiterhin sollte abgesteckt werden, welches Verständnis über das Anwendungsszenario im Rahmen des Projekts erreicht werden soll (z. B. grundlegendes Verständnis über die Potenziale und Risiken eines Szenarios oder tiefgehendes Verständnis zum Transfer in neue Anwendungsfelder).
- **Ansatz und Vorgehensweise:** Beschreiben Sie den gewählten Ansatz, um die zuvor beschriebene Herausforderung zu lösen und die angestrebten Projektziele zu erreichen. Definieren Sie außerdem die Arbeitspakete mit den verantwortlichen Partnern für jedes Paket, die verwendeten Methoden, die Ergebnisse und die einzubringenden Ressourcen Projektpartner.
- **Zeit- und Ressourcenplanung:** Fügen Sie einen Zeitplan mit Meilensteinen ein, der die Ergebnisse und Modelle/Demonstratoren enthält, die bei den Meilensteinen erarbeitet wurden.

Die vorgeschlagene Strategie gibt eine übergeordnete Empfehlung für die Gestaltung des FuE-Kooperationsprojekts. Zur weiteren Unterstützung im Zuge der Erarbeitung des Projektvorschlags stellen wir eine Sammlung mit Gestaltungshinweisen bereit. Beispiele für darin enthaltene Hinweise sind:

- **Beispiel 1:** Vermeiden Sie FuE-Kooperationsprojekte zur Erschließung von Arbeit 4.0-Anwendungsszenarien mit getrennten Arbeitspaketen. Stattdessen sollte ein hoher Interaktionsgrad über die gesamte Projektlaufzeit hinweg und in jedem Arbeitspaket vorgesehen werden. Beispielsweise sollte ein Hauptaugenmerk in den frühen Phasen auf der Erzeugung eines gemeinsamen Verständnisses für die Projektziele und den Umfang der notwendigen Aktivitäten liegen (z. B. Workshops in der Ideenphase, Einsatz von Kreativitätstechniken). Auch wenn diese Aspekte bereits in der Planung vorausgedacht werden, zeigen Erfahrungen aus durchgeführten Arbeit 4.0-Projekten, dass Aktivitäten mitunter mehr Zeit brauchen (z. B. aufgrund einer Vielzahl involvierter Stakeholdern und vielfältiger Prozess-Schnittstellen) oder vollkommen neue Aktivitäten hinzukommen.
- **Beispiel 2:** Stellen Sie sicher, dass die Projektergebnisse anschaulich demonstriert werden. Dieser Hinweis geht über die Umsetzung von Demonstratoren oder Prototypen hinaus. Jeder Aspekt oder generierte Inhalt des Projekts sollte nach Möglichkeiten ohne größere Schwierigkeiten an Dritte vermittelbar sein. Daher kann jede Form von (digitalem) Modell oder Präsentation als Demonstrationsobjekt dienen. In diesem Zusammenhang ist es außerdem notwendig, die Ergebnisse zielgruppengerecht aufzubereiten. Dieser Aspekt gilt für Arbeit 4.0-Anwendungsszenarien in besonderem Maße, weil weniger technisch orientierte Abteilungen des Unternehmens stark in die Umsetzung involviert sind. In diesem Zusammenhang ist es außerdem hilfreich, eine Entwicklungsgeschichte über das FuE-Projekt zu erarbeiten. Dies unterstützt die Verbreitung der Projektergebnisse im Unternehmen nach Projektende.
- **Beispiel 3:** Stellen Sie sicher, dass alle Projektmitglieder über genügend Kapazitäten verfügen, um ihre Aufgaben im Projekt kontinuierlich zu bearbeiten. Außerdem sollten Mitarbeiter, die in der Planungsphase sowie der Erarbeitung des Projektvorschlags involviert sind, ebenfalls Teil des Umsetzungsteams sein.

3.4 Validierung

Der vorgestellte Ansatz wurde in einem entsprechenden Projekt mit einem Automobilzulieferer (Tier-1) validiert. Ziel des Projekts war es, nutzenversprechende Arbeit 4.0-Anwendungsszenarien auszuwählen, Maßnahmen zu deren Einführung zu identifizieren und in entsprechende Transferkooperationen zu überführen.

In einem ersten Schritt wurden neun relevante Arbeit 4.0-Anwendungsszenarien identifiziert. So wurde zum Beispiel das Szenario „Mixed Mock-Up" zur Einführung ausgewählt. Dieser ist in Abb. 3.9 dargestellt.

Der Mixed Mock-Up unterstützt die Gestaltung und Erprobung neuer Montagesysteme auf Basis des sogenannten Cardboard-Engineerings. Durch diese Methode wird es Projektmitarbeitern ermöglicht, auf Basis physischer Aufbau mit Pappe (sogenannte Mock-Ups) ihr implizites Wissen einzubringen. Dabei sind die Geräteteile zur Erprobung nach aktuellem Konstruktionsstand häufig allerdings nicht verfügbar.

Abb. 3.9 Mixed Mock-Up zur Gestaltung und Erprobung neuer Montagesysteme

Der sogenannte Mixed Mock-Up[4] ermöglicht die Verbindung aus 3D-Konstruktionsdaten und physischem Mock-Up mittels Augmented Reality. Dadurch sind die aktuellen Konstruktionsstände von Produkt und Vorrichtungen stets verfügbar. Dies führt zu einer erheblichen Verkürzung der Aufbau- und Erprobungsphase in der Planungsphase von Mock-Ups. Die neun identifizierten Szenarien wurden den acht Typen von Arbeit 4.0 zugeordnet. Der Mixed Mock-Up wurde dabei als Smart Aide klassifiziert, da im Kontext des Arbeit 4.0-Anwendungsszenarios kognitive Aufgaben ausgeführt und bedarfsgerechte Zusatzinformationen zur Verfügung gestellt werden.

Im zweiten Schritt wurden die jeweiligen relevanten Handlungsfelder entsprechend priorisiert. Die Anforderungserhebung erfolgte auf Grundlage der Arbeit 4.0-Canvas in interdisziplinären Workshops. Dies ist in Abb. 3.10 dargestellt.

Dafür wurden für jedes Szenario die beteiligten Handlungspersonen identifiziert. In insgesamt elf Workshops mit Vertretern der jeweiligen Fachbereiche, des Betriebsrats, der Personalabteilung, des Industrie 4.0-Teams sowie des Transfergebers konnten die Anforderungen und die Ausgangssituation identifiziert werden. Für den Mixed Mock-Up wurden insbesondere die Handlungsfelder Akzeptanz, Arbeitsorganisation und technische Infrastruktur als relevant eingestuft.

---

[4] Der Mixed Mock-Up entsteht in Zusammenarbeit von Hella und dem Fraunhofer IEM im Verbundprojekt „IviPep – Arbeit 4.0 in der Produktentstehung". Es wird im Rahmen des Programms „Zukunft der Arbeit" vom Bundesministerium für Bildung und Forschung (BMBF) und dem Europäischen Sozialfonds (ESF) gefördert.

Abb. 3.10 Verwendung der Arbeit 4.0-Canvas in interdisziplinären Workshops

Auf Basis dieser Erkenntnisse konnte im nächsten Schritt die Attraktivität und die Neuheit der Arbeit 4.0-Anwendungsszenarien bewertet werden. Für den Mixed Mock-Up wurde die Attraktivität insbesondere aufgrund der technologischen und wirtschaftlichen Vorteilhaftigkeit als sehr hoch bewertet. Die Neuheit wurde als vergleichsweise gering bewertet, insbesondere weil es bereits vorherige FuE-Aktivitäten im Technologiefeld Augmented Reality im Unternehmen gab. Vor diesem Hintergrund wurde die Strategie „Pilot" abgeleitet. In Kooperation mit einem Transfergeber wird die Implementierung eines seriennahen Demonstrators angestrebt.

Die Entwicklung des Projektvorschlags wurde durch die Leitfragen effizient unterstützt. Es lässt sich festhalten, dass der vorgestellte Ansatz erfolgreich in der Praxis durchgeführt wurde. Ausgehend von ausgewählten Arbeit 4.0-Anwendungsszenarien wurden konkrete Projektvorschläge zu deren kooperativen Erschließung im Rahmen von FuE-Kooperationsprojekten erarbeitet.

Literatur

Andersch AG (Hrsg) (2015) Paradigmenwechsel im deutschen Maschinen- und Anlagenbau – Analyse der Herausforderungen und Chancen unter Verwendung eines innovativen. Big-Data-gestützten Ansatzes, Frankfurt a. M.

Bansmann M (2021) Systematik zur Gestaltung digitalisierter Arbeitswelten. Dissertation, Fakultät für Maschinenbau, Universität Paderborn

Bauer W, Hämmerle M, Bauernhansl T, Zimmermann T (2018) Futrure Work Lab. Arbeitswelt der Zukunft. In: Neugebauer R. (Hrsg.) Digitalisierung. Schlüsseltechnologien für Wirtschaft und Gesellschaft. Springer, Berlin, Heidelberg

Bloching B, Leutiger P, Oltmanns T, Rossbach C, Schlick T, Remane G, Quick P, Shafranyuk O (2015) Die digitale Transformation der Industrie – Was sie bedeutet. Wer gewinnt. Was jetzt zu tun ist. Roland Berger Strategy Consultans GmbH, BDI Bundesverband der deutschen Industrie e.V, München

Bozeman B (2000) Technology transfer and public policy: a review of research and theory. Res Policy 29(4–5):627–655

Bundesministerium für Arbeit und Soziales (2016a) Grünbuch Arbeit 4.0. http://www.bmas.de/SharedDocs/Downloads/DE/PDF-Publikationen/arbeiten-4-0-green-paper.pdf?__blob=publicationFile&v=2. Zugegriffen: 05. Mai 2016

Bundesministerium für Arbeit und Soziales (2016b) Vorausschau Studie – „Digitale Arbeitswelt". Forschungsbericht 463. http://www.bmas.de/SharedDocs/Downloads/DE/PDF-Publikationen/Forschungsberichte/f463-digitale-arbeitswelt.pdf?__blob=publicationFile&v=2. Zugegriffen: 05. Mai 2016

Carayannis E, Campbell D (2012) Mode 3 knowledge production in quadruple helix innovation systems, Springer Briefs in Business 7, DOI https://doi.org/10.1007/978-1-4614-2062-0_1

Dumitrescu R, Gausemeier J, Kühn A, Luckey M, Plass C, Schneider M, Westermann T (2015) Auf dem Weg zu Industrie 4.0 – Erfolgsfaktor Referenzarchitektur, OWL Clustermanagement GmbH

Frietsch R, Rammer C, Schubert T, Som O, Beise-Zee M, Spielkamp A (2015) The Voice of German Industry. Innovation Indicator 2015 – Main focus small and medium-sized enterprises. Acatech, National Academy of Science and Engineering, Berlin

Gerybadze A (2004) Technologie- und Innovationsmanagement – Strategie, Organisation und Implementierung. Franz Vahlen GmbH, München

Gresse C (2010) Wissensmanagement im Technologietransfer – Einfluss der Wissensmerkmale in F&E-Kooperationen. Dissertation, Forschungszentrum Innovation und Dienstleistung (FZID), Forschungsstelle Internationales Management und Innovation, Universität Hohenstein, Gabler Verlag, Springer Fachmedien Wiesbaden GmbH

Hightech-Forum (Hrsg.) (2017) Gemeinsam besser: Nachhaltige Wertschöpfung, Wohlstand und Lebensqualität im digitalen Zeitalter – Innovationspolitische Leitlinien des Hightech-Forums. Berlin

Hirsch-Kreinsen H, Weyer J (2014) Wandel von Produktionsarbeit – „Industrie 4.0". Soziologisches Arbeitspapier Nr. 38/2014. Technische Universität Dortmund, Wirtschafts- und Sozialwissenschaftliche Fakultät. ISSN: 1612–5355

Laube T (2008) Methodik des interorganisationalen Technologietransfers – Ein Technologie-Roadmap-basiertes Verfahren für kleine und mittlere technologieorientierte Unternehmen. Jost-Jetter Verlag, Heimsheim

Luczak H, Killich S (2013) Unternehmenskooperation für kleine und mittelständische Unternehmen: Lösungen für die Praxis. Springer-Verlag, Berlin

Meißner D (2001) Wissens- und Technologietransfer in nationalen Innovationssystemen. Dissertation, Fakultät für Wirtschaftswissenschaften, Technische Universität Dresden

Milosevic M, Lukic D, Antic A et al (2016) e-CAPP: A distributed collaborative system for internet-based process planning. J Manuf Syst 42:210–223. https://doi.org/10.1016/j.jmsy.2016.12.010

Nerdinger F, Blickle G, Schaper N (2015) Arbeits- und Organisationspsychologie. Springer Verlag, Berlin

Neugebauer R (2018.) Digitalisierung. Schlüsseltechnologien für Wirtschaft und Gesellschaft. Springer, Berlin, Heidelberg

Pangalos J, Knutzen S (2000) Möglichkeiten und Grenzen der Orientierung am Arbeitsprozess für die Berufliche Bildung. In: Pahl JP, Rauner F, Spöttl G (Hrsg.) Berufliches Arbeitsprozesswissen. Ein Forschungsgegenstand der Berufsfeldwissenschaften, Baden-Baden, S. 105–116

Rogers E (1983) Diffusion of innovations. Free Press, New York

Roland Berger (2016) Digitization in the construction industry – Building europe's road to "Construction 4.0". Roland Berger GmbH, München

Rügg-Sturm J, Grand S (2017) Das St. galler Management-modell, 3. Aufl. Haupt Verlag, Bern

Selcuk S (2016) Predictive maintenance, its implementation and latest trends. Journal of Engineering Manufacture 231(9):1670–1679. https://doi.org/10.1177/0954405415601640

Souder W, Nashar A, Padmanabhan V (1990) A guide to the best technology-transfer practices. J Technol Transfer 15:38–43

Trist E (1981) The evolution of socio-technical systems – a conceptual frame-work and an action research program // A conceptual framwork and an action research program, 2. Ontorio Ministry of Labour, Ontario

Ulich E (2011) Arbeitspsychologie, 7. Aufl. Schaeffer-Pöschl, Stuttgart

Wild F, Perey C, Helin K, Davies P, Ryan P (2014) Advanced Manufacturing with Augmented Reality. Proceedings of the 1st AMAR workshop, München

Wu Z, Sekar R, Hsieh S (2014) Study of factors impacting remote diagnosis performance on a PLC based automated system. J Manuf Syst 33(4):589–603. https://doi.org/10.1016/j.jmsy.2014.05.007

Zißler M (2010) Technologietransfer durch Auftragsforschung: Empirische Analyse und praktische Empfehlungen, Dissertation, Gabler Verlag, Wiesbaden

Zukunftswerkstatt COMBICON – PHOENIX CONTACT

Arbeit 4.0: Wie eine technologisch-organisatorische Transformation mit einer Veränderung der Arbeit einhergeht

Tim Kleineberg, Sven Hinrichsen und Klaus Lütkemeier

Inhaltsverzeichnis

4.1	Ausgangssituation und Problemstellung	49
4.2	Zielsetzung und Konzeption	50
4.3	Realisierung	53
4.4	Erfahrungen	60
	Literatur	62

4.1 Ausgangssituation und Problemstellung

Durch steigende Technologiereifegrade – wie sie beispielsweise bei informatorischen Assistenzsystemen gegeben sind (Hinrichsen et al. 2017), gelingt es Betrieben in zunehmendem Maße, durchgängige digitale Wertschöpfungsketten zu realisieren. Diese neuen Technologien sind in diesem Zusammenhang einer der wichtigsten Treiber der sogenannten Arbeit 4.0 (Bundesministerium für Arbeit und Soziales 2017), der Gestaltung der Arbeitswelt unter Einbeziehung eben dieser neuen technologischen

---

T. Kleineberg (✉) · S. Hinrichsen
Technische Hochschule Ostwestfalen-Lippe, Labor für Industrial Engineering, Lemgo, Deutschland

S. Hinrichsen
E-Mail: sven.hinrichsen@th-owl.de

K. Lütkemeier
Phoenix Contact GmbH & Co. KG, HR Management, Blomberg, Deutschland
E-Mail: kluetkemeier@phoenixcontact.com

© Springer-Verlag GmbH Deutschland, ein Teil von Springer Nature 2022
R. Dumitrescu (Hrsg.), *Gestaltung digitalisierter Arbeitswelten,* Intelligente Technische Systeme – Lösungen aus dem Spitzencluster it's OWL,
https://doi.org/10.1007/978-3-662-58014-1_4

Möglichkeiten. So rücken mit der Einführung dieser neuen Technologien in die betriebliche Praxis verstärkt humane und organisatorische Aspekte in den Vordergrund, da mit diesen neuen Technologien vielfach veränderte Tätigkeiten und Qualifikationsanforderungen einhergehen. Zudem kann es zu Veränderungen der gesamten Ablauf- und Aufbauorganisation kommen, sowohl innerhalb einer Produktionseinheit als auch innerhalb von gesamten Wertschöpfungsnetzwerken. Es gilt, die Potenziale dieser von neuen Technologien induzierten Veränderungen zu nutzen, um neben der Erschließung der wirtschaftlichen Potenziale eine humanorientierte Gestaltung der Arbeit und Organisation umzusetzen (Wissenschaftlicher Beirat Plattform Industrie 4.0 2014). Dabei sind die Aspekte Mensch, Organisation und Technik gleichermaßen unter Beachtung der Wirtschaftlichkeit zu berücksichtigen.

Ein dynamisches Wettbewerbsumfeld, die Verfügbarkeit neuer Technologien und die damit einhergehenden Gestaltungsmöglichkeiten haben in einem Produktionsbereich von PHOENIX CONTACT zu dem Entschluss geführt, im Rahmen eines Projektes diesen Bereich neu zu gestalten. Anlass für das Projekt war auch die Erkenntnis, dass die bestehende Fertigungstechnologie und -organisation den Anforderungen nach kleiner werdenden Losen und einer steigenden Anzahl (kunden-) individueller Varianten – getrieben von Farbgebung, Anschlussmöglichkeiten oder Bedruckung – immer weniger gerecht werden. Gründe hierfür sind unter anderem lange Rüstzeiten, große Zwischenlagermengen und umständliche Qualitätsregelkreise. Im Rahmen des Projektes wurde ein Zielzustand für den Produktionsbereich definiert und die Umsetzung initiiert. Dieser Zielzustand wird unternehmensintern als Zukunftswerkstatt bezeichnet und bildet auch einen Modellbereich für das Thema Arbeit 4.0.

4.2 Zielsetzung und Konzeption

Eine wesentliche Zielsetzung des Projektes ist es, Arbeitsprozesse im Pilotbereich unter wirtschaftlichen und ergonomischen Aspekten und unter besonderer Berücksichtigung neuer technologischer Entwicklungen neu zu gestalten. Dabei soll explizit auch die Arbeit der Beschäftigten nach arbeitswissenschaftlichen Gesichtspunkten weiterentwickelt werden (Arbeit 4.0). Die Zukunftswerkstatt soll im Interesse nachhaltig gesicherter Arbeitsplätze und menschengerechter Arbeitsbedingungen einen signifikanten Beitrag zur Zukunfts- und Wettbewerbsfähigkeit des Produktionsbereiches leisten und Modellcharakter im Unternehmen einnehmen. Dabei werden durch Unternehmens-, Projektleitung und Betriebsrat gemeinsam und im Rahmen eines beteiligungsorientierten Dialogs zusammen mit den Beschäftigten neue Wege bei der Erarbeitung von zukunftsfähigen Gestaltungslösungen für die internen Wertschöpfungsprozesse und die dazugehörigen Arbeitsplätze beschritten.

An dem Projekt sind unterschiedliche Funktionen im Unternehmen beteiligt. Zur Abstimmung und Koordination der Aktivitäten wurde deshalb ein Gestaltungsprozess initiiert, welcher die Bereiche Mensch, Organisation und Technik in Einklang bringen soll. Der Gestaltungsprozess beinhaltet neben einem wöchentlichen Regelmeeting auch spezifische Aktivitäten (z. B. Workshops) zu verschiedenen Themenbereichen. Hierbei werden die für die Arbeit relevanten Themenstellungen auf mitbestimmungsrelevante Inhalte fortwährend geprüft und wenn nötig einer Regelungsabsprache unterzogen. Ein zentrales Thema aus dem Bereich „Mensch" ist dabei die beteiligungsorientierte Gestaltung der künftigen Stellenprofile, auch als Rollen bezeichnet, der Tätigkeiten und der benötigten Qualifikationen in der Zukunftswerkstatt. In diesem Beitrag werden Vorgehensweise und Ergebnisse dieses zentralen Teilprojektes dargestellt. Darüber hinaus werden aus den Projekterfahrungen „Lessons Learned" abgeleitet und beschrieben.

Die gewählte Vorgehensweise zu dem Teilprojekt ist in Abb. 4.1 dargestellt. Zur Vorbereitung des Projektes wurden Zielsetzung, Veränderungsstrategie und Rahmenbedingungen in einem Dialog mit den Betriebsparteien und der Technische Hochschule Ostwestfalen-Lippe, die das Projekt wissenschaftlich begleitete, definiert. Dabei wurde die Strategie des „Upgrading" (Hirsch-Kreinsen 2017) verfolgt, welche einer Polarisation der verschiedenen Rollen und Qualifikationen im Unternehmen entgegenwirken soll. Im Rahmen der sich anschließenden Analyse der Ausgangssituation wurde unter anderem eine Wertstromanalyse durchgeführt, um eine Übersicht der beteiligten Funktionseinheiten und Rollen zu erhalten. Im Bereich der Montage wurde eine Multimoment-Häufigkeits-Studie durchgeführt, um detaillierte Daten zu den Zeitanteilen einzelner Tätigkeiten zu ermitteln. Im nächsten Schritt wurden halbstrukturierte Interviews mit Beschäftigten unterschiedlicher Stellen geführt. Grundlage für die Interviews ist der Ansatz der Tätigkeitsinventare (engl. Task Inventories), (vgl. Sonntag und Heun 1992; AT und T 1980). Sie stellen einen pragmatischen Ansatz der Analyse von Tätigkeiten dar (Fleishman und Quaintance 1984). Tätigkeitsinventare bestehen dabei aus einzelnen Tätigkeiten und deren Beschreibung nach festgelegten Kriterien, wie z. B. Umfang, Schwierigkeitsgrad oder Qualifikationsanforderungen. Mit Hilfe dieser Tätigkeitsinventare können bei Veränderungen von Tätigkeiten, die Strukturen analysiert, Qualifikationsanforderungen sowie geeignete Qualifizierungsmaßnahmen abgeleitet werden (Sonntag und Heun 1992). So ist es möglich, Qualifikationen beziehungsweise Kompetenzen systematisch zu entwickeln oder weiterzuentwickeln (Frieling et al. 2000). Die zusammen mit den Beschäftigten erstellten Tätigkeitsinventare wurden in einer Reihe von Workshops unter Beteiligung des Kernprojektteams – bestehend aus Projektleitung, Führungskräften, Betriebsrat, Beschäftigten und wissenschaftlicher Begleitung – in Anlehnung an (Bergmann 1999) vervollständigt und validiert. Anschließend wurden in weiteren Workshops iterativ die bestehenden Rollen aufgelöst und alle künftig notwendigen Tätigkeiten – entsprechend des Konzeptes der Zukunftswerkstatt – ausgewählt oder verändert. Die Entwicklung von Organisations- und Technikkonzepten erfolgte parallel zu der Entwicklung des Personalkonzeptes. Durch die gegenseitige Teilnahme von Experten der jeweiligen Fachgebiete an den Workshops fand ein kontinuierlicher Austausch zwischen den Teilprojektgruppen beziehungsweise der Themen Mensch, Organisation und Technik statt. Erkenntnisse aus den Workshops wurden in die Teilprojektgruppen zurückgespiegelt und sorgten ihrerseits für Anpassungen der jeweiligen

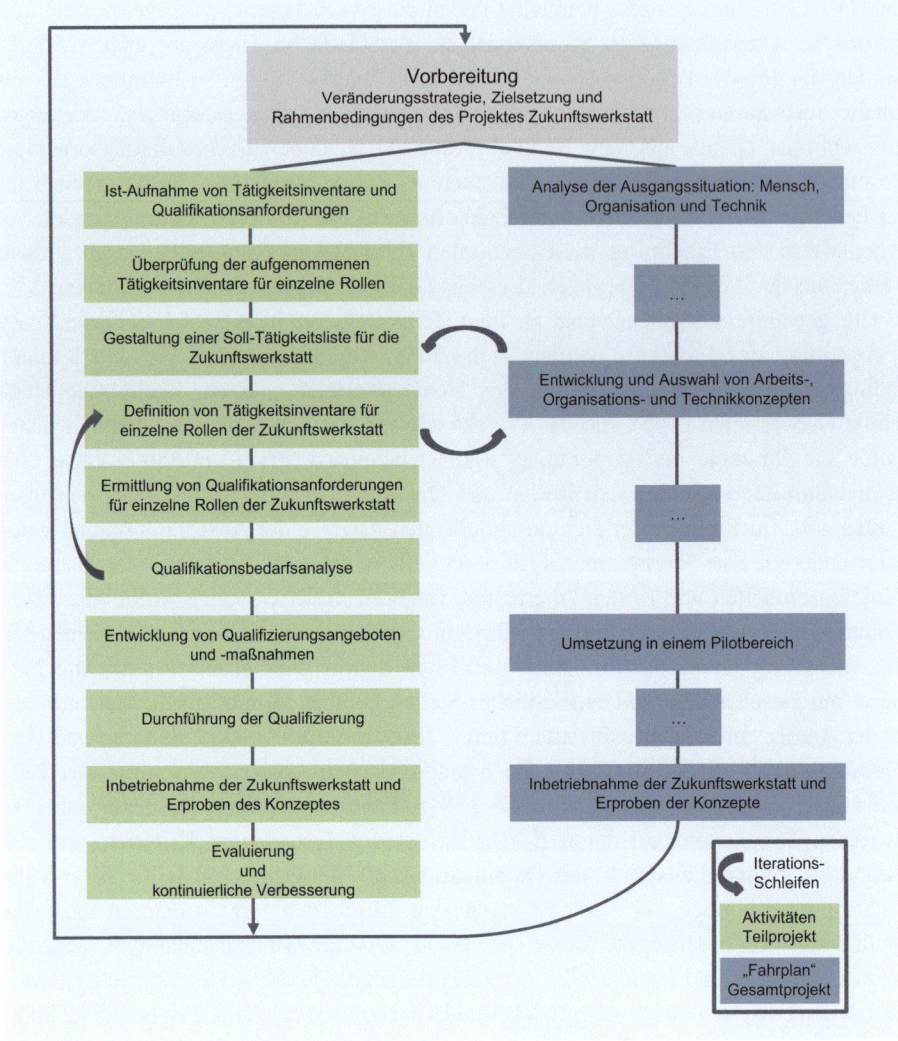

Abb. 4.1 Vorgehensweise Teilprojekt Tätigkeitsinventare/Qualifikationen und Gesamtprojektfahrplan

Konzepte. Diese erforderlichen Anpassungen einiger Konzepte waren Auslöser für spezifische Aktivitäten, wie z. B. Workshops zur Gestaltung von neuen Handarbeitsplätzen inkl. Assistenzfunktionen und den neuen Mensch-Maschine-Schnittstellen. Diese wurden im Phoenix Contact LeanLab – einem Trainings-Center für Lean Management und Arbeitsplatzgestaltung – durchgeführt. In den abschließenden Workshops wurden neue Rollen mit zugehörigen Tätigkeitsinventaren für die Zukunftswerkstatt definiert. Fachexperten für Weiterbildung leiteten aus den neu definierten Tätigkeitsinventaren

Qualifikationsanforderungen ab. Es wurde eine Qualifikationsbedarfsanalyse auf Basis der aktuellen Qualifikationen der Beschäftigten in dem Produktionsbereich und den neuen Qualifikationsanforderungen durchgeführt. Dabei wurde eine Qualifikationsmatrix erarbeitet und anschließend als Softwaretool umgesetzt. Zu den identifizierten Qualifikationsbedarfen wurden spezifische Qualifizierungsmaßnahmen erarbeitet und umgesetzt. Im Serienbetrieb der Zukunftswerkstatt kann die kontinuierliche Überwachung und Steuerung der Qualifikationsanforderungen und Qualifizierung mittels des Softwaretools der Qualifikationsmatrix erfolgen. Nach der Durchführung des Pilotprojektes wurden Lessons Learned und Erfolgsfaktoren abgeleitet, um zukünftige Projekte effektiver und effizienter durchführen zu können.

4.3 Realisierung

Technische und organisatorische Veränderungen
Aus technischer und organisatorischer Sichtweise werden die Veränderungen von der Ausgangssituation zur Zukunftswerkstatt kurz erläutert, da diese auch den Rahmen für eine gleichzeitig vorzunehmende Veränderung der Arbeit bilden. Die organisatorischen Veränderungen können am Wertstrom festgemacht werden. In Abb. 4.2 sind die Wertströme der Ausgangssituation und der Zukunftswerkstatt schematisch dargestellt. In der Ausgangssituation besteht der Produktionsbereich mit der Kunststofffertigung und Montage aus zwei räumlich getrennten Kernbereichen. Zudem sind verschiedene indirekte Funktionseinheiten beteiligt, wie z. B. die Qualitätssicherung oder Intralogistik. Für die Zukunftswerkstatt wurde der bestehende Wertstrom grundlegend verändert. In ihr gibt es einen räumlich neu geordneten Kernbereich, der unter einer einheitlichen Leitung steht. Schnittstellen zwischen den ehemals getrennten Kernbereichen wurden beseitigt. Darüber hinaus entfällt für viele Produktvarianten nach dem Spritzgießen der Transport in ein großes Zwischenlager, sodass Auftragsdurchlaufzeiten deutlich reduziert werden. Zudem wurden nachgelagerte Produktionsschritte, die in der Ausgangssituation extern durchgeführt wurden, in die Zukunftswerkstatt integriert. Damit wird ein hohes Maß an

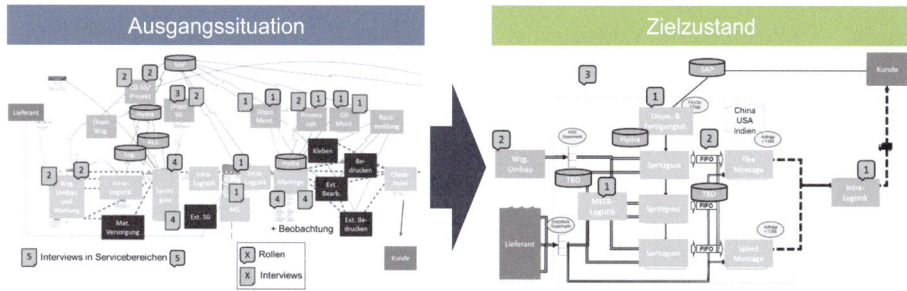

Abb. 4.2 Wertstrom der Ausgangssituation und des Zielzustandes

Flexibilität erreicht. Eine einheitliche und homogene IT-Landschaft reduziert zusätzlich Programmschnittstellen und damit Aufwände.

Technologische Veränderungen beinhalten die Neuentwicklung von Betriebsmitteln in der Montage inkl. der Einführung einer neuen Drucktechnologie, mit der auch kleine Losgrößen wirtschaftlich montiert werden können. Die neue Drucktechnologie ermöglicht eine direkte Übertragung und Anwendung der erstellten Druckbilder an den Betriebsmitteln. Damit wurde eine durchgängige digitale Prozesskette geschaffen. Zudem wurden diverse Medienbrüche und Schnittstellen eliminiert. Die neuen Betriebsmittel vermeiden ferner aufwendige Rüstvorgänge zwischen einzelnen Aufträgen. Alle notwendigen Prozessschritte für die Montage beziehungsweise Fertigung der möglichen Varianten wurden in die Anlagen integriert. Zudem wurde ein Assistenzsystem entwickelt, welches zeitnah umgesetzt wird. Mit diesem werden Wartungsarbeiten, Rüstarbeiten oder das Beheben von Störungen unterstützt, indem den Facharbeitern und Bedienern Informationen aus verschiedenen Datenbanken zur Verfügung gestellt werden. Der Zugriff auf die Assistenzfunktionen kann beliebig von Endgeräten wie Smartphones, Tablets oder Laptops erfolgen. Die Anforderungen an das Assistenzsystem wurden durch Interviews mit den zukünftigen Anwendern ermittelt, um eine hohe Gebrauchstauglichkeit zu erreichen. Ein modernes Manufacturing-Excecution-System (MES) vernetzt die Betriebsmittel untereinander und sorgt für eine optimale Fertigungssteuerung. Zustände der Zukunftswerkstatt und Auswertungen zum standardisierten Kennzahlenbaum für diese Art von Produktionswerkstatt lassen sich durch verschiedene Funktionalitäten über das System visualisieren. Damit wurde ein erster Schritt in Richtung „Big Data-Anwendungen" gemacht. Die einzelnen MES-Funktionalitäten werden zukünftig sowohl Datenlieferant für „Big Data-Anwendungen" als auch Informationsempfänger von diesen Anwendungen sein (Zentralverband Elektrotechnik- und Elektronikindustrie 2017). So können Ergebnisse beziehungsweise Informationen aus Big Data Anwendungen zur Prozessoptimierung, Profitabilitätssteigerung oder Entscheidungsunterstützung (BITKOM 2015) genutzt werden. Mit den umgesetzten MES-Funktionalitäten können die Prozesse zunehmend dezentral gesteuert werden.

Tätigkeitsinventare und Qualifikationen
Die beschriebenen organisatorischen und technischen Veränderungen gehen einher mit einer deutlichen Veränderung der Arbeitsinhalte und der Arbeitsorganisation. Diese Veränderungen werden anhand von Rollen und Tätigkeitsinventaren dargestellt. Anschließend werden die Qualifikationsanforderungen und Qualifizierungsmaßnahmen erläutert. Die Rollen und Tätigkeiten der Ausgangssituation wurden in einen Kernbereich und einen Unterstützungsbereich eingeteilt, um Verschiebungen zwischen indirektem und direktem Bereich erfassen zu können. In Abb. 4.3 sind die Bereiche im Kontext des Produktionsbereiches dargestellt.

Dabei umfasst der Kernbereich – mit Spritzguss (S) und Montage (M) – in der Ausgangssituation insgesamt 9 Rollen. Der Unterstützungsbereich besteht aus 15 Rollen, die unter anderem den Bereichen Werkzeugumbau, Qualitätssicherung oder Prozess-

Abb. 4.3 Aufteilung des Produktionsbereiches in Kernbereich und Unterstützungsbereich

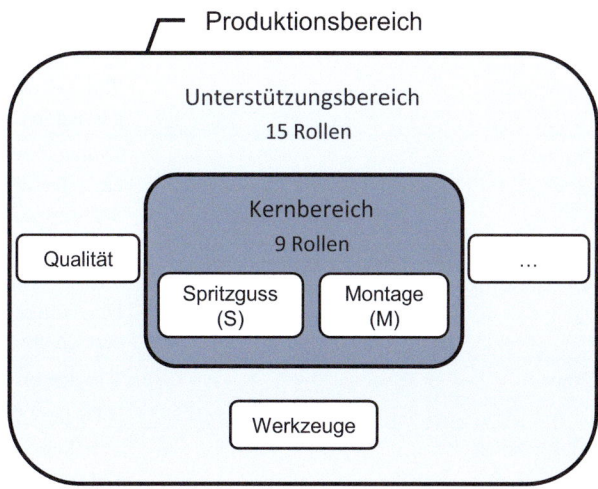

optimierung zugeordnet sind. Um die Unterschiede zwischen den Tätigkeiten in der Ausgangssituation und denen in der Zukunftswerkstatt darstellen zu können, wurden die in Tab. 4.1 dargestellten Tätigkeitskategorien gebildet.

Um die Veränderungen quantitativ darstellen zu können, sind in Abb. 4.4 die Tätigkeiten den entsprechenden Tätigkeitskategorien zugeordnet. In der Zukunftswerkstatt gibt es insgesamt 127 Tätigkeiten. Von diesen wurden 71 Tätigkeiten unverändert aus dem Kernbereich der Ausgangssituation übernommen. Die restlichen 56 Tätigkeiten wurden verändert (20), sind unverändert aus Unterstützungsbereichen übertragen (30) oder neu entstanden (6). Damit verändern sich nach diesen Planungen etwa 44 % der gesamten Tätigkeiten durch den Übergang von der Ausgangssituation zur Zukunftswerkstatt. Die Ursachen für diese Veränderungen sind vielfältig. Diverse Tätigkeiten sind durch die digitale Unterstützung bei ihrer Durchführung (z. B. Führen des Schichtbuchs, Dokumentation der Maschinenwartung, Durchführung der Maschinenwartung) verändert worden. Zudem wurden Tätigkeiten aus dem Unterstützungsbereich teilweise im Umfang angepasst, um sie direkt in der Zukunftswerkstatt durchführen zu können (u. a. Qualitätsanalysen). Hinzugekommen ist beispielsweise die vorbeugende Instandhaltung, um die Arbeit in der Zukunftswerkstatt inhaltlich aufzuwerten und die Dezentralisierung voranzutreiben. Teilweise können die übertragenen Tätigkeiten aus dem Unterstützungsbereich von Beschäftigten mit derselben Qualifikation wie in der Ausgangssituation ausgeführt werden. So können beispielsweise Facharbeiter des Werkzeugbaus – aus dem Unterstützungsbereich der Ausgangssituation – in die Zukunftswerkstatt wechseln und dort die Werkzeugumbauten durchführen. Dank dieser Überlassungen entstehen weniger Qualifikationsbedarfe als es der hohe Anteil an veränderten Tätigkeiten vermuten lässt. Tätigkeiten aus den Kernbereichen, welche nicht direkt an Technologien oder Schnittstellen ausgeübt werden, sind zum Großteil unverändert übernommen worden. Ursache

Tab. 4.1 Tätigkeitskategorien zur Analyse der Veränderungen

Bezeichnung	Erläuterung
Unverändert	Tätigkeiten wurden unverändert aus dem Kernbereich in die Zukunftswerkstatt übernommen
Verändert	Tätigkeiten des Kern- und Unterstützungsbereichs wurden verändert (z. B. durch neue Software) in die Zukunftswerkstatt übernommen
Übertragen	Tätigkeiten wurden unverändert aus dem Unterstützungsbereich in den neuen Kernbereich der Zukunftswerkstatt übertragen
Neu	Tätigkeiten sind neu entstanden (z. B. durch neue Technologien)
Weggefallen	Tätigkeiten aus dem Kernbereich oder Unterstützungsbereich sind weggefallen
Nicht übernommen	Tätigkeiten aus dem Kernbereich oder Unterstützungsbereich wurden nicht in die Zukunftswerkstatt übernommen, werden aber weiterhin an anderer Stelle ausgeführt

In folgenden Abbildungen oder Textabschnitten wird lediglich die kurze Bezeichnung der Kategorien verwendet

für neu entstandene Tätigkeiten sind vor allem technische Neuheiten. So erfolgt das Wissensmanagement über die neu entwickelte Qualifikationsmatrix-Software. Mit dieser können aktuelle Qualifikationsstände mit neuen Anforderungen abgeglichen und anschließend individuelle Qualifikationsmaßnahmen geplant und durchgeführt werden. Zudem agiert die Zukunftswerkstatt als Key-User für neue Technologien (Bedruckung) und „Industrie 4.0"-Anwendungen (Assistenzsystem oder erweiterte MES-System Funktionalitäten). Die genannten Beispiele für Veränderungen von Tätigkeiten verdeutlichen, dass die technologisch-organisatorische Transformation mit einer deutlichen Veränderung der Tätigkeiten der Beschäftigten einhergeht.

Entsprechend verändern sich auch die Rollen der Beschäftigten. Es ist dabei die Tendenz zu erkennen, dass Rollen wie Maschinenbediener, Fertigungssteuerung oder Facharbeiter stärkeren Veränderungen unterliegen als Rollen mit Personalverantwortung. In Abb. 4.5 werden für die Rollen des Kernbereichs der Ausgangssituation die Anteile der Tätigkeiten dargestellt, welche „unverändert", „verändert" oder zusammengefasst „weggefallen" bzw. „nicht übernommen" sind.

Bei einzelnen Rollen – wie etwa den Facharbeitern oder der Fertigungssteuerung der Montage – ist etwa die Hälfte der Tätigkeiten weggefallen oder verändert worden. Diese Veränderungen sind zumeist technologisch bedingt. Dagegen sind Veränderungen in den Rollen der Leitungsebene organisatorisch bedingt. Durch die veränderte Aufbau-

4 Zukunftswerkstatt COMBICON – PHOENIX CONTACT

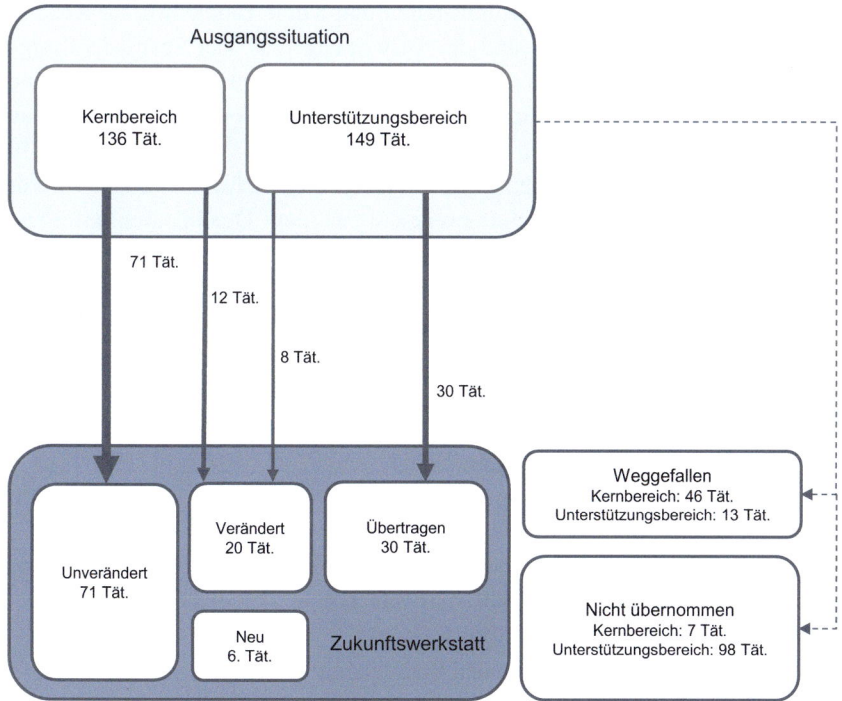

Abb. 4.4 Tätigkeiten je Kategorie für Ausgangsituation und Zukunftswerkstatt

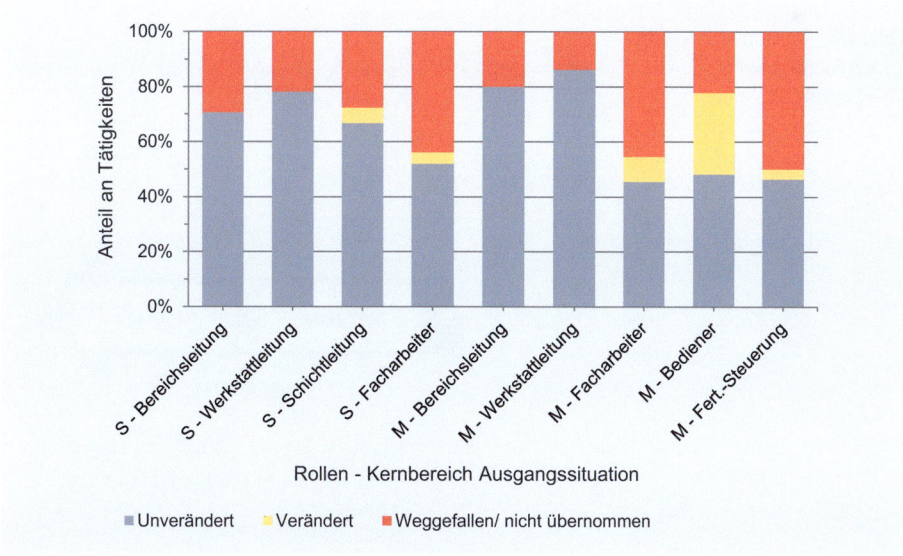

Abb. 4.5 Anteile je Kategorie für die Rollen des Kernbereiches

und Ablauforganisation entfallen Schnittstellen und damit Tätigkeiten zur Abstimmung und Kommunikation. In Abb. 4.6 sind die Auswirkungen auf der Ebene der Tätigkeiten zusammenfassend dargestellt. Die neuen Technologien ermöglichen dabei zum einen die Ausrichtung der Zukunftswerkstatt am Wertstrom und damit die Konzentration auf die Kernprozessschritte. Zum anderen können durch sie sämtliche Prozessschritte für die meisten Produktvarianten räumlich zusammengezogen und teilweise verkettet werden.

Für die Tätigkeiten der Zukunftswerkstatt wurden Qualifikationsanforderungen abgeleitet. Hierbei standen Kenntnisse und Qualifikationen im Vordergrund. Anhand der Ergebnisse können unternehmensintern Kompetenzmodelle (Erpenbeck 2013) angepasst oder abgeleitet werden. Die Schwerpunkte der Qualifikationsanforderungen sind nachfolgend für einzelne Tätigkeitskategorien für die Zukunftswerkstatt aufgelistet:

1. Verändert:
   - Verfahren der Qualitätsprüfung und -analyse
   - Funktionen und Anwendungen des MES-Systems (inkl. Interpretation der Informationen)
   - Neue Betriebsmittelwartung und Wartungsdokumentation über ein Assistenzsystem inkl. Bedienung des Assistenzsystems
   - Grundlagen zu diversen neuen Softwareprogrammen
   - Einstellung und Wartung der neuen Bedruckung
2. Hinzugekommen:
   - Zusätzliches und tiefergehendes Prozesswissen inkl. Wertstromwissen
   - Bedienung des Assistenzsystems zur vorbeugenden Instandhaltung
   - Grundlagen des Werkzeugumbaus

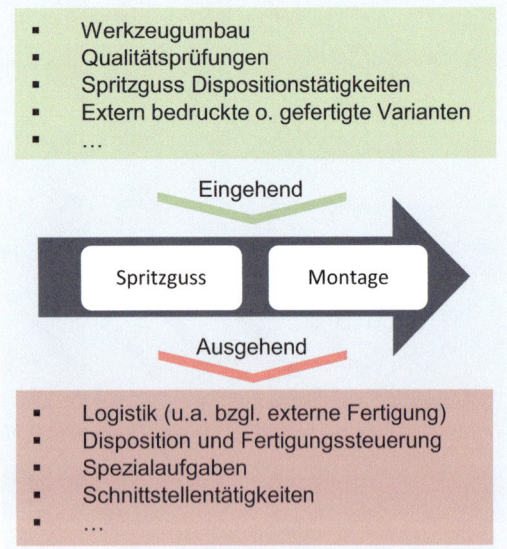

Abb. 4.6 Zusammenfassung der Veränderungen auf Tätigkeitsebene

3. Unverändert:
   - Effektive Kommunikation
   - Analyse- und Problemlösetechniken
   - Grundlagen zu bestehenden Softwareprogrammen (MES-System, MS-Office, SAP etc.)
   - Lean Management und Projektmethoden
4. Neu Entstanden:
   - Grundlagen der additiven Fertigung
   - Grundlagen der selbstlernenden Organisation
   - Verwaltung und Dokumentation des Wissens (Wissensmanagement)

Zu den neuen und veränderten Qualifikationsanforderungen der Kategorien „Hinzugekommen", „Verändert" und „Neu Entstanden" wurden verschiedene Trainingsmodule entwickelt. Als Beispiele können Trainings zu den Themen Bedienung der neuen Betriebsmittel, Einstellung der neuen Bedruckung, Nutzung und Interpretation der MES-Systemfunktionen, Prozess- und Wertstromwissen oder Assistenzsystemfunktionen genannt werden. In der bereits angeführten Qualifikationsmatrix-Software sind die einzelnen Qualifikationsanforderungen der Tätigkeiten mit entsprechenden Trainings „verlinkt". Den Rollen in der Zukunftswerkstatt werden die jeweils passenden Trainings zugewiesen. In Abhängigkeit von Vorkenntnissen eines Beschäftigten können diese durch individuelle Trainingsinhalte ergänzt werden. Die Trainings werden in unterschiedlichen Formaten durchgeführt. So gibt es interaktive Workshops im gesondert dafür eingerichteten Trainingszentrum, eine dauerhafte E-Learning-Umgebung und für alle Softwareanwendungen einen „Quick Access Support". Dieser bietet Tutorials, Hinweise und Kontaktdaten zu Ansprechpartnern für die auszuführenden Tätigkeiten direkt in der Softwareanwendung an.

Vorgehensmodell

Das in Abb. 4.1 dargestellte Vorgehen wurde zusammen mit den gesammelten Erkenntnissen aus dem Projekt in ein Vorgehensmodell überführt. Die Struktur des Vorgehensmodells ist dabei an das REFA Standardprogramm zur Arbeitssystemplanung angelehnt (REFA-Bundesverband 2014) und ist in Abb. 4.7 dargestellt. Das Vorgehensmodell berücksichtigt dabei Mensch, Organisation und Technik. Zudem ist der Gedanke der Mitbestimmung im Sinne einer Betriebsratsbeteiligung integriert. Mit dem Vorgehensmodell können die Projektzeitschienen der unterschiedlichen Teilprojekte effektiv verknüpft und koordiniert werden. Jede Phase beinhaltet ein Instrumentarium an Aufgaben und Methoden, welche sich in dem Projekt bewährt haben. Für das Teilprojekt der Definition von Rollen, Tätigkeiten und Qualifikationen sind die Aufgaben aus Abb. 4.1 und die passenden Methoden, wie z. B. Tätigkeitsinventare oder Qualifikationsmatrix, integriert worden.

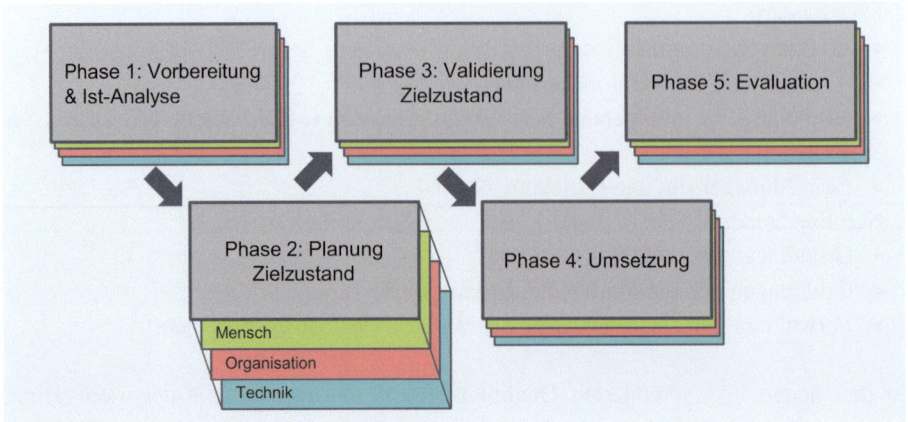

Abb. 4.7 Phasen des ganzheitlichen Vorgehensmodells

4.4 Erfahrungen

Das beschriebene Projekt wurde unter dem Ansatz der Ganzheitlichkeit durchgeführt. So wurden Mensch, Organisation und Technik gleichermaßen berücksichtigt. Die im Projekt erarbeitete Qualifikationsmatrix vernetzt die Bereiche Maschinenbau, Produktion und Personal/Weiterbildung. So lassen sich zukünftig veränderte Anforderungen an Qualifikationen, die durch neue Technologien verursacht werden, effizient ermitteln und verwalten. Damit ist auch ein Vergleich verschiedener Gestaltungslösungen mit unterschiedlichen Technologien oder Technologieausprägungen möglich. Als Grundlage für eine erstmalige Erstellung der Qualifikationsmatrix ist eine einmalige Aufnahme von Tätigkeitsinventaren und dem Qualifikationsstand der Beschäftigten in dem Produktionsbereich notwendig. Die Tätigkeitsinventare können über die ausgewählten und in ihnen beschriebenen Kriterien (vgl. Abschn. 4.2) individuell an die Informationsbedarfe der Nutzer angepasst werden. Sie sollten aber unternehmensweit standardisiert werden, um Ergebnisse vergleichbar zu machen. Bei der zukünftigen Einführung einer neuen Technologie sind lediglich die neuen Qualifikationsanforderungen abzuleiten und betroffene Tätigkeiten zu identifizieren. Anschließend werden die Auswirkungen auf einzelne Rollen und Beschäftigte auf den Ebenen der Tätigkeiten und Qualifikationen sichtbar.

Bezüglich der Veränderungen auf Tätigkeitsebene ist festzuhalten, dass diverse Tätigkeiten durch die Umsetzung von neuen digitalen Technologien wegfallen können. Dies betrifft besonders einfache und repetitive Tätigkeiten, die größtenteils von Maschinenbedienern und Fertigungssteuerung ausgeführt werden. Zudem werden vormals in indirekten Bereichen ausgeführte Tätigkeiten aus den Bereichen Werkzeugumbau oder Qualitätssicherung in die Zukunftswerkstatt integriert. Dies erhöht die fachlichen Anforderungen und verstärkt das interdisziplinäre Denken und Handeln. Eine Reihe von Tätigkeiten wird zudem durch digitale Technologien verändert. Informationen zu Fertigungsaufträgen, anstehenden Wartungen oder Qualifikationsständen sind digital verfügbar und können über entsprechende Mensch-Maschine-Schnittstellen (MMS) genutzt werden. Dadurch verändern sich Arbeitsinhalte und Qualifikationsanforderungen. Darüber hinaus wurden einige Tätigkeiten neu geschaffen, welche sich z. B. auf das Wissensmanagement in der Zukunftswerkstatt oder das Thema „Lebenslanges Lernen" beziehen. Diese Themenfelder werden durch die Einführung der neuen Technologien intensiviert.

Die vom Projekt verfolgte Strategie des „Upgrading" konnte nicht durchgängig umgesetzt werden. So ließen sich einige technische Gestaltungsoptionen nicht wirtschaftlich realisieren. Beispielsweise sind an den Montagemaschinen weiterhin Handarbeitsplätze vorhanden, an denen nun mithilfe von Assistenzfunktionen einfache, sich wiederholende Tätigkeiten verrichtet werden. Die Tätigkeiten werden nun zwar digital unterstützt, sie konnten aber nicht vollständig eliminiert und durch höherwertige Tätigkeiten („Upgrading") ersetzt werden. Die Ergebnisse des Projektes zeigen daher keinen ganz klaren Entwicklungstrend bei der Gestaltung von Arbeit und bestätigen damit teilweise die Erkenntnisse der sozialwissenschaftlichen Arbeitsforschung, wonach es keine deterministische Beziehung zwischen Einführung neuer Technologien und der Gestaltung von Arbeit gibt (Klammer et al. 2017). Allerdings überwiegt in dem Projekt eindeutig das „Upgrading" von Tätigkeiten beziehungsweise Rollen.

Mit Blick in die Zukunft wird die „Zukunftswerkstatt" im Produktionsbereich bei PHOENIX CONTACT weiter umgesetzt. Ausgehend von diesem Modellbereich werden unternehmensintern eine ganze Bandbreite von Aktivitäten in Bezug auf die Themen Arbeit 4.0 und Smart Factory initiiert. Dabei wird eine ganzheitliche Herangehensweise unter Betrachtung der Bereiche Mensch, Organisation und Technik verfolgt. Neben der Entwicklung und Einführung von neuen Technologien und Betriebsmitteln werden aus Sicht der Arbeit und des Menschen neue Konzepte unter anderem zu den Themengebieten Arbeitsbedingungen, Qualifizierung, Change Management und Führung erarbeitet. So wird die Entwicklung von flexiblen Arbeitszeitmodellen nach dem Prinzip „Work on Demand" für verschiedene Unternehmensbereiche verfolgt. Dazu soll eine moderne und den neuen Anforderungen entsprechende Personaleinsatzplanung realisiert werden. Im Bereich Qualifizierung wird insbesondere auf den Kompetenzaufbau für die Arbeit mit digitalen Assistenzsystemen (u. a. Augmented Reality, Virtual Reality) abgezielt.

Die fortlaufenden Veränderungen werden durch ein Change Management mit den Schwerpunkten Kommunikation und Beteiligung eingerahmt. Positive Erfahrungen aus dem Projekt „Zukunftswerkstatt" können hierbei Impulse geben. Kommunikationsveranstaltungen für Beschäftigte und Führungskräfte aus dem Modellbereich im World-Café Format waren ebenfalls ein voller Erfolg und sollten auch zukünftig Bestandteil von derartigen Projekten sein. Im Rahmen des Change Managements wird die Führung (-skultur) hin zu der Funktion als Coach und Change Leader als eigenständiges Themenfeld weiterentwickelt. Mit dem Modellprojekt wurden die ersten wichtigen Schritte auf dem Weg in die „Zukunftswerkstatt" gemacht. Das Modellprojekt und deren Ergebnisse dienen damit als Grundlage für die Smart Factory bei Phoenix Contact.

Literatur

AT & T American Telephone and Telegraph Company, (1980) The work performance survey system. A procedural guide. Human resources department/AT & T Baskin Ridge, New Jersey

Bergmann B (1999) Training für den Arbeitsprozess: Entwicklung und Evaluation aufgaben- und zielgruppenspezifischer Trainingsprogramme. Mensch, Technik, Organisation 21, Vdf Hochschulverlag, Zürich

BITKOM (2015) Big Data und geschäftsmodell-Innovationen in der Praxis. https://www.bitkom.org/noindex/Publikationen/2015/Leitfaden/Big-Data-und-Geschaeftsmodell-Innovationen/151229-Big-Data-und-GM-Innovationen.pdf. Zugegriffen: 26 Okt. 2017

Bundesministerium für Arbeit und Soziales (2017) Abteilung Grundsatzfragen des Sozialstaats, der Arbeitswelt und der sozialen Marktwirtschaft: Weißbuch – Arbeiten 4.0. Unter: www.arbeitenviernull.de. . Zugegriffen: 08. Sept. 2017

Erpenbeck J (2013) Kompetenzmodelle von Unternehmen. Schäffer-Poeschel, Stuttgart

Frieling E, Grote S, Kauffeld S (2000) Fachlaufbahnen für Ingenieure – Ein Vorgehen zur systematischen Kompetenzentwicklung. Zeitschrift für Arbeitswissenschaft 54:165–174

Fleishman E, Quaintance M (1984) Taxonomies of human performance. The description of human tasks. Academic Press, Orlando

Hirsch-Kreinsen H (2017) Digitalisierung industrieller Einfacharbeit. Arbeit 26(1):7–32. https://doi.org/10.1515/arbeit-2017-0002

Hinrichsen S, Riediger D, Unrau A (2017) Anforderungsgerechte Gestaltung von Montageassistenzsystemen. http://refa-blog.de/gestaltung-von-montageassistenzsystemen. Zugegriffen: 13. Nov. 2017

Klammer U, Steffes S, Maier M, Arnold D, Stettes O, Bellmann L, Hirsch-Kreinsen H (2017) Arbeiten 4.0 – Folgen der Digitalisierung für die Arbeitswelt. Wirtschaftsdienst 97(7):459–476. https://doi.org/10.1007/s10273-017-2163-9

REFA-Bundesverband e.V. (2014) REFA-Grundausbildung 2.0 – Lehrunterlage zu Teil 2A: Ermittlung und Anwendung von Prozessdaten. Modul 2: Arbeitssystemgestaltung. Darmstadt

Sonntag K, Heun D (1992) Anforderungsgerechte Qualifizierung in der Berufsausbildung unter besonderer Berücksichtigung der Steuerungstechnik. Modellversuche zur beruflichen Bildung. Bd. 27

Wissenschaftlicher Beitrat Plattform Industrie 4.0 (2014) Neue Chancen für unsere Produktion – 17 Thesen des wissenschaftlichen Beirats der Plattform Industrie 4.0. https://www.zvei.org/fileadmin/user_upload/Presse_und_Medien/Publikationen/2014/april/17_Thesen_des_wissenschaftlichen_Beirats_der_Plattform_Industrie_4.0/Industrie-40-Thesen-Wissenschaftsrat.pdf. Zugegriffen: 05. Okt. 2017

ZVEI – Zentralverband Elektrotechnik- und Elektronikindustrie e. V. Fachverband Automation (2017) Industrie 4.0: MES – Voraussetzung für das digitale Betriebs- und Produktionsmanagement. https://www.zvei.org/fileadmin/user_upload/Presse_und_Medien/Publikationen/2017/April/Industrie_40_MES_Voraussetzung_fuer_das_digitale_Betriebs-_und_Produktionsmanagement/Industrie-40-MES-Voraussetzung-fuer-das-digitale-Betriebs-und-Produktionsmanagement.pdf. Zugegriffen: 26. Okt. 2017

Entwicklung eines Leitfadens für die Einführung von Werkerassistenzsystemen

Ganzheitliche Einführung von Assistenzsystemen in der Montage: Integration von Technikgestaltung, Change Management-Erfolgsfaktoren und Beteiligung der Betriebsparteien

Tim Kleineberg, Sven Hinrichsen und Felix Busch

Inhaltsverzeichnis

5.1	Ausgangssituation und Problemstellung	63
5.2	Zielsetzung und Konzeption	67
5.3	Realisierung	69
5.4	Erfahrungen	74
	Literatur	75

5.1 Ausgangssituation und Problemstellung

Montageassistenzsysteme – Bedeutung, Begriff und Arten

Die Entwicklung von Assistenzsystemen wird als ein wichtiges Handlungsfeld der Industrie 4.0 angesehen (Bischoff 2015). Die Bedeutung von Assistenzsystemen zur

---

T. Kleineberg (✉) · S. Hinrichsen
Labor für Industrial Engineering, Technische Hochschule Ostwestfalen-Lippe, Lemgo, Deutschland

S. Hinrichsen
E-Mail: sven.hinrichsen@th-owl.de

F. Busch
Leitung Industrial Engineering, imperial-Werke oHG – Ein Unternehmen der Miele Gruppe, Bünde, Deutschland
E-Mail: felix.busch@miele.com

Unterstützung von Beschäftigten bei der Ausführung manueller Montageprozesse nimmt zu. Dabei lässt sich der Trend zur assistenzgestützten Montagearbeit im Wesentlichen auf drei Hauptursachen zurückführen (Hinrichsen et al. 2017). Erstens haben die den Assistenzsystemen zugrunde liegenden Basistechnologien (z. B. Bildverarbeitung, Sprach oder Gestenerkennung) hohe Reifegrade für den Einsatz in der Montage erreicht. Zudem sind die Preise für einzelne Technologien gesunken. Zweitens ändern sich die Anforderungen an die Montagearbeit. So steigt die Komplexität vieler Produkte (z. B. durch höhere Teileanzahl oder größere Varianz), indem beispielsweise Zusatzfunktionen integriert werden. Gleichzeitig verkürzen sich infolge einer hohen Innovationsdynamik die Lebenszyklen einzelner Produkte. Drittens hat die Montage zumeist eine hohe Bedeutung in Bezug auf Kosten, Qualität und Liefertermine (Lotter 2012).

Montageassistenzsysteme sind technische Systeme, die Informationen über Sensoren und Eingaben aufnehmen und verarbeiten, um Beschäftigte bei der Durchführung ihrer Montagearbeit zu unterstützen (Hinrichsen et al. 2016). Der Mensch nimmt dabei über Ausgabesysteme mit seinen Sinnen Informationen auf, verarbeitet diese kognitiv und gibt anschließend Informationen über eine Eingabe ein. Über zusätzliche Sensorik können weitere Daten aus dem Umfeld des Arbeitssystems aufgenommen, verarbeitet und entsprechend der Assistenzfunktionen genutzt werden.

Die Assistenzsysteme können den Menschen auf zwei unterschiedliche Arten unterstützen: energetisch und informatorisch. Energetische Assistenzsysteme tragen zu einer reduzierten Belastung bei und sollen die Ausführbarkeit der Arbeitsaufgabe sicherstellen (Reinhart et al. 2013). Informatorische Assistenzsysteme stellen den Beschäftigten die zur Ausführung der Arbeitsaufgabe benötigten Informationen situativ zur Verfügung und sollen damit Unsicherheiten oder mentale Belastungen bei diesen reduzieren. Montageassistenzsysteme lassen sich nach weiteren Kriterien klassifizieren. Kriterien und deren Ausprägungen sind z. B. in einem morphologischen Kasten dargestellt (Hinrichsen et al. 2016). So kann die Ausführung der Assistenzsysteme beispielsweise in stationär, beweglich, Handgerät und Wearable eingeteilt werden. Der morphologische Kasten (Hinrichsen et al. 2016) zu Montageassistenzsystemen kann bei ihrer Gestaltung unterstützend genutzt werden.

Informatorische Assistenzsysteme bieten die Chance, Beschäftigte bei der Ausführung komplexer Montageaufgaben zu unterstützen und einen Beitrag zu durchgängigen digitalen Prozessketten zu leisten. Dabei werden Beschäftigte – bei richtiger Gestaltung dieser Systeme – produktiver sein und weniger Fehler verursachen (Hartbrich 2016; Krieger 2014) Auch können Belastungen für die Beschäftigten – infolge von Termindruck verbunden mit hohen Anforderungen an die Produktqualität – reduziert werden, indem Assistenzsysteme den Beschäftigten die richtigen Informationen zur richtigen Zeit bedarfsgerecht bereitstellen. Ein weiterer Vorteil von Assistenzsystemen liegt darin, dass Assistenzsysteme Anlernprozesse unterstützen, sodass Anlernzeiten verkürzt werden. Insgesamt ist anzunehmen, dass die Flexibilität der Beschäftigten in Bezug auf ihren Arbeitseinsatz deutlich gefördert wird und damit auch häufiger Tätigkeits- und Anforderungswechsel möglich sind. Allerdings gibt es auch Risiken bezüglich der Gestaltung und des Einsatzes von Assistenzsystemen in der Montage. So kann die Übertragung von Funktionen des Menschen auf das Assistenzsystem, verbunden mit einer starren Informationsbereitstellung durch das System, welches den Lernstand der Beschäftigten nicht berücksichtigt, ein reduziertes Lernpotenzial des Arbeitsprozesses zur Folge haben (Witzgall 1982; Hacker 1986; Kleineberg et al. 2017a, b, c). Die Übertragung von Wissen auf technische Systeme kann zudem dazu führen, dass die Qualifikationsanforderungen an menschliche Arbeit abnehmen. Diese Änderungen können sich auch auf die Eingruppierung dieser Stellen im Entgeltsystem auswirken. Darüber hinaus können aus der Situation – unter der Annahme von reduzierten kognitiven Anforderungen an den Menschen – unvollständige und nicht ausreichend beanspruchende Tätigkeiten resultieren und sich negativ auf Motivation und Zufriedenheit der Beschäftigten auswirken (Hacker 1986). Daher sind bei der Gestaltung von Assistenzsystemen ergonomische Grundlagen – wie die Grundsätze der Dialoggestaltung (DIN EN ISO 9241-110 (2006):2008-09 [DIN06]) – unbedingt zu beachten.

Ausgangssituation und Handlungsbedarf
Produzierende Unternehmen mit Montagebereichen werden mit Anforderungen wie einer steigenden Anzahl an Produktvarianten, sinkenden Losgrößen, einer zunehmenden Teileanzahl oder sich verkürzenden Produktlebenszyklen konfrontiert. Diese Anforderungen haben Auswirkungen auf Montagesysteme und Beschäftigte in der Montage. Arbeitsinhalte werden komplexer, vielfältiger und verändern sich aufgrund kürzer werdender Produktlebenszyklen häufiger. Der kurzzyklische Wechsel von unterschiedlichen Arbeitsaufträgen in der Montage kann dabei ein frühes Abbrechen der Lernkurve der Beschäftigten verursachen (Hunter et al. 1990) und zu einer geringen Arbeitsproduktivität und hohen Fehlerrate führen. Diese Situation führt zum Bedarf an Assistenzsystemen, welche den Beschäftigten bei der Ausführung seiner Arbeitsaufgaben in einer kooperativen Art unterstützen (Gerke 2014; Unrau et al. 2016; Bischoff 2015). Im Miele Werk Bünde (imperial-Werke oHG/Miele & Cie. KG) wurde im Verbundforschungsprojekt SmartF-IT (gefördert vom BMBF) ein Montageassistenzsystem, bestehend aus drei verschiedenen Applikationen, entwickelt und testweise eingeführt (Hartbrich 2016). In Abb. 5.1 sind die entwickelten Applikationen in ihrer Struktur und den Wechselwirkungen dargestellt. Die entwickelten Applikationen unterstützen die Berufsgruppen – Werker, Reparateure und Teamleiter – mit bedarfsgerechten Informationen. Dabei werden Werkern beispielsweise Hinweise zu den Arbeitsschritten oder möglichen Montagefehlern zur Verfügung gestellt und durch Bilder oder Videos visualisiert (Hartbrich 2016; Stockinger et al. 2017). Die Werker montieren die Produkte auf einem mobilen Werkzeugtisch. Durch eine exakte Standortbestimmung mittels Hallen-GPS werden die Informationen an die jeweilige Montagestation angepasst. Daten zu Fehlern werden ausschließlich in aggregierter Form weitergeleitet und in persönlichen Ansichten dargestellt, um Anforderungen des Datenschutzes gerecht zu werden. In Abb. 5.2 ist die Werker-App des Assistenzsystems im Einsatz dargestellt.

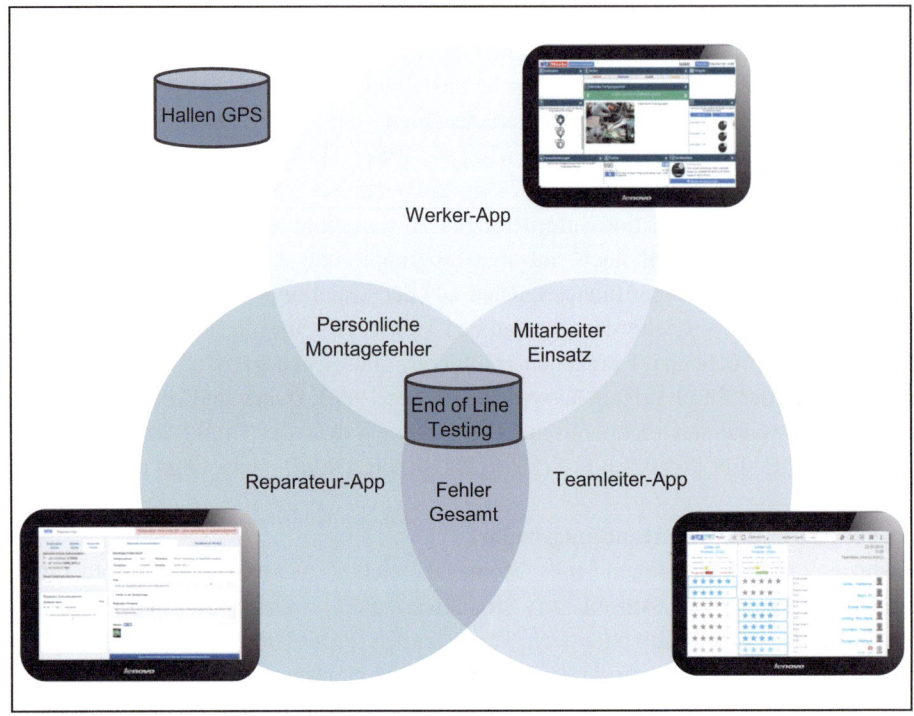

Abb. 5.1 Applikationen des Montageassistenzsystems (Miele Werk Bünde 2016)

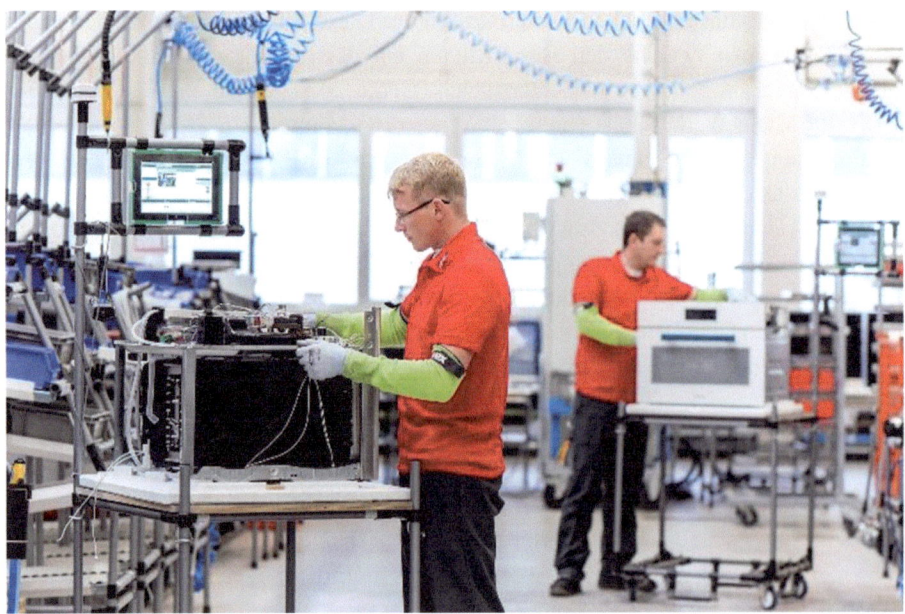

Abb. 5.2 Werker mit Assistenzsystem (Miele Werk Bünde 2016)

In dem Einführungsprozess des Montageassistenzsystems lag der Fokus auf der technisch-funktionalen Ausgestaltung der Applikationen. Die erfolgreiche Einführung derartiger Applikationen setzt neben der funktionierenden Technik jedoch auch eine auf den technologischen Wandel vorbereitete Organisation und Belegschaft voraus, da die Belegschaft hierbei einen nicht unerheblichen Veränderungsprozess zu durchlaufen hat (Bischoff 2015). Nur wenn die betroffenen Beschäftigten das Assistenzsystem als Bereicherung ansehen und es aktiv nutzen, kann eine Einführung als erfolgreich betrachtet werden. Es bedarf somit der Entwicklung eines benutzerzentrierten Gestaltungs- und Einführungsprozesses (Hinrichsen et al. 2016). Fehlt dieser definierte Einführungsprozess, stellt dies eine der größten Hürden für die Einführung von Assistenzsystemen dar (Willeke und Kasselmann 2016).

5.2 Zielsetzung und Konzeption

Ziel des Pilotprojektes im Miele Werk Bünde ist es, einen Soll-Prozess für die Einführung und Gestaltung digitaler Assistenzsysteme in der Montage zu entwickeln. Dieser soll neben Gestaltungsaufgaben auch Erfolgsfaktoren des Change Managements und Best Practice Beispiele beinhalten. Der Fokus liegt auf dem Wandel der Arbeit der Beschäftigten. Die Ergebnisse können künftig von Projektmanagern als Werkzeug für eine effektive und effiziente Planung und Durchführung des Einführungsprozesses genutzt werden. Die empirische Basis für dieses Projekt bildet im Wesentlichen die in Abschn. 5.1 erwähnte und abgeschlossene Einführung eines Assistenzsystems im Miele Werk Bünde im Rahmen des Verbundforschungsprojektes SmartF-IT (BMBF). Bei der Projektdurchführung werden explizit die Beschäftigten, der Betriebsrat und die Führungskräfte des Geräteherstellers mit ihren unterschiedlichen Perspektiven einbezogen. Die gewählte Vorgehensweise ist in Abb. 5.3 dargestellt und besteht aus drei Phasen: (1) Ermittlung von Erfolgsfaktoren, (2) Auswahl des Vorgehensmodells und (3) Zusammenführung von Erfolgsfaktoren und Vorgehensmodell zum Soll-Prozess. Die Ergebnisse dieser Phasen sind in Abschn. 5.3 beschrieben.

Die erste Phase gliedert sich in drei Teile. Der erste Teil besteht aus einer Literaturrecherche zu Erfolgsfaktoren von Einführungs- beziehungsweise Veränderungsprozessen im Allgemeinen und einer anschließenden induktiven Kategorienbildung nach Mayring (Mayring 2015). Dabei sind bekannte Fachbücher und Studien zum Change Management (Kotter 2013; Lauer 2014; Doppler und Lauterburg 1998; Keicher et al. 2012; Capgemini 2008; Ackermann et al. 2000; Schuh 2006; Hutmacher 2014) nach Erfolgsfaktoren für Veränderungsprozesse durchsucht worden. Mittels der induktiven Kategorienbildung werden aus den genannten Quellen Erfolgsfaktoren-Kategorien abgeleitet. Hierzu wird die Kernaussage der jeweiligen Quelle zu den Erfolgsfaktoren herausgefiltert und notiert. Wenn ein Aspekt vorkommt, der bei der vorherigen Quelle noch nicht vorkam, wird die Kategorie erweitert oder eine neue gebildet. Am Ende der Durchsicht werden die Kategorien noch einmal im Hinblick auf Schnittmengen überprüft

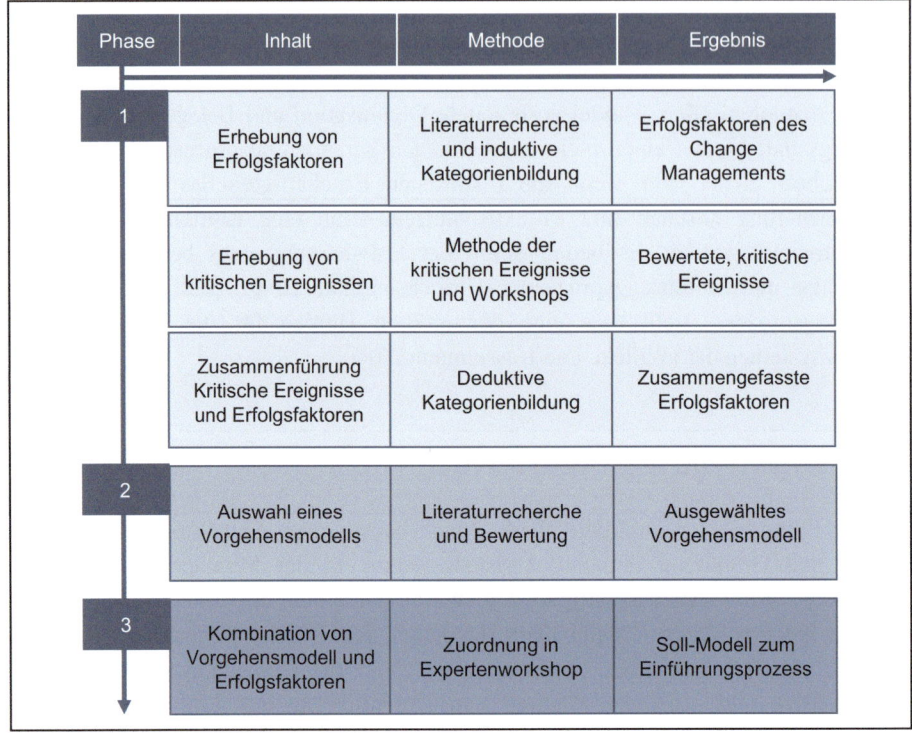

Abb. 5.3 Vorgehensweise zum Pilotprojekt im Miele Werk in Bünde

und angepasst. Im zweiten Teil werden kritische Ereignisse (Critical Incidents) zu dem abgeschlossenen Einführungsprozess bei dem Gerätehersteller, unter Anwendung der Critical Incident Technique nach Flanagan (Flanagan 1954), ermittelt. Die Vorgehensweise der Datenerhebung besteht in Anlehnung an Koch (Koch et al. 2009) aus den drei Schritten: (1) Aufnahme der Critical Incidents, (2) Bewertung der Relevanz der Critical Incidents und (3) Einteilung der Critical Incidents in Kategorien. Diese Methode beruht auf Erfahrungen, bringt praktische Ergebnisse hervor und ist relativ flexibel an die Fragestellung anpassbar (Lipu et al. 2007). Damit ist eine Anwendung der Methode in diesem Fall sinnvoll. Das verwendete Konstrukt der Critical Incidents ist in Abb. 5.4 dargestellt. Die erhobenen Critical Incidents basieren auf Aktivitäten aus dem durchlaufenen Einführungsprozess, z. B. bei der Durchführung von Workshops oder während der Testphase. Im dritten Teil werden diese in einem Workshop den Erfolgsfaktoren-Kategorien aus Teil 1 zugeordnet. Hierbei wird nach der deduktiven Kategorienbildung vorgegangen (Mayring 2015). Ergebnisse dieser Phase sind speziell auf die Einführung von Assistenzsystemen angepasste Erfolgsfaktoren-Kategorien.

In Phase 2 erfolgen ein Vergleich und die Auswahl von einem Vorgehensmodell für den Einführungsprozess. Dabei werden unterschiedliche Vorgehensmodelle berück-

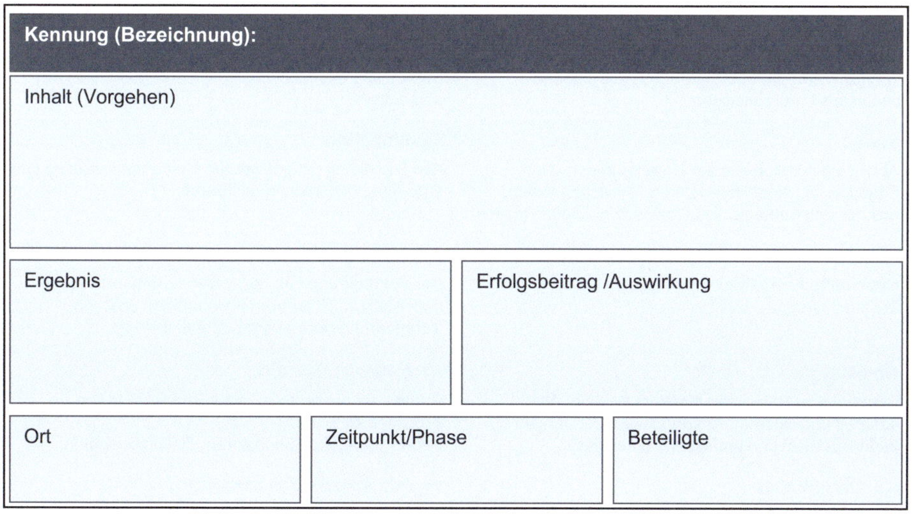

5 Entwicklung eines Leitfadens für die Einführung von Werkerassistenzsystemen

Kennung (Bezeichnung):		
Inhalt (Vorgehen)		
Ergebnis	Erfolgsbeitrag /Auswirkung	
Ort	Zeitpunkt/Phase	Beteiligte

Abb. 5.4 Konstrukt der aufgenommenen Ciritcal Incidents

sichtigt (Kottler 2013; Lauer 2014; Doppler und Lauterburg 1998; Schuh 2006; Hui 2013; VDMA 2015; Roth 2016; Little 2014; Deming 1986; Krüger 2006; Palmer et al. 2008; REFA 2014; Hinrichsen und Riediger 2016). Das ausgewählte Vorgehensmodell (REFA 2014; Hinrichsen und Riediger 2016) wird an die Anforderungen der Assistenzsystemgestaltung angepasst und stellt das Ergebnis der zweiten Phase dar.

Die dritte Phase besteht aus der Zusammenführung der Erfolgsfaktoren-Kategorien und dem Vorgehensmodell. Dazu wird ein Expertenworkshop durchgeführt. Hierbei werden die Erfolgsfaktoren-Kategorien jeweils den einzelnen Stufen des Vorgehensmodells zugeordnet. Anschließend werden für jede Erfolgsfaktor-Kategorie einer Stufe spezifische Erfolgsfaktoren erarbeitet. Das damit entwickelte Vorgehen ist das Ergebnis der dritten Phase.

5.3 Realisierung

Erfolgsfaktoren-Kategorien
Mittels einer Literaturanalyse zum Thema Veränderungsprozesse wurden insgesamt zehn Erfolgsfaktoren-Kategorien ermittelt. Unter Berücksichtigung der, in den Interviews genannten kritischen Ereignisse, wurden die Erfolgsfaktoren-Kategorien in einem Expertenworkshop überarbeitet und in Abb. 5.5 dargestellt. Durch die Bewertung der kritischen Ereignisse konnte die Relevanz einzelner Erfolgsfaktor-Kategorien ermittelt werden. So wurden in der Kategorie Kommunikation 14 kritische Ereignisse berücksichtigt. Damit ist in diese Kategorie die größte Anzahl an Ereignissen

Führung & Schlüsselpersonen Veränderungsprozess vorantreibende Führung. Wichtig: Vertrauenswürdige Schüsselpersonen besonders berücksichtigen.	**Teambuilding** Alle Beteiligten im Projekt integrieren. Wichtig: Stärken, Vernetzung und Motivation der Beteiligten beachten und nutzen.
Vision Ableiten der Vision aus der Unternehmensvision, Formulierung einer klaren und realistischen Vision, aus der sich Strategie und Zielsetzung ableiten lassen.	**Qualifikation** Alle Beteiligten mit geeigneten Methoden frühzeitig und anforderungsgerecht qualifizieren.
Analyse Systematische Analyse von Ausgangssituation und Zielerreichung.	**Nachhaltigkeit** Die Veränderung und den Veränderungsprozess nachhaltig im Unternehmen verankern. Wichtig: Veränderungswille in der Kultur etablieren.
Beteiligung Betroffene zu Beteiligten machen. Wichtig: Alle internen und externen Anspruchsgruppen frühzeitig, bedarfsgerecht und umfassend beteiligen.	**Projektorganisation** Struktur für die systematische Bearbeitung von Projekten schaffen. Wichtig: Aufgaben priorisieren, Timing beachten.
Kommunikation Eine offene und klare Kommunikation nach innen und außen benutzen. Wichtig: Vision, Erfolge und Regelkommunikation (u. a. Feedback).	**Prozessorientierte Steuerung** Für jede Phase des Projektes die geeigneten Methoden, Techniken und Werkzeuge benutzen. Wichtig: Konfliktmanagement, Controlling, externe Beratung oder schnelle Erfolge planen.

Abb. 5.5 Ermittelte Erfolgsfaktoren-Kategorien [KEH17]

eingeflossen. Hieraus kann die Schlussfolgerung gezogen werden, dass diese Kategorie einen besonderen Stellenwert für den Projekterfolg hat. In neun von 14 Fällen ist die Kommunikation aber nicht die einzige Kategorie, in die diese kritischen Ereignisse zugeordnet wurden. Daraus wird ersichtlich, dass Kommunikation mit anderen Erfolgsfaktoren – wie z. B. Beteiligung – in engem Zusammenhang steht. So wird durch die Kommunikation z. B. die Vision vermittelt oder die Führungs- beziehungsweise Schlüsselpersonen kommunizieren über geeignete Medien mit den Beschäftigten. Dieses Ergebnis wird von Lauer (Lauer 2014) bestätigt. Er beschreibt die Kommunikation als den zentralen Erfolgsfaktor und als einen Katalysator des Wandels.

Vorgehensmodell
Um einen Soll-Prozess für die Einführung digitaler Assistenzsysteme zu gestalten, wurden bestehende Vorgehensmodelle für organisatorisch-technische Veränderungsprozesse analysiert. Kriterien für die Auswahl des Vorgehensmodells bestehen im Wesentlichen aus der Projektphasen-Vollständigkeit, dem Detaillierungsgrad und der Tauglichkeit für Software, Hardware und arbeitsorganisatorische Veränderungen. Nach mehreren paarweisen Vergleichen stellten sich die REFA-Standardprogramme Arbeitssystemgestaltung (REFA 2014) und Montagesystemgestaltung (Hinrichsen und Riediger 2016) als besonders geeignet heraus. Die Vorgehensmodelle von REFA wurden auf die Anforderungen einer Assistenzsystemeinführung inhaltlich angepasst. In Abb. 5.6 ist

5 Entwicklung eines Leitfadens für die Einführung von Werkerassistenzsystemen

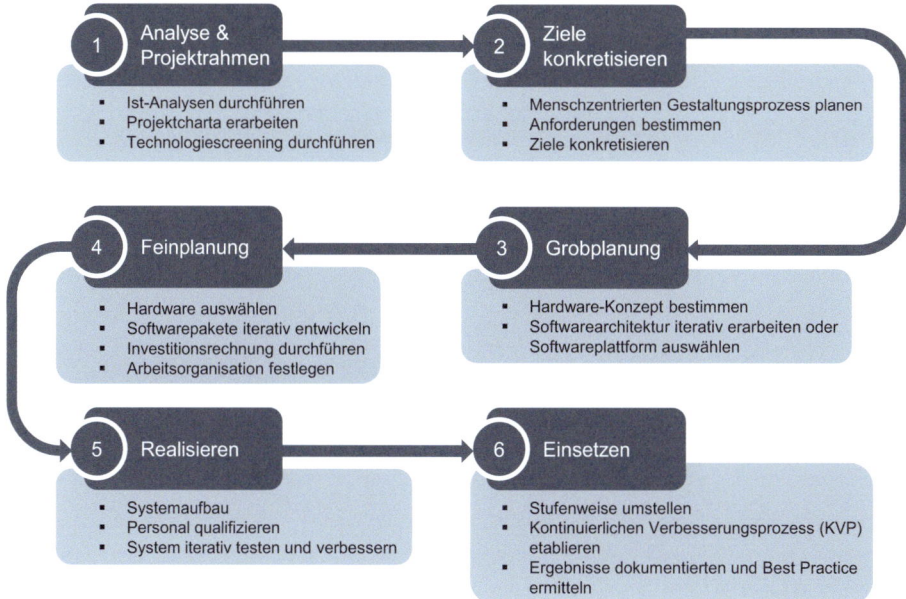

Abb. 5.6 Phase des Vorgehensmodells [KEH17]

das angepasste Vorgehensmodell im Überblick dargestellt. Dieses besteht aus insgesamt sechs Phasen.

In der ersten Phase wird die Ausgangssituation analysiert. Daraus werden Projektrahmenbedingungen abgeleitet. Problemstellung, Zielsetzung, Systemabgrenzung, Meilensteine und das Projektteam werden in der Phase definiert. In der zweiten Phase werden weitere Daten gesammelt, um auf dieser Grundlage die Ziele zu konkretisieren. Davon ausgehend werden Anforderungen definiert. Diese werden in Zusammenarbeit mit möglichen Software- sowie Hardware-Anbietern verfeinert und ggf. in einem Mock-up verifiziert. Anschließend wird in der dritten Phase das Hardware-Konzept entwickelt und eine Softwareplattform ausgewählt beziehungsweise die Softwarearchitektur iterativ entwickelt. In der vierten Phase wird die finale Hardware ausgewählt und die Software prototypisch entwickelt oder beschafft. Der Vorgang der Entwicklung verläuft meist in kurzzyklischen Schleifen, sodass durch kontinuierliches Feedback die Qualität sichergestellt wird. Auch die Arbeitsorganisation wird in dieser Phase final gestaltet. In der fünften Phase wird das System in einer Testumgebung implementiert. Durch mehrmaliges Testen werden Probleme identifiziert und anschließend eliminiert, sodass eine Serienreife erreicht wird. In der sechsten Phase wird eine stufenweise Einführung im ausgewählten Bereich vorgenommen. Eventuelle Fehler werden im Echtzeitbetrieb kontinuierlich beseitigt. Die Nachhaltigkeit des Systems wird sichergestellt, indem ein Verantwortlicher für ebendiese bestimmt wird.

| ⚙ | **GESTALTUNGSAUFGABEN** | ✓ |

G 3.1　Montageablauf, Benutzer und Umgebung analysieren ☐
　　　(z.B. mittels Nutzungskontextanalyse)

G 3.2　Informationsflüsse und -bedarfe aufnehmen ☐

G 3.3　Konzepte zu Hardware-Gestaltungslösungen erarbeiten ☐

G 3.4　Konzepte zu Softwareplattformen oder ☐
　　　Softwarearchitektur erarbeiten

| ★ | **ERFOLGSFAKTOREN** | ✓ |

Projektorganisation:

E 3.1　Erfolgen planen ☐

Beteiligung:

E 3.2　Anwender bei Analysen beteiligen (z.B. Informationsbedarfe) ☐

E 3.3　Anwender bei Konzeptionierung der Hardware beteiligen ☐

E 3.4　Partizipation auf Key-User (Kleiner Kreis) beschränken ☐
　　　(Durch Angebot der Mitwirkung)

E 3.5　Themen der gesetzlichen Mitbestimmung identifizieren ☐
　　　(Datenschutz, Qualifizierung, Betriebsänderung, etc.)

Kommunikation:

E 3.6　Detaillierten Projektplan kommunizieren ☐

E 3.7　Etappenziele kommunizieren ☐

E 3.8　Erfolge kommunizieren ☐

E 3.9　Zielgruppengerecht kommunizieren (Gesamtprojekt) ☐

Führung & Schlüsselpersonen:

E 3.10　Mentor (Betreuer vor Ort) identifizieren und aufbauen ☐

Prozessorientierte Steuerung:

E 3.11　Monitoring der relevanten Schlüsselpersonen ☐

Abb. 5.7 Gestaltungsaufgaben und Erfolgsfaktoren der dritten Phase (Kleineberg et al. 2017a, b, c)

Einführungs- und Gestaltungsprozess

Auf Basis der ermittelten Erfolgsfaktoren-Kategorien, den kritischen Ereignissen und dem ausgewählten Vorgehensmodell wurde der Soll-Prozess entwickelt. Für jede Phase des Vorgehensmodells wurde in einem Workshop eine Liste mit Erfolgsfaktoren

5 Entwicklung eines Leitfadens für die Einführung von Werkerassistenzsystemen

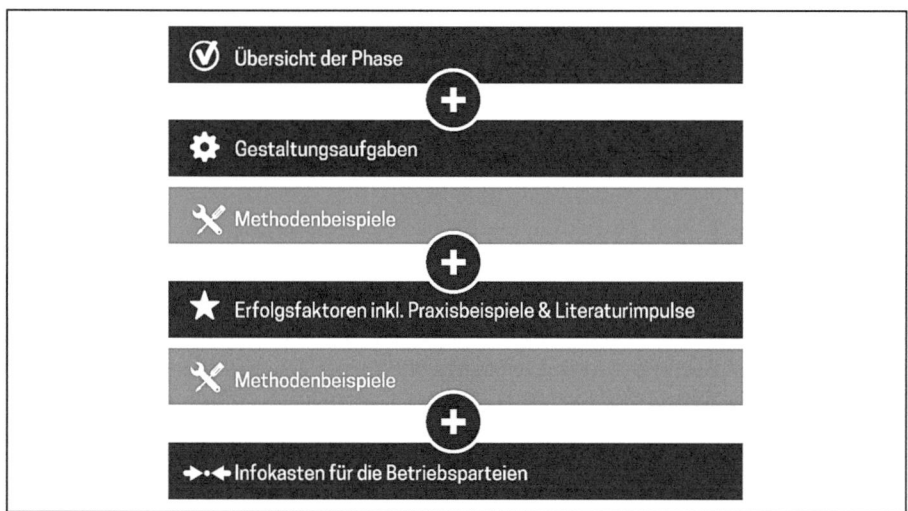

Abb. 5.8 Rubriken des Leitfadens (Kleineberg et al. 2017a, b, c)

erarbeitet. Diese und die Gestaltungsaufgaben aus dem Vorgehensmodell bilden die Grundlage für jede Phase des Soll-Prozesses und stehen in Wechselwirkung. In Abb. 5.7 sind sowohl Erfolgsfaktoren als auch Gestaltungsaufgaben exemplarisch für die dritte Phase „Grobplanung" des Vorgehensmodells dargestellt. Die Erfolgsfaktoren sind dabei nach den gebildeten Kategorien geordnet. Die Beachtung der Erfolgsfaktoren unterstützt die erfolgreiche Durchführung des Veränderungsprozesses i. S. des Change Managements. Die angesprochenen Wechselwirkungen sind beispielsweise bei Gestaltungsaufgabe G 3.3. „Konzepte zu Hardware-Gestaltungslösungen erarbeiten" und Erfolgsfaktor E 3.3. „Anwender bei Konzeptionierung der Hardware beteiligen" gegeben (Abb. 5.7). Bei dem Erfolgsfaktor steht der Veränderungsprozess mit der Beteiligung der Anwender und der nutzerzentrierten Gestaltung im Vordergrund. Die gestalterische Aufgabe bezieht sich in erster Linie auf technisch-funktionale Aspekte und direkt auf die Hardware beziehungsweise Hardwarekomponenten.

Für den gesamten Prozess, bestehend aus sechs Phasen, wurde ein umfassendes Inventar von insgesamt 28 Gestaltungsaufgaben und 72 Erfolgsfaktoren für die Einführung von Assistenzsystemen erarbeitet. Die sechste Phase beinhaltet mit 16 Erfolgsfaktoren die höchste Anzahl an Erfolgsfaktoren. In Bezug auf die Erfolgsfaktoren-Kategorien sind der Kategorie „Kommunikation" mit 21 Erfolgsfaktoren die meisten zugeordnet. Das Ergebnis zeigt die große Bedeutung dieser Kategorie für den Veränderungsprozess.

Der Einführungs- und Gestaltungsprozess wurde im abschließenden Schritt in einem ausführlichen Leitfaden erläutert (Kleineberg et al. 2017a, b, c). Der Leitfaden stellt zu jeder Phase Informationen zur Verfügung. Diese Informationen sind in Rubriken unterteilt (Abb. 5.8). Zu Beginn jeder Phasenbeschreibung werden die Phaseninhalte in der Rubrik „Übersicht der Phase" im Checklistenformat dargestellt. Die Rubrik „Gestaltungsaufgabe" stellt zu jeder Phase eine Tabelle mit den einzelnen Aufgaben und zugeordneten Methodenbeispielen zur Verfügung (Abb. 5.7). Damit können Gestaltungsaufgaben im Vorfeld geplant oder während der Projektdurchführung kontrolliert werden. Diese werden durch die „Erfolgsfaktoren" ergänzt. Die einzelnen Faktoren werden im Leitfaden ausführlich beschrieben und durch Praxisbeispiele, basierend auf den kritischen Ereignissen, Literaturimpulsen und Methodenbeispielen angereichert. Die im Pilotprojekt beteiligten Betriebsräte, Vertreter der IG-Metall NRW und Beschäftigten der Sustain Consult haben für jede Phase einen „Infokasten für die Betriebsparteien" erarbeitet, in welchem insbesondere das Thema Recht und Mitbestimmung erläutert wird. Dabei wird Bezug auf die Aktivitäten der Phase genommen. Mit diesem Leitfaden können Beschäftigte in Unternehmen den Einführungsprozess ganzheitlich unter Berücksichtigung von Mensch, Organisation und Technik planen, durchführen und kontrollieren.

5.4 Erfahrungen

Für eine erfolgreiche Einführung von Assistenzsystemen bedarf es eines nutzerzentrierten Einführungsprozesses. Der erarbeitete Einführungs- und Gestaltungsprozess inkl. des Leitfadens ist einerseits auf Basis einer Auswertung von Literatur und andererseits über Interviews zum durchgeführten Projekt und einer Reihe von Workshops entstanden. Damit wird die Lücke eines fehlenden Einführungsprozesses geschlossen. Zusätzlicher Nutzen besteht in der ganzheitlichen Betrachtung des Einführungsprozesses. Mensch, Organisation und Technik werden gleichermaßen im Soll-Prozess berücksichtigt. So ist eine proaktive Gestaltung der einzelnen Phasen möglich. Zudem ermöglicht der Prozess die Entwicklung einer aktiven partnerschaftlichen Zusammenarbeit zwischen Anwendern, Führungskräften und Betriebsräten in solchen Projekten. Für eine entsprechende Evaluierung des Soll-Einführungsprozesses ist ein Folgeprojekt durchzuführen, bei dem dieser angewendet wird. Erst danach können verlässliche Aussagen über die Wirksamkeit des Vorgehensmodells mit seinen zugeordneten Erfolgsfaktoren gemacht werden. Dennoch kann eine erste Beurteilung der Auswirkungen des Soll-Prozesses vorgenommen werden. Im Unterschied zu einer technikzentrierten Vorgehensweise werden möglicherweise mehr Ressourcen im Gestaltung- und Einführungsprozess benötigt. Durch eine Integration aller relevanten Anspruchsgruppen in das Projekt wird aber die Wahrscheinlichkeit eines Projekterfolgs deutlich höher sein. Eine schrittweise Standardisierung und Verbesserung des Prozesses kann den Ressourcenbedarf nach der ersten Anwendung reduzieren. Zudem wird es weitere Kosteneinspareffekte geben, da die Assistenzsysteme unter Annahme einer höheren Akzeptanz weniger Änderungen oder Verbesserungen im Serienbetrieb erfahren und möglicherweise zu einer höheren Produktivität führen als in erster Linie unter technisch-funktionalen Gesichtspunkten konzipierte Systeme. Durch die integrierte, regelmäßige Abstimmung und Zusammenarbeit der Betriebsparteien wird zudem die Gefahr reduziert, mitbestimmungsrelevante Themen nicht genügend zu berücksichtigen. So können auch neue Regelungen rechtzeitig geprüft und vereinbart werden. Zusammen mit dem Leitfaden und einem Übersichtsposter, welches die Kernelemente der Rubriken Gestaltung, Erfolg und Mitbestimmung für den gesamten Prozess auf einer Seite zusammenfasst, steht produzierenden Unternehmen ein neues Werkzeug für die Gestaltung und Einführung von Assistenzsystemen zur Verfügung.

Literatur

Ackermann M, Dimmeler D, Iten P, Meister D, Wehner T (2000) Wissensmanagement in der Praxis – Umfrageergebnisse und Trends. TUHH Universitätsbibliothek, Hamburg

Bischoff J (2015) Erschließung der Potenziale der Anwendung von Industrie ‚4.0' im Mittelstand. http://www.zenit.de/fileadmin/Downloads/Studie_im_Auftrag_des_BMWi_Industrie_4.0_2015_agiplan_fraunhofer_iml_zenit_Langfassung.pdf. Zugegriffen: 13. Nov. 2017

Capgemini (2008) Change Management 2003/2008 – Veränderungen erfolgreich gestalten. http://www.unternehmenskulturentwicklung.de/fileadmin/pdf/ukult/capgemini_changemanagement.pdf. Zugegriffen: 16. Nov. 2017

Deming W (1986) Out of the crisis. Massachusetts Institute of Technology, Cambridge, S 1986

DIN EN ISO 9241-110 (2006) Ergonomie der Mensch-Maschine-Interaktion. Teil 110: Grundsätze der Dialoggestaltung. Beuth, Berlin

Doppler K, Lauterburg A (1998) Change Management – Den Unternehmenswandel gestalten. Campus, Frankfurt

Flanagan J (1954) The critical incident technique. Psychological Bulletin 51(4):327–358. http://www.apa.org-/pubs/databases/psycinfo/cit-article.pdf.3. Zugegriffen: 13. Juni 2017

Gerke W (2014) Technische Assistenzsysteme – Vom Industrieroboter zum Roboterassistenten. De Gruyter, Oldenburg, S 2014

Hacker W (1986) Arbeitspsychologie – Psychische Regulation von Arbeitstätigkeiten. (1. Aufl) Huber, Bern

Hartbrich I (2016) Lernen in der Endlosschleife. http://www.vdi-nachrichten.com/Technik-Gesellschaft/Lernen-in-Endlosschleife. Zugegriffen: 13. Juni 2017

Hinrichsen S, Riediger D (2016) REFA-Standardprogramm Montagesystemgestaltung. http://refa-blog.de/refa-standardprogramm-montagesystemgestaltung. Zugegriffen: 13. Juni 2017

Hinrichsen S, Riediger D, Unrau (2016) A Assistance systems in manual assembly. In: Villmer F, Padoano E (Hrsg) Production engineering and management. Proceedings 6th international conference, September 29 and 30. Lemgo, S 3–14

Hinrichsen S, Riediger D, Unrau A (2017) Anforderungsgerechte Gestaltung von Montageassistenzsystemen. http://refa-blog.de/gestaltung-von-montageassistenzsystemen. Zugegriffen: 13. Nov. 2017

Hunter J, Schmidt F, Judisch M (1990) Individual differenced in output variability as a function of job complexity. J Appl Psychol 75(1):28-42

Hui A (2013) Lean change: enabling agile transformation through Lean Startup, Kanban and Kotter: an experience report. In: Agile Conference (AGILE), Nashville, S 169–174. IEEE. https://ieeexplore.ieee.org/abstract/document/6612894

Hutmacher D (2014) Einflussfaktoren auf Veränderungsprozesse: Change Management, Innovationsmanagement, Projektmanagement: eine Literaturstudie. http://www.org-portal.org/

fileadmin/media/legacy/Einflussfaktoren_auf_Ver_nderungsprozesse.pdf. Zugegriffen: 13. Nov. 2017

Keicher I, Bohn U, Anke T, Crummener C, Mergenthal N, Gerhard B (2012) Digitale Revolution – Ist Change Management mutig genug für die Zukunft?. In: Capgemini (Hrsg) 10 Jahre Capgemini Consulting Change Studie. Capgemini Consulting, München

Kleineberg T, Eichelberg M, Hinrichsen S (2017a) Participative development of an implementation process for worker assistance systems. In: Padoano E, Villmer F (Hrsg) Production engineering and management. Proceedings 7th international conference, September 28 and 29. Pordenone, S 25–36

Kleineberg T, Hinrichsen S, Eichelberg M, Busch F, Brockmann D, Vierfuß R (2017b) Leitfaden: Einführung von Assistenzsystemen in der Montage. Hochschule Ostwestfalen-Lippe, Lemgo

Kleineberg T, Hinrichsen S, Niggemann O (2017c) Auswirkungen von Assistenzsystemen auf die Arbeit in der manuellen Montage. In: GfA (2017c) Tagungsband GfA Frühjahrskongress 2017c, Brugg und Zürich – Soziotechnische Gestaltung des digitalen Wandels – kreativ, innovativ, sinnhaft. Gesellschaft für Arbeitswissenschaft e.V., Dortmund

Kotter J (2013) Leading Change: Wie Sie Ihr Unternehmen in acht Schritten erfolgreich verändern. Vahlen, München

Krieger C (2014) Evaluation von visuellem In-Situ Feedback mit Assistenzsystemen in der manuellen Montage mit leistungsgeminderten Arbeitern. Universität Stuttgart, Stuttgart. doi:/https://doi.org/10.18419/opus-3520

Krüger W (2006) Excellence in Change: Wege zur strategischen Erneuerung, (3. Aufl). Gabler, Wiesbaden

Koch A, Strobel A, Kici G, Westhoff K (2009) Quality of the Critical Incident Technique in practice: Interrater reliability and users acceptance under real conditions. Sch Psychol Q 51(1):3–15

Lauer T (2014) Change Management – Grundlagen und Erfolgsfaktoren. (2. Aufl) Springer, Berlin, Heidelberg

Little J (2014) Lean change management: Innovative practices for managing organizational change. Happy Melly Express, United States

Lotter B (2012) Einführung. In: Lotter B, Wiendahl H (Hrsg) Montage in der industriellen Produktion – Ein Handbuch für die Praxis. (2. Aufl) Springer, Berlin, Heidelberg, S. 1–8

Lipu S, Williamson K, Lloyd A, Ferguson S, Crease R (2007) Exploring methods in information literacy research. Charles Sturt University, Wagga Wagga, Centre for Information Studies

Mayring P (2015) Qualitative Inhaltsanalyse. Grundlagen und Techniken. (12. Aufl) Beltz, Weinheim, Basel

Miele Werk Bünde (2016) Interne Präsentationsunterlagen SmartF-IT Projekt, Bünde

Palmer I, Dunford R, Akin G (2008) Managing organizational change: A multiple perspectives approach. McGraw – Hill Irwin, New York

REFA-Bundesverband e.V. (2014) REFA-Grundausbildung 2.0 – Lehrunterlage zu Teil 2A: Ermittlung und Anwendung von Prozessdaten. Modul 2: Arbeitssystemgestaltung. Darmstadt

Roth A (2016) Einführung und Umsetzung von Industrie 4.0. Grundlagen, Vorgehensmodell und Use Cases aus der Praxis. Springer, Berlin

Reinhart G, Shen Y, Spillner R (2013) Hybride Systeme – Arbeitsplätze der Zukunft, nachhaltige und flexible Produktivitätssteigerung in hybriden Arbeitssystemen. wt Werkstattstechnik online 103(6):543–547, Springer-VDI, Düsseldorf

Schuh G (2006) Change Management – Prozesse strategiekonform gestalten. Springer, Berlin, Heidelberg

Stockinger C, Verma R, Konig C (2017) Konzipierung einer Cockpit-Applikation für smarte Fabriken zum Abbau von Komplexität. In: GfA (Hrsg) Tagungsband GfA Frühjahrskongress.

Brugg und Zürich – Soziotechnische Gestaltung des digitalen Wandels – kreativ, innovativ, sinnhaft. Gesellschaft für Arbeitswissenschaft e.V., Dortmund

Unrau A, Hinrichsen S, Riediger D (2016) Development of Projection Based Assistance System for Manual Assembly. In: ERGONOMICS 2016 – Focus on Synergy of the 6th International Ergonomics Conference, S 365–370

VDMA (2015) Leitfaden Industrie 4.0. – Orientierungshilfe zur Einführung in den Mittelstand. VDMA, Frankfurt a. M.. http://www.vdmashop.de/refs/VDMA_Leitfaden_I40_neu.pdf. Zugegriffen: 20. Nov. 2017

Witzgall E (1982) Qualifikationsförderliche Arbeitsstrukturen – Beiträge zur Arbeitspädagogik, -psychologie, -soziologie. Fraunhofer-Gesellschaft, Stuttgart

Willeke S, Kasselmann S (2016) Einführung interaktiver Assistenzsysteme über Reifegradmodelle. ZWF 111(11):691–695

Wissenstransfer und Industrial Connectivity bei Weidmüller

Dominik Bentler, Agnieszka Paruzel, Katharina Schlicher und Günter W. Maier

Inhaltsverzeichnis

6.1	Ausgangssituation und Problemstellung	80
	6.1.1 Kompetenzaufbau und Kompetenzerhalt	80
	6.1.2 Work-Life-Balance und Arbeitseinstellungen	81
	6.1.3 Arbeitsplatzgestaltung und Arbeitskomfort	82
6.2	Zielsetzung und Konzeption	83
6.3	Realisierung	84
	6.3.1 Erstellung Anwendungsszenarien	84
	6.3.2 Abfrage Erwartungen und Befürchtungen der Datenbrillennutzer	85
	6.3.3 Erstellung Anforderungsprofil	88
	6.3.3.1 Strukturierte Interviews	88
	6.3.3.2 Clusterung der Informationen	88
	6.3.3.3 Wichtig- und Häufigkeitsbewertung der ermittelten Anforderungen	89
6.4	Erfahrungen	90
Literatur		91

D. Bentler (✉) · A. Paruzel · K. Schlicher · G. W. Maier
Universität Bielefeld, Arbeits- und Organisationspsychologie, Bielefeld, Deutschland
E-Mail: dominik.bentler@uni-bielefeld.de

A. Paruzel
E-Mail: a.paruzel@uni-bielefeld.de

K. Schlicher
E-Mail: katharina.schlicher@uni-bielefeld.de

G. W. Maier
E-Mail: ao-psychologie@uni-bielefeld.de

© Springer-Verlag GmbH Deutschland, ein Teil von Springer Nature 2022
R. Dumitrescu (Hrsg.), *Gestaltung digitalisierter Arbeitswelten,* Intelligente Technische Systeme – Lösungen aus dem Spitzencluster it's OWL,
https://doi.org/10.1007/978-3-662-58014-1_6

6.1 Ausgangssituation und Problemstellung

Durch die zunehmende Globalisierung und die damit häufig einhergehende Notwendigkeit, in der räumlichen Nähe von Kunden zu produzieren, erhöht sich vermehrt die internationale Produktionskapazität von Weidmüller. Dies erfordert es, dass die komplexen Arbeitsprozesse, die in den deutschen Werken zuverlässig gemeistert werden, auch sicher und qualitativ hochwertig im internationalen Einsatz verwendet werden. Im Zug dieser Entwicklung wird angestrebt, die Kompetenz der Beschäftigten am Hauptsitz von Weidmüller in Deutschland zu konzentrieren, auszubauen und Reisebedarf zu minimieren, indem softwarebasierte Assistenzsysteme, wie Datenbrillen oder Tablets, in der Wartung komplexer Industriemaschinen zum Einsatz kommen. Im Mittelpunkt dieses Projekts stand die Einführung dieser Assistenzsysteme, welche zukünftig im Produktionsbereich, speziell in Wartungs- und Instandhaltungsabläufen von Produktionsmaschinen dauerhaft eingesetzt werden sollen. Die Herausforderung lag in der organisationalen und individuellen Akzeptanz der Technologie, durch welche die zukünftige Nutzung gewährleistet werden kann. Die Ausgangslage im Unternehmen bestand darin, zukünftige Szenarien beziehungsweise potentielle Anwendungsfälle zum Einsatz der neuen Technologie zu entwickeln. Im Anschluss an diese Entwicklungsphase sollten alle beteiligten Akteure sowie alle enthaltenen Prozesse der Anwendungsfälle diagnostiziert werden, da diese die Ansatzpunkte für alle Untersuchungen des Projekts darstellen. Durch die beteiligten Akteure sowie die enthaltenden Prozesse sollte die individuelle und organisationale Akzeptanz der Technologie bestimmt werden, um frühzeitig im Einführungsprozess der Assistenzsysteme positive oder negative Entwicklungen in der Belegschaft im Umgang mit der Technologie sichtbar machen zu können. Um die individuelle Akzeptanz herzustellen, sollten die Assistenzsysteme so gestaltet sein, dass das System beim Wissensaustausch zwischen den Beschäftigten sowie dem informellen Lernen der Beschäftigten direkt im Arbeitsumfeld unterstützend wirkt. Neben der lernförderlichen Gestaltung der Assistenzsysteme sollte außerdem ein breites Verständnis über Hintergrundprozesse und die Funktionsweise der Technologie bei den Beschäftigten geschaffen werden. Die Integration der Belegschaft sowie die Fähigkeit digitale Assistenzsysteme individuell anzupassen, stellten Herausforderungen dar. Um diese Herausforderungen im Unternehmen zu bewältigen, wurden folgende Handlungsbedarfe identifiziert und an dem Szenario „Remote Support" und „Information Augmented Reality" in den Bereichen der Wartung und Instandhaltung veranschaulicht.

6.1.1 Kompetenzaufbau und Kompetenzerhalt

Durch weltweite Produktionsstandorte gewährleistet Weidmüller eine effiziente Produktion, indem die Durchlaufzeiten von Auftragseingang bis zur Auslieferung der Produkte an den Kunden verkürzt werden können. Um die Qualität der Produkte gewährleisten zu können, werden dafür komplexe Produktionsmaschinen eingesetzt, welche für die Bedienung, aber insbesondere für die Instandhaltung und Wartung ein hohes Maß an Fähig- und Fertigkeiten von den Beschäftigten erfordern. Die Instandhaltung und Wartung dieser komplexen Arbeitsprozesse bei den international eingesetzten Maschinen und Werkzeugen wurden bislang von Experten, die am Hauptsitz von Weidmüller in Detmold angesiedelt sind, durchgeführt. Dafür mussten diese Experten erhebliche Reisezeiten in Kauf nehmen. Zukünftig sollen die eingesetzten Assistenzsysteme genutzt werden, um die Kommunikation und Interaktion von den Experten in Deutschland mit Beschäftigten an internationalen Standorten zu übernehmen. Die mobilen Assistenzsysteme, wie eine Datenbrille, eignen sich dazu Aufgaben der Wartung und Instandhaltung kooperativ durchzuführen. Beschäftigte an internationalen Produktionsstandorten erhalten dementsprechend Arbeitsanweisungen vom Experten aus Deutschland über die Datenbrille oder das Tablet dargestellt, über welche sie befähigt werden sollen, eigenständig die komplexen Aufgaben der Wartung und Instandhaltung auszuführen. Diese Änderung in den Arbeitsabläufen führt zwangsläufig zu einer Rollenänderung der Beschäftigten. Auf der einen Seite gibt es diejenigen Personen, die über das Assistenzsystem Arbeitsprozesse im Ausland steuern. Auf der anderen Seite gibt es diejenigen Personen, die über Anweisungen dazu befähigt werden, Aufgaben im Wartungs- und Instandhaltungsbereich zu übernehmen. Um die Anwendung der Technologie trotz dieser Rollenänderungen im Berufsalltag sicherstellen zu können, müssen die Anwender beider Gruppen frühzeitig für die Nutzung qualifiziert werden. Ziel ist es, die Expertise der bisherigen Beschäftigten im Bereich der Wartung und Instandhaltung am Hauptstandort in Detmold zu konzentrieren und das Wissen im Bereich der Wartung und Instandhaltung an den internationalen Standorten über die Vermittlung des Assistenzsystems weiter auszubauen. Die Qualifizierungsbedarfe sowohl für die Anwendung des Assistenzsystems als auch für die Wartung und Instandhaltung komplexer Maschinen muss rollenspezifisch diagnostiziert werden. Die Ergebnisse dieser Analyse sollen anschließend für eine nachhaltige Aus- und Weiterbildung in Personalentwicklungs- und Personalauswahlprozessen berücksichtigt werden. Neben der Qualifizierung der Beschäftigten wirkt sich die Einführung mobiler Technologien auf die Arbeitsgestaltung aus und kann positive Effekte auf die Work-Life-Balance und den Arbeitseinstellungen erzielen.

6.1.2 Work-Life-Balance und Arbeitseinstellungen

Die Umsetzung von Internationalisierungsstrategien bieten Organisationen wie Weidmüller betriebswirtschaftliche Vorteile und stärken somit die Wettbewerbsfähigkeit des Unternehmens. Über je mehr nationale und internationale Produktionsstandorte das Unternehmen verfügt, desto höher ist der Reisebedarf für Fachexperten, die nicht an jedem Standort verfügbar sein können. Da im Bereich der Wartung und Instandhaltung die notwendige Kompetenz nur am Hauptsitz von Weidmüller in Detmold verfügbar ist, müssen bislang Dienstreisen in die weiteren Werke unternommen werden, um diese

Aufgaben übernehmen zu können. Die oftmals mehrtägigen Auslandsaufenthalte wirken sich bei den betroffenen Kompetenzträgern auf die Work-Life-Balance aus und beeinflusst neben dem Berufs- auch das Privatleben der Beschäftigten. Um die Anzahl und die Dauer an Dienstreisen zu reduzieren, bietet der Einsatz mobiler Technologien wie Tablets oder Datenbrillen Unterstützung im Bereich Wartung und Instandhaltung. Die Kompetenzträger können über diese Technologien unerfahrene Personen anleiten und diese dazu befähigen, das eigene Tätigkeitsfeld durch Aufgaben aus dem Bereich der Wartung und Instandhaltung zu erweitern. Der prozentuale Reiseanteil der Arbeitszeit dieser Kompetenzträger verringert sich dadurch bedeutsam, wodurch Beanspruchungen für das Privatleben der Beschäftigten maßgeblich verringert werden können. Das Verringern dieser Beanspruchungen soll sich nachhaltig auf die Arbeitseinstellungen (z. B. Motivation, Zufriedenheit, Unternehmensbindung) auswirken.

Diejenigen Beschäftigten, die durch die Nutzung des Assistenzsystems dazu befähigt werden, neue Aufgaben zu übernehmen, erfahren eine Erweiterung ihres Tätigkeitsfelds. Diese Erweiterung kann positiven Einfluss auf Arbeitseinstellungen (z. B. Motivation, Zufriedenheit, Unternehmensbindung) nehmen. Beide Personengruppen profitieren demnach vom Einsatz mobiler Technologien im Bereich der Wartung und Instandhaltung.

Mittel- bis langfristig ist davon auszugehen, dass diese positive Wahrnehmung dieser Effekte sinken wird, da im Generationswechsel die vorherige Situation nicht mehr erlebt wurde beziehungsweise nicht einmal mehr bekannt ist. Zukünftig muss beachtet werden, dass die digitale Unterstützung von den Kompetenzträgern nicht in eine negative Wahrnehmung umkehrt, indem die Tätigkeit als eine monotone Call-Center ähnliche Aufgabe betrachtet wird. Um diese möglichen negativen Auswirkungen zu untersuchen, bot sich eine prospektive arbeitspsychologische Untersuchung der Arbeitsgestaltung an.

6.1.3 Arbeitsplatzgestaltung und Arbeitskomfort

Der Einsatz mobiler Endgeräte führt bei beiden Anwendergruppen zwangsläufig zu einer Änderung der Arbeitstätigkeit. Die Änderungen der Tätigkeit können über Kriterien der Arbeitsgestaltung sichtbar und messbar gemacht werden. Die durch die Nutzung der Technologie resultierenden Potentiale und Chancen im Bereich der Arbeitsgestaltung gilt es zu beachten und die Technologie an die Bedarfe der Beschäftigten anzupassen. Diese Bedarfe können insbesondere durch die Messung der Erwartungen und Befürchtungen der Beschäftigten an die Technologie prospektiv sichtbar gemacht werden und in Bezug zur Arbeitsmotivation, der Zufriedenheit und dem subjektivem Stresserleben der Beschäftigt gesetzt werden. Bei der Einführung der Technologie in den Arbeitsalltag der Kompetenzträger sowie dem ausführenden Personal sollen die Erkenntnisse dieser Messung beachtet werden, um bei der Implementierung einen größtmöglichen Nutzen für die Beschäftigten und somit auch für Weidmüller erzielen zu können.

6.2 Zielsetzung und Konzeption

Das vorliegende Projekt hat die Anwendung und Auswirkung von mobilen Assistenzsystemen im Bereich der Wartung und Instandhaltung am Beispiel von Weidmüller als international agierendes Unternehmen untersucht. Für die Untersuchung der Auswirkungen wurden die Anwender der neuen Technologie als relevante Zielgruppe ausgemacht, da diese maßgeblich für die erfolgreiche Einführung technischer Systemlösungen verantwortlich sind.

Um die Anwendung und Auswirkungen von mobilen Assistenzsystemen untersuchen zu können, müssen in einem ersten Schritt innovative und unternehmensrelevante Einsatzszenarien der neuartigen Technologien in den bestehenden Arbeitsprozessen konzipiert werden. Diesen Szenarien kommt in dem vorliegenden Projekt ein hoher Stellenwert zu, da diese die Grundlage für alle weiteren Untersuchungen zur Kompetenzermittlung, der Work-Life-Balance sowie der Auswirkung auf die Arbeitsgestaltung darstellen. Die mobile Technologie sollte in den entwickelten Szenarien so eingesetzt werden, dass die Kompetenzen von Experten am Standort von Weidmüller in Detmold mithilfe der Technologie auf weitere Personen an internationalen Standorten übertragen werden können, um diese dazu zu befähigen, ihr Aufgabenspektrum zu erweitern. Durch Szenarien dieser Art können zwei Problemstellungen im Prozessablauf der Wartung und Instandhaltung gelöst werden. Kompetenzträger am Standort Deutschland können auch ohne Reisezeit international arbeiten. Durch den Wegfall von Reisezeiten können die Arbeitszeiten dieser Kompetenzträger effizienter genutzt werden. Durch den Einsatz des Assistenzsystems lassen sich nicht alle Dienstreisen verhindern, eine bedeutsame Reduktion dieser Dienstreisen wird jedoch angestrebt. Zum anderen können Personen an internationalen Standorten ihr Aufgabenspektrum erweitern und neuartige Aufgaben übernehmen.

Die Erweiterung des Aufgabenspektrums sowie die Übernahme neuartiger Aufgaben erfordern von den Beschäftigten andere Kompetenzen, um auch weiterhin beruflich erfolgreich und handlungsfähig zu bleiben. Diese Kompetenzerfordernisse zur Nutzung der mobilen Endgeräte müssen zielgruppen- und szenariospezifisch über Befragungen ermittelt werden. In diesen Befragungen gilt es, Mitglieder der relevanten Stakeholdergruppen mit einzubeziehen, um möglichst umfassende Kompetenzen i. S. von Fähigkeiten, Fertigkeiten, Wissen sowie Einstellungen zu sammeln, die für die erfolgreiche Erledigung von Arbeitsaufgaben in den neuen Arbeitssituationen und mit dem Einsatz der mobilen Endgeräte benötigt werden. Darüber hinaus bieten sich diese Befragungen dazu an, die szenariospezifischen Änderungen der Arbeitsgestaltung über die Abfrage der Erwartungen und Befürchtungen der Beschäftigten gegenüber dem Einsatz der neuen Technologie zu ermitteln. Die Ergebnisse dieser Befragung können anschließend für Personalentwicklungs- sowie Personalauswahlmaßnahmen genutzt werden. Um die Potentiale der Technologienutzung vollkommen ausschöpfen zu können, bieten die Ergebnisse dieser Befragung auch die Grundlage für gezielte Maßnahmen im betrieblichen Veränderungsprozess, wodurch die Erwartungen der Beschäftigten bei der Umsetzung miteinbezogen und die Technologie an die Bedarfe der Zielgruppen angepasst werden können.

Ganzheitlich betrachtet sollte daher ein Nutzen des Projekts für die Beschäftigten und das Unternehmen durch die Erreichung folgender Ziele sichtbar werden:

- Verbesserung der Work-Life-Balance der Beschäftigten durch reduzierten Dienstreiseaufwand
- Entwicklung anforderungsgerechter Kompetenzen der Beschäftigten an internationalen Standorten
- Identifikation der Potentiale kooperativer Arbeitsprozesse durch die Nutzung mobiler technischer Systeme
- Identifikation von Schulungsbedarf und Ableitung von Schulungsmaßnahmen für die Beschäftigten zum Einsatz der mobilen Endgeräte
- Reduktion von Stillstandzeiten der Produktionsanlagen durch Instandsetzung und Wartung
- Konzentration der Kompetenzen für internationale Wartung von Maschinen und Werkzeugen am Standort Detmold

Um diese Ziele zu erreichen, ist die Einbindung aller relevanten Akteure im Unternehmen notwendig. Neben den direkten Anwendern der Technologie sollen auch Führungskräfte sowie Arbeitnehmervertreter in den Veränderungsprozess einbezogen und die jeweiligen Interessen der Stakeholder berücksichtigt werden. Ohne die Einbindung dieser Zielgruppen ist die erfolgreiche Umsetzung des Projektvorhabens gefährdet.

6.3 Realisierung

6.3.1 Erstellung Anwendungsszenarien

Die in im Folgenden beschriebenen Szenarien sind für das Unternehmen Weidmüller geplante Anwendungsbereiche für den Einsatz mobiler technischer Systemlösungen in Form von Datenbrillen im betrieblichen Wartungs- und Instandhaltungsbereich.

Szenario Remote Support
Stellen Sie sich vor, dass Sie während der Instandhaltung einer Maschine auf einen Sachverhalt stoßen, der nicht durch das Personal vor Ort gelöst werden kann. Üblicherweise reiste ein Mitarbeiter an, um die Maschine wieder in Stand zu setzen, was einige Zeit kostete. Nun könnte der Einsatz der Datenbrille den Prozess beschleunigen. Durch das Aufsetzen der Datenbrille können Sie von

Kollegen an anderen Standorten kurzfristig unterstützt werden. Da die Datenbrille über eine Kamera verfügt, wird das Bild, das Sie sehen und somit auch der Sachverhalt an die Kollegen an anderen Standorten übertragen. Es ist zudem möglich Skype-Telefonate und Videounterhaltungen zu führen. Der Bild Ihres Gesprächspartners wird für Sie über die Datenbrille eingeblendet. Auf diese Weise werden unsere bereits vorhandenen Kommunikationsstrukturen genutzt. Gemeinsam mit Experten an anderen Standorten können Sie eine Lösung erarbeiten.

Der Szenario Remote Support wurde sowohl für die Abfrage der Erwartungen und Befürchtungen in Abschn. 6.3.2 sowie für die Erstellung des Anforderungsprofils in Abschn. 6.3.3 im weiteren Verlauf des Projekts genutzt.

Szenario Information Augmented Reality
Stellen Sie sich vor, dass Sie während der Instandhaltung einer Maschine durch eine Datenbrille Anweisungen und Informationen zur Maschine und den anstehenden Arbeitsschritten erhalten. Diese Informationen werden Ihnen direkt im Blickfeld angezeigt. Das Blättern in Handbüchern entfällt und Sie haben bei der Aufgabenerledigung beide Hände frei. Die Datenbrille erkennt über Marker automatisch, wenn Sie vor der Maschine stehen und stellt Ihnen die erforderlichen Informationen als eingeblendetes Bild zur Verfügung. Dadurch ist es möglich, zusätzliche Informationen bei Bedarf auszuwählen. Es ist technisch sogar möglich, erklärende Videos in das zugrunde liegende IT-System einzubetten, sodass Sie diese über die Brille an der Maschine auswählen und abspielen können. Zudem können Parameter für zusätzliches Equipment an der Maschine visualisiert und weitere Informationen zur Konfiguration der Maschine eingeblendet werden. Der Einsatz der Datenbrille ermöglicht es Ihnen auf eine Wissensdatenbank zuzugreifen und papierlos zu arbeiten, ohne Ihre Hände von der Maschine lösen zu müssen.

Das Szenario Information Augmented Reality wurde für die Abfrage der Erwartungen und Befürchtungen im Verlauf des Projekts genutzt.

6.3.2 Abfrage Erwartungen und Befürchtungen der Datenbrillennutzer

Nachdem die Anwendungsszenarien erstellt wurden und eine passende Technologie für diese Anwendungsszenarien ausgewählt wurde, wurden anschließend die Beschäftigten als zukünftiger Nutzer der Technologie aktiv in den Projektverlauf mit einbezogen. Um eine erfolgreiche Umsetzung der Projektinhalte garantieren und die spätere Anwendung im Arbeitsalltag gewährleisten zu können, muss eine Technologie so gestaltet sein, dass die Ansprüche der Beschäftigten im Prozess berücksichtigt werden. Die Ansprüche der Beschäftigten wurden über Kriterien der Arbeitsgestaltung gemessen, die nachweislich eine Auswirkung auf die Arbeitseinstellung der Beschäftigten haben (Humphrey et al. 2007). Kriterien der Arbeitsgestaltung können in

a) motivationale Kriterien, z. B. Autonomieerleben, Aufgabenvielfalt, Komplexität der Tätigkeit oder Feedback,
b) soziale Kriterien, z. B. Feedback durch Kollegen oder soziale Unterstützung sowie
c) Kriterien des Arbeitskontexts, z. B. Ergonomie am Arbeitsplatz, physische Beanspruchung oder Arbeitsbedingungen

unterschieden werden. Diese Kriterien wirken sich auf die Arbeitseinstellung der Beschäftigten im Sinne von

a) Arbeitsverhalten, z. B. subjektive und objektive Arbeitsleistung, Fehlzeiten oder Kündigungsabsichten
b) Einstellungen, z. B. Zufriedenheit mit der Tätigkeit, dem Vorgesetztem oder den Kollegen,
c) Rollenwahrnehmung, z. B. interne Rollenkonflikte, Rollenambiguität sowie
d) Wohlbefinden, z. B. Stresserleben, Überlastung oder Burnout

aus. Um das Potenzial des Assistenzsystems vollkommen auszuschöpfen und mögliche negative Auswirkungen auf die Beschäftigten frühzeitig zu diagnostizieren, wurden auf Grundlage der Ergebnisse von (Humphrey et al. 2007), die Kriterien der Arbeitsgestaltung über die Erwartungen und Befürchtungen der Beschäftigten gemessen. Auf Grundlage des etablierten Work Design Questionnaires (Morgeson und Humphrey 2006; Stegmann et al. 2010) wurde der Originalfragebogen an die Projektinhalte angepasst. Die Erwartungen und Befürchtungen der Beschäftigten gegenüber den Szenarien Remote Support sowie Information Augmented Reality wurden über eine quantitative Fragebogenerhebung gemessen. Die Teilnehmenden bewerteten, in welchem Ausmaß sie erwarten und befürchten, dass die Umsetzung der Szenarien, einen Einfluss auf die Kriterien der Arbeitsgestaltung haben. Je höher eine Erwartung ausgeprägt ist, desto positiver wirkt sich die Umsetzung des Szenarios auf das jeweilige Kriterium der Arbeitsgestaltung aus. Je höher eine Befürchtung gegenüber einem Kriterium der Arbeitsgestaltung ausgeprägt ist, desto negativer wirkt sich das Szenario auf die Wahrnehmung der Beschäftigten aus. In Tab. 6.1 sind die drei am höchsten bewerteten Erwartungen der Beschäftigten, nach Szenarien aufgeteilt, dargestellt. Die Beschäftigten erwarten, dass die Umsetzung der jeweiligen Szenarien sich positiv auf den Austausch mit Kollegen, das Lösen von Problemen, den Einsatz von neuen Kompetenzen, den Umgang mit Informationen, die zeitliche Planbarkeit die Aufgabenvielfalt sowie die Komplexität der Aufgabe auswirkt. Bei der konkreten Umsetzung des Szenarios ist demnach zu beachten, dass die Erwartungen tatsächlich erfüllt werden, um positive Arbeitseinstellungen der Beschäftigten zu erhalten.

Tab. 6.1 Top 3 Erwartungen nach Szenarien aufgeteilt

	Remote Support	Information Augmented Reality
1	Austausch mit Kollegen	Aufgabenvielfalt
2	Problemlösen	Austausch mit Kollegen
3	• Einsatz neuen Kompetenzen • Umgang mit Informationen • Zeitliche Planbarkeit (alle drei Kriterien wurden gleich hoch bewertet)	Komplexität der Aufgabe

Ergebnisse der quantitativen Fragebogenbewertung durch die Beschäftigten, hinsichtlich der Erwartungen an Kriterien der Arbeitsgestaltung bei Umsetzung des jeweiligen Szenarios

Tab. 6.2 Top 3 Befürchtungen nach Szenarien aufgeteilt

	Remote Support	Information Augmented Reality
1	Gefährdung des Arbeitsplatzes	Austausch mit Externen
2	Schulungsaufwand	Schulungsaufwand
3	Austausch mit Externen	Komplexität der Tätigkeit

Ergebnisse der quantitativen Fragebogenbewertung durch die Beschäftigten, hinsichtlich der Befürchtungen an Kriterien der Arbeitsgestaltung bei Umsetzung des jeweiligen Szenarios

In Tab. 6.2 sind die drei am höchsten bewerteten Befürchtungen der Beschäftigten, nach Szenarien aufgeteilt, dargestellt. Die Beschäftigten erwarten somit, dass sich die Szenarien negativ auf die Gefährdung des Arbeitsplatzes, den Schulungsaufwand, den Austausch mit Experten sowie die Komplexität der Tätigkeit auswirken. Bei der konkreten Umsetzung ist demnach zu beachten, dass auf die Befürchtungen der Beschäftigten eingegangen wird. Sofern sich das Assistenzsystem anpassen lässt, können so Änderungen an der Wahrnehmung der Arbeitsgestaltung vorgenommen werden. Darüber hinaus können die Beschäftigten über Personalentwicklungsmaßnahmen für die Nutzung der neuen Technologien geschult werden. Zudem können Arbeitgeber in Zusammenarbeit mit Arbeitnehmervertretern die Umsetzung dieser Szenarien beschäftigtengerecht begleiten.

Die Unterschiede der Erwartungs- und Befürchtungsbewertung zwischen den Szenarien verdeutlicht zudem, dass die Auswirkungen der Einführung einer neuen Technologie auf die Beschäftigten nicht maßgeblich durch die Technologie selbst, sondern durch den spezifischen Einsatz dieser Technologie bestimmt werden. Demnach ist bei zukünftigen Technologieeinführungen, wie z. B. dem Einsatz einer Datenbrille, immer das Gesamtszenario zu beachten.

6.3.3 Erstellung Anforderungsprofil

Zur Identifizierung der geänderten Qualifikationserfordernisse wurde eine Anforderungsanalyse mit den Anwendern der Datenbrille durchgeführt. Die Vorgehensweise dieser Anforderungsanalyse richtete sich an das Task Analysis Tools (TAToo) (Koch 2012). Das TAToo ist eine Methode, welche auf Basis der Critical Incident Technique (Flanagan 1954) entwickelt und erweitert wurde. Ziel des TAToo ist es sowohl wissenschaftlichen als auch praktischen Ansprüchen am Verfahren der Anforderungsanalyse gerecht werden. Das TAToo kombiniert sowohl erfahrungsgeleitet-intuitive Ansätze als auch arbeitsanalytische Ansätze der Anforderungsanalyse (Koch 2012) und bietet durch das hohe Maß an Strukturierung und – soweit möglich – auch Standardisierung ein Instrument, was auch von einem Personenkreis ohne ausführliche Erfahrung durchgeführt werden kann. Das Ziel des TAToo ist es, die Charakteristika einer Person, Stelle, Tätigkeit, die erfolgsentscheidend für das Erreichen der Ziele eines Unternehmens sind, zu ermitteln. Im vorliegenden Projekt wurde aufgrund der Tatsache, dass die Datenbrille als technisches Assistenzsystem noch nicht in den Arbeitsalltag integriert wurde, das TAToo durch die prospektive Arbeitssituations- und Qualifikationsermittlung erweitert. Das Anforderungsprofil des Datenbrillenanwenders wurde durch die folgenden drei Schritte ermittelt.

6.3.3.1 Strukturierte Interviews

Insgesamt wurden vier strukturierte Interviews mit Beschäftigen durchgeführt. Da durch Stelleninhaber die derzeitige Arbeitssituation in Interviews sowie durch die Vorgesetzten die zukünftigen Arbeitssituationen genauer eingeschätzt werden können (Heider-Friedel et al. 2006), wurden drei dieser Interviews mit späteren Anwendern der Datenbrille sowie ein weiteres Interview mit dem Gruppenleiter dieser Anwender durchgeführt. Ziel der strukturierten Interviews war es, umfassende Informationen zu den Tätigkeiten zu erhalten. So wurden im ersten Teil der Interviews Ziele, Aufgaben und Verantwortlichkeiten der Beschäftigten abgefragt. Im folgenden Teil wurden die Interviewpartner nach Fähigkeiten, Fertigkeiten, Wissen sowie weiteren Qualifikationen befragt, die für die erfolgreiche Ausführung der Tätigkeit benötigt werden und dementsprechend für Kompetenzen stehen, über die eine Person verfügen muss, um diese Tätigkeit erfolgreich auszuführen. Im dritten und vierten Teil wurden Informationen zu gegenwärtigen sowie zukünftigen erfolgskritischen Situationen sowie den konkreten Verhaltensweisen der Stelleninhaber in diesen Situationen erfragt. Insbesondere die gewonnenen Auskünfte der Teile zwei bis vier des Interviews bildeten die inhaltliche Grundlage für die weiteren Schritte der Anforderungsanalyse.

6.3.3.2 Clusterung der Informationen

Die durch die strukturierten Interviews gewonnenen Informationen wurden im anschließenden Schritt ausgewertet. Dazu wurden in einem ersten Schritt die aus Teil drei und vier des Interviews genannten Verhaltensweisen qualitativ geprüft und zu inhaltlich passenden Verhaltensgruppen geordnet. Anschließend wurden die Kompetenzen im

Sinne der Fähigkeiten, Fertigkeiten, Wissensaspekte sowie Qualifikationen aller Interviews gesichtet und auf Passung zu den zuvor erstellten Verhaltensclustern verglichen. Sofern eine inhaltliche Passung zwischen der Sammlung von Verhaltensweisen sowie einem Kompetenzbegriff vorlag, wurden diese beiden Teile kombiniert. Sofern für Verhaltenscluster keine inhaltlich passende Kompetenz in den Interviews genannt wurde, wurden diese Cluster erneut geprüft, um anschließend einen Kompetenzbegriff durch Sichtung stellenrelevanter Literatur zuordnen zu können. Als Ergebnis aus diesem Schritt hat man eine Sammlung von Kompetenzen erhalten, die durch die untergeordneten Verhaltensweisen inhaltlich als stellenrelevant begründet werden können. Um das Ausmaß an Bedeutsamkeit jeder der in Schritt zwei gefunden Kompetenzen zu ermitteln, wurden im nächsten Schritt die Kompetenzen mittels eines Fragebogens erneut den Stellenexperten vorgelegt.

6.3.3.3 Wichtig- und Häufigkeitsbewertung der ermittelten Anforderungen

Zur Erstellung des finalen Anforderungsprofils, wurde die Bedeutsamkeit der zuvor ermittelten Kompetenzen für die zukünftige Tätigkeit im letzten Schritt über eine quantitative Fragebogenerhebung erfasst. Die als Ergebnis aus dem vorherigen Arbeitsschritt ermittelten Kompetenzen mussten hinsichtlich ihrer Wichtigkeit sowie Häufigkeit für die zukünftige Tätigkeit auf einer fünfstufigen Likertskala von eins „gar nicht wichtig/häufig" bis zu fünf „sehr wichtig/häufig" eingeschätzt werden. Um zu gewährleisten, dass alle Personen sich hinsichtlich der zukünftigen Tätigkeit auf demselben Kenntnisstand befinden, wurde folgende Szenariobeschreibung in dieser Befragung genutzt.

Szenariobeschreibung für Wichtig- und Häufigkeitsbewertung
In Zukunft werden in Ihrem Arbeitsbereich neue Technologien eingesetzt.
Robotertechnik bestückt beispielsweise die Maschinen und nimmt Ihnen körperlich schwere oder monotone Aufgaben ab.
Eine Datenbrille ermöglicht es, Kollegen aus der Instandhaltung oder an einem anderen Standort zu kontaktieren und mit ihnen zu kommunizieren. So ist es möglich, sich unmittelbar und auf schnellem Wege bei Problemen unterstützen zu lassen.
Darüber hinaus werden Werkzeuge mit einem Datensatz – z. B. über RFID – versehen, der durch die Maschine eingelesen wird. Die vordefinierten Parameter des Spritzgießvorgangs werden dann an die Maschine geschickt. Dies erspart einige Arbeitsschritte.
Maschinen werden vernetzt und über digitale Hilfsmittel, beispielsweise mit mobilen Endgeräten, kann eine Steuerung der Produktion stattfinden. Dies ermöglicht papierloses Arbeiten – auch in der Fertigung.

Zum Personenkreis, die an dieser Fragebogenerhebung teilgenommen haben, zählen Experten der jeweiligen Tätigkeit, z. B. direkte Stelleninhaber, Vorgesetzte sowie alle weiteren Personen, die in direkter Interaktion mit Stelleninhabern stehen. Insgesamt haben 25 Personen die Befragung beantwortet. Nachdem alle Teilnehmenden die Kompetenzen hinsichtlich Wichtigkeit und Häufigkeit eingeschätzt haben, wurden zur Ermittlung des Anforderungsprofils in einem ersten Schritt die Mittelwerte jeder

Tab. 6.3 Finales Anforderungsprofil für die Tätigkeit Remote Support

Rangplatz	Anforderung	Produkt aus Wichtigkeit und Häufigkeit
1	Gewissenhaftigkeit	21,00
2	Analytisches Denken	19,41
3	Teamfähigkeit	18,04
4	Belastbarkeit	17,65
5	Hilfsbereitschaft	17,30
6	Lernbereitschaft	16,78
7	Eigeninitiative	16,52
8	Fachkompetenz	15,84
9	Problemlösefähigkeit	15,78
10	Soziale Empathie	15,43
11	Kommunikationsfähigkeit	14,99
12	Fachwissen	14,98
13	Offenheit für Neues	14,87
14	Flexibilität	13,35
15	Planungsfähigkeit	12,70
16	Führungskompetenz	11,87

Je größer der Wert des Produkts aus Wichtigkeit und Häufigkeit, desto höher die Bedeutsamkeit der Anforderung für die Tätigkeit. Das Produkt kann eine Minimalausprägung von 1 und eine Maximalausprägung von 25 erlangen

Kompetenz für Wichtigkeit und Häufigkeit berechnet. Anschließend wurden aus diesen Mittelwerten die Produkte erstellt. Gemäß der fünfstufigen Skalierung konnten die Mittelwerte eine Minimalausprägung von eins und eine Maximalausprägung von fünf erhalten. Demnach konnten die Produkte, welche die zusammengefasste Bedeutsamkeit der jeweiligen Kompetenz darstellt, Werte von 1–25 annehmen. Grundsätzlich gilt, je größer das Produkt aus Wichtigkeit und Häufigkeit, desto bedeutsamer ist diese Kompetenz für die erfolgreiche Ausübung der Tätigkeit. In Tab. 6.3 ist das finale Anforderungsprofil für die Nutzung der Augmented Reality-Datenbrille im Szenario Remote Support abgebildet, in dem alle Kompetenzen aufgelistet sind, über die eine Person verfügen sollte, um im dargestellten Anwendungsszenario beruflich handlungsfähig zu sein.

6.4 Erfahrungen

Während der Projektlaufzeit haben wir zahlreiche Erfahrungen beim Implementierungsprozess mobiler Endgeräte, wie z. B. Datenbrillen, gemacht, die als Empfehlungen für andere Unternehmen dienen können, welche sich mit dem Einsatz mobiler Technologien in vorhandene Prozesse beschäftigen. Aus wissenschaftlicher Perspektive hat sich die frühzeitige und transparente Kommunikation des Vorhabens mit den relevanten Stakeholdern als notwendig und äußerst projektdienlich erwiesen. Während des Projekts wurden aus diesem Grund unterschiedliche Formen der Kommunikation und Einbindung der Beschäftigten gewählt, z. B. Treffen der Beschäftigungsteams direkt am Arbeitsplatz, große Mitarbeitertreffen, Flyer und Firmenzeitungsartikel. Weiterhin ist es wichtig, dass die Kommunikation nicht nur informativ und von hierarchisch höhere Ebenen nach unten ist, sondern auch den Charakter eines Dialogs hat, um die allgemeine Stimmung bezüglich Veränderungen zu ermitteln, wodurch maßgeblich auf das Projekt eingewirkt sowie die Technologie verbessert und an die Bedarfe der Beschäftigten angepasst werden kann (Paruzel et al. 2020). Weiterhin ist zu empfehlen, dass während des Projektzeitraums die neuartige Technologie von den Beschäftigten frühzeitig gesichtet und getestet werden können. Insbesondere den Befürchtungen der Beschäftigten können so aktiv entgegengesteuert werden. Zweifel der Beschäftigten lassen sich über das Ausprobieren der Technologie überwinden. Um Daten zu Erwartungen und Befürchtungen bezüglich der Verwendung der neuen Technologie zu sammeln, haben sich in produktionsnahen Unternehmensbereichen klassische Papier-Bleistift-Fragebögen als sehr geeignet erwiesen. Die Ergebnisse dieser Befragungen waren sehr wertvoll für die Anpassung der Technologie während des Implementierungsprozesses sowie der Arbeitsgestaltung im Allgemeinen. Die frühzeitige Ermittlung von Kompetenzbedarfen, die sich aus der Implementierung neuer Technologien ergeben, hilft zukünftige Aus- und Weiterbildung strategisch und früh genug zu planen, damit die Beschäftigten für den Einsatz der Technologie vorbereitet sind. Eine partnerschaftliche Zusammenarbeit mit dem Betriebsrat während der kompletten Projektlaufzeit ist empfehlenswert. Die Beschäftigten vertrauen dem Betriebsrat als Interessenvertretung. Durch die Beteiligung des Betriebsrats am Projekt, unterstützt dieser Veränderungsprozesse im Unternehmen deutlich.

Literatur

Flanagan J (1954) The critical incident technique. Psychol Bull 51:327–358
Heider-Friedel C, Strobel A, Westhoff K (2006) Anforderungsprofile zukunftsorientiert und systematisch entwickeln – Ein Bericht aus der Unternehmenspraxis zur Kombination des Bottom-up- und Top-down-Vorgehen bei der Anforderungsanalyse. Wirtschaftspsychologie 1:23–31
Humphrey S, Nahrgang J, Morgeson F (2007) Integrating motivational, social, and contextual work design features: a meta-analytic summary and theoretical extension of the work design literature. J Appl Psychol 92:1332–1356
Koch A (2012) Task-Analysis-Tools (TAToo). Pabst Science, Lengerich
Morgeson F, Humphrey S (2006) The Work Design Questionnaire (WDQ): developing and validating a comprehensive measure for assessing job design and the nature of work. J Appl Psychol 91:1321–1339

Paruzel A, Bentler D, Schlicher K, Nettelstroth W Maier GW (2020) Employee first, technology second: Implementation of smart glasses in a manufacturing company. Zeitschrift für Arbeits- und Organisationspsychologie, 64(1):46–57. https://doi.org/10.1026/0932-4089/a000292

Stegmann S, van Dick R, Ullrich J, Charalambous J, Menzel B, Egold N, Wu T (2010) Der Work Design Questionnaire. Zeitschrift für Arbeits-und Organisationspsychologie 54:1–28

Arbeit4.0@Hettich – Berufliche Handlungskompetenz in der Umsetzung des Auftragsdurchlaufs von morgen

Katharina Schlicher, Dominik Bentler, Agnieszka Paruzel und Günter W. Maier

Inhaltsverzeichnis

7.1 Ausgangssituation und Problemstellung 94
    7.1.1 Konkretisierung des Forschungsvorhabens 94
    7.1.2 Wissenschaftlicher Forschungsstand im Themengebiet 96
7.2 Zielsetzung und Konzeption 97
    7.2.1 Zielsetzung des Projekts 97
    7.2.2 Methode der Arbeits- und Anforderungsanalyse 99
7.3 Realisierung 101
    7.3.1 Ermittlung der berufs- und abteilungsspezifischen Kompetenzanforderungen im Interview 102
    7.3.2 Gestaltung von Workshops zur Szenariengenerierung 103
    7.3.3 Fragebogenerhebung zur Ermittlung der Ist-Soll Abweichung 107

Wir danken Kai Breiter und Ali Ülker von Hettich für die konstruktive Zusammenarbeit in der erfolgreichen Umsetzung des Projekts Arbeit4.0@Hettich.

K. Schlicher (✉) · D. Bentler · A. Paruzel · G. W. Maier
Universität Bielefeld, Arbeits- und Organisationspsychologie, Bielefeld, Deutschland
E-Mail: katharina.schlicher@uni-bielefeld.de

D. Bentler
E-Mail: dominik.bentler@uni-bielefeld.de

A. Paruzel
E-Mail: a.paruzel@uni-bielefeld.de

G. W. Maier
E-Mail: ao-psychologie@uni-bielefeld.de

© Springer-Verlag GmbH Deutschland, ein Teil von Springer Nature 2022
R. Dumitrescu (Hrsg.), *Gestaltung digitalisierter Arbeitswelten*, Intelligente Technische Systeme – Lösungen aus dem Spitzencluster it's OWL,
https://doi.org/10.1007/978-3-662-58014-1_7

7.4 Erfahrungen 113
    7.4.1 Verwertbarkeit der Projektergebnisse im Unternehmen Hettich und in der Forschung.. 113
    7.4.2 Gestaltung des Veränderungsprozesses der Einführung intelligenter und vernetzter Systeme 115
    7.4.3 Fazit 118
Literatur... 119

7.1 Ausgangssituation und Problemstellung

7.1.1 Konkretisierung des Forschungsvorhabens

Die Nachhaltigkeitsmaßnahme Arbeit4.0 des Technologieclusters it's OWL entwickelte sich aus der Prämisse, die *nachhaltige* Gestaltung von Arbeit in der Digitalisierung zu begleiten und zu erforschen. Nachhaltigkeit kann je nach Wortgebrauch eine unterschiedliche Akzentuierung setzen: die Gestaltung unternehmerischen Handelns nach ökonomischen (z. B. Verbesserung der Wirtschaftlichkeit), ökologischen (z. B. Umweltverträglichkeit und Nutzung regenerativer Ressourcen) oder sozialen Maßstäben (z. B. Sozialverträglichkeit) (Corsten und Roth 2011). Im Rahmen des in diesem Beitrag vorgestellten Projekts wurde der Fokus auf die sozialverträgliche, mitarbeitergerechte Gestaltung digitaler Arbeitsplätze gelegt und die Beantwortung der Frage „Wie kann Arbeit unter Bedingungen der Digitalisierung weiterhin motivierend sowie kompetenz- und gesundheitsförderlich gestaltet werden?" angestrebt. Diese Forschungsfrage wurde in die Erhebung dreier Forschungsschwerpunkte übersetzt: a) Analyse der Arbeitsgestaltung digitalisierter Arbeitsplätze, b) Analyse des Qualifizierungsbedarfs der Beschäftigten bei der Arbeit an digitalisierten Arbeitsplätzen und c) Begleitung des Change Management für die Einführung neuer Technologien für die Erarbeitung von Handlungsempfehlungen. In den weiteren Ausführungen dieses Kapitels wird auf die Zielsetzung, die Realisierung und den Erfahrungsgewinn der vorliegenden Forschung eingegangen.

    Technologische Innovationen werden in der Forschungspraxis sowie in den bisherigen Transferprojekten des it's OWL-Clusters aus einer technologisch-dominierenden Perspektive betrachtet. Insbesondere wird ein Fokus auf die Entwicklung intelligenter und technischer Systeme auf Basis der Bedürfnisse der produzierenden Unternehmen gelegt, z. B. die Entwicklung von Smart Glasses zur Darstellung komplexer Prozessabläufe für die Beschäftigten in der Produktion (Fraunhofer-Institut für Produktionstechnologie IPT 2015). Die praktische Erfahrung der Unternehmen bei der Einführung dieser technischen Neuerung zeigt, in Übereinstimmung mit der Forschung zu früheren Technologieeinführungsprozessen (Spanos et al. 2002), dass es für eine erfolgreiche Technologieeinführung nicht ausreicht, allein die technologischen Anforderungen zu betrachten. Unternehmen bilden komplexe Systeme, in der die Modulierung eines

Bausteins, hier der Technologie, Veränderungen in den Unternehmensstrukturen und -vereinbarungen (Organisation) sowie für die im Unternehmen beschäftigten Mitarbeiterinnen und Mitarbeiter (Mensch) nach sich zieht. Diese Erkenntnis steht in Einklang mit den Annahmen des soziotechnischen Systemansatzes (Ulich 2011). Insbesondere Mitarbeiter, die mit den neuen Technologien arbeiten sollen, müssen ihre Arbeitsaufgaben auf eine neue Art und Weise erledigen (z. B. entfallen zukünftig vor- und nachbereitende manuelle Tätigkeiten, wenn sie systemgesteuert erfolgen können) und daraus können sich neue Anforderungen ergeben (z. B. erhöhtes technisches Systemwissen).

Im Folgenden wird das Forschungsprojekt Arbeit 4.0@Hettich der Nachhaltigkeitsmaßnahme Arbeit4.0 des Technologieclusters it's OWL vertiefend dargestellt. Um den Herausforderungen der Digitalisierung für ihre Beschäftigten frühzeitig optimal begegnen zu können, strebte das Unternehmen Hettich in Zusammenarbeit mit der Arbeits- und Organisationspsychologie der Universität Bielefeld sowie der IG Metall und der gewerkschaftsnahen Unternehmensberatung Sustain Consult an, die Veränderungen durch die Digitalisierung zu untersuchen. Konkret wurde angestrebt, die Anforderungen an die Beschäftigten zu bestimmen, die die Einführung neuer Technologien an diese stellen, die Arbeit der Beschäftigten durch die Einführung intelligenter und technischer Systeme noch optimaler zu gestalten sowie den Veränderungsprozess bei der Technologieeinführung in Zusammenarbeit aller Interessengruppen des Unternehmens einzuleiten.

Der Möbelbeschlag-Hersteller Hettich ist einer der Marktführer auf dem Gebiet der Herstellung von Scharnieren, Schubkastensystemen, Auszugsführungen, Falt- und Schiebetürsystemen sowie weißer Ware. Der Firmenhauptsitz der etwa 6600 Beschäftigten befindet sich in Kirchlengern, Ostwestfalen-Lippe. Hettich verfolgt das Ziel der Einführung eines rein IT-basierten Auftragsabwicklungsprozesses von der Auftragsannahme über die Produktion bis zur Logistik. Das bedeutet, dass bereits die Auftragsannahme über einen Online-Shop erfolgen soll, standardisierte Aufträge systemgesteuert in die Produktion weitergeleitet werden und schließlich bis zur Rechnungsstellung autonom bearbeitet werden können. Im vorliegenden Projekt wurde folglich das Zusammenspiel verschiedener Technologien auf Qualifikationsanforderungen und Arbeitsgestaltung der Beschäftigten verschiedener Unternehmensbereiche untersucht. Das Ziel, das mit dieser IT-Prozessgestaltung verfolgt wurde, war die Verbesserung der Interaktion zwischen den Unternehmensgesellschaften und Bereichen und die Steigerung der Mitarbeiter- und Kundenzufriedenheit. Der Transformationsprozess der Technologieeinführungen sollte nachhaltig erfolgen, um die dauerhafte Anwendung der Prozesse und gleichzeitig die aktive Mitwirkung der Beschäftigten zu gewährleisten. Dies wurde über eine frühzeitige Gestaltung der Arbeitsplätze der Zukunft, der Zusammenarbeit von Mensch und Maschine und der Ermittlung des Qualifizierungsbedarfs realisiert.

7.1.2 Wissenschaftlicher Forschungsstand im Themengebiet

Zum Start des Projekts hatte die Forschungsliteratur die Themengebiete Kompetenzentwicklung und Arbeitsgestaltung in der Digitalisierung gerade erst aufgegriffen. In der internationalen Forschung wurden insbesondere die Rationalisierungseffekte auf dem Arbeitsmarkt in Folge der Aufgabenübernahme durch technische Systeme und ein daraus folgender verringerter Bedarf an Arbeitskräften postuliert (Frey und Osborne 2017). Mit entsprechender Sorge um Arbeitsplatzverluste wurden die Forschungsergebnisse in der Wissenschaft und Presse intensiv diskutiert (Diewald et al. 2018). Dies unter anderem gab Anlass, mit dem Grünbuch Arbeiten 4.0 des Bundesministeriums für Arbeit und Soziales (BMAS 2015) sowie mit dem Weißbuch Arbeit 4.0 (BMAS 2017) einen öffentlichen Diskurs über die Auswirkungen der Digitalisierung auf die Kompetenzentwicklung und Arbeitsverteilung in Deutschland zu eröffnen. Aktuelle Berechnungen über die Folgen des zunehmenden Robotereinsatzes auf den Arbeitsmarkt bestätigen die pessimistischen Schätzungen für Deutschland im Zeitverlauf von 1994 bis 2014, dass zwar der Einsatz von Robotern tatsächlich zum Verlust von Arbeitsplätzen in den Bereichen führen, in denen sie eingeführt wurden (Dauth et al. 2017). Der Verlust der Arbeitsplätze scheint aber weniger durch Entlassungen als vielmehr durch weniger Neueinstellungen zu entstehen. Alles in allem zeigen sich gesamtgesellschaftlich keine negativen Entwicklungen, weil in dem Ausmaß, indem Arbeitsplätze im verarbeitenden Gewerbe verloren gehen, neue im Dienstleistungssektor entstehen.

In der methodischen Herangehensweise dominierte in der Forschungsliteratur zu Projektstart die Befragung von Experten bezüglich ihrer Einschätzung der Kompetenz- und Arbeitsmarktveränderungen infolge der Einführung intelligenter und vernetzter Systeme in die Unternehmen (Acatech 2016; VDMA 2016). Für Veränderungen in den Qualifikationsanforderungen infolge der Einführung intelligenter und vernetzter Systeme sagten sie einen gesteigerten Bedarf an IT-Kompetenzen, bereichsübergreifenden Prozess-Knowhows, Kundenbeziehungsmanagement sowie Kompetenzen, der neuen Flexibilität von Produktion und Logistik zu begegnen, voraus (Acatech 2016). Der Ausprägungsgrad der benötigten Kompetenzen wird dabei stark diskutiert: Das Beispiel IT-Kompetenz zeigt, dass die Forderung nach IT-Kenntnissen der Beschäftigten von einfacheren Bedienungswissen zu komplexeren Modellierungs- und Administrationskenntnissen reicht. Weiterhin wird ein hoher Stellenwert den sozialen Fähigkeiten (z. B. Vermittlungsfähigkeit) beigemessen; zusätzlich werden personale Ressourcen wie der gewissenhafte Umgang mit Daten relevant (VDMA 2016). Die vorliegende Untersuchung erweitert dieses methodische Vorgehen insofern, als dass die tätigkeitsausführenden Mitarbeiter als Informationsquellen für die Veränderungen unternehmensindividueller, fachübergreifender Tätigkeitsanforderungen herangezogen wurden. Die Beschäftigten eines Unternehmens haben durch ihre Nähe zur Tätigkeit einen besonderen Einblick in ihre Arbeit und die Veränderungen durch die Digitalisierung und können daher fundierte und tiefe Einblicke in die Anforderungen ihres Berufsfeldes geben (Heider-Friedel et al. 2006).

Bei der Gestaltung von digitalisierten Arbeitsplätzen stand bisher die technologische Gestaltung der Arbeitsplätze für die jeweiligen Unternehmen im Vordergrund (Mlekus et al. 2018). Die psychologische Arbeitsgestaltung, wie sie Forschungsgegenstand des in diesem Kapitel beschriebenen Forschungsprojekts ist, wurde hingegen bisher weitgehend vernachlässigt. Dies ist insofern verwunderlich, als dass in wissenschaftlichen Studien nachgewiesen werden konnte, dass u. a. die Produktivität eines Unternehmens weniger von seinen technischen Neuerungen, als vielmehr von einer lernförderlichen, unterstützenden Arbeitsgestaltung abhängt (Appelbaum und Grigore 1997). Dies soll in dieser Studie nachgeholt werden.

Das Projekt Arbeit4.0 kann daher, neben der praktischen Ermittlung der Veränderungspotenziale für das Unternehmen Hettich und einen Breitentransfer der Ergebnisse über das Technologiecluster it's OWL, auch eine wichtige Forschungslücke im Bereich der Kompetenz- und Arbeitsgestaltungsforschung in der Digitalisierung schließen.

7.2 Zielsetzung und Konzeption

7.2.1 Zielsetzung des Projekts

In Abschn. 7.1.1 wurden die Ziele der Nachhaltigkeitsmaßnahme Arbeit 4.0 und des Pilotprojekts *Arbeit4.0@Hettich* bereits angerissen. Im Folgenden soll die Zielsetzung weiter ausgeführt werden.

Die Gesamtstrategie der Nachhaltigkeitsmaßname Arbeit 4.0 strebt an, die Darstellungsformen digitalisierter Arbeit in Unternehmen zu dokumentieren und Optionen zur humangerechten Gestaltung, der sich aus der Digitalisierung ergebenden Potenziale auf die Arbeitswelt, aufzuzeigen. Daraus sollten Handlungsempfehlungen abgeleitet werden, wie insbesondere die Auswirkungen der Digitalisierung auf die Beschäftigten, z. B. in Form von Belastungen, gesteigerten Qualifizierungsanforderungen, Tätigkeitswandel infolge der Anpassungen der Aufbau- und Ablauforganisation der Unternehmen, abgefedert werden können. Zur Erfüllung dieser Vorgabe wurde die bisher technologisch geführte Diskussion, um einen sozio-technischen Ansatz (Ulich 2011) erweitert, in dem neben den technischen Möglichkeiten auch Bedarfe der Organisation und der Beschäftigten Berücksichtigung finden. Aus diesem Grund wurden mit den Gewerkschaften und Betriebsräten der Unternehmen weitere Interessengruppen in die Projektumsetzung einbezogen, die in den eher technologisch geprägten Vorgängerprojekten des it's OWL-Clusters nur geringe Beachtung fanden.

Abgeleitet aus der Gesamtstrategie war es das Forschungsziel des Projekts Arbeit4.0@Hettich, die Formen der Arbeitsgestaltung in einem Unternehmen, das bereits Informations- und Kommunikationstechnologien eingeführt hat, zu beschreiben, veränderte Qualifizierungsanforderungen zu diagnostizieren und Handlungsempfehlungen für eine mitarbeiterorientierte Gestaltung der Arbeit 4.0 abzuleiten. Dies sollte das Unternehmen dazu befähigen, bei Einführung neuer Technologien frühzeitig den Mitarbeitern Personalentwicklungsmaßnahmen anbieten zu können, die neuen Technologien gesundheits- und motivationsförderlich in die bisherige Arbeitsumgebung der Mitarbeiter einzubetten und so die Akzeptanz der Beschäftigten für die Veränderung durch die Digitalisierung zu steigern. Zur Erreichung dieser praktischen Zielsetzungen wurden folgende drei thematische Schwerpunkte aus der eingangs formulierten Forschungsfrage abgeleitet:

- Analyse des Qualifizierungsbedarfs der Beschäftigten bei Einführung intelligenter und vernetzter Systeme in ihren Unternehmensbereich,
- Analyse der Arbeitsgestaltung digitalisierter Arbeitsplätze und Ableitung von Arbeitsgestaltungsmaßnahmen zur human- und gesundheitsgerechten Arbeitsplatzgestaltung bei Einführung von Informations- und Kommunikationstechnologien,
- Begleitung der Realisierung von Industrie 4.0-Maßnahmen in Zusammenarbeit mit Geschäftsführung, Betriebsrat und Gewerkschaft, um den Veränderungsprozess während der Einführung intelligenter und vernetzter Technologien optimal zu gestalten.

Die praktische Umsetzung des Forschungsvorhabens sollte den Auftragsabwicklungsprozess, also von der Auftragsannahme in der Disposition über die Auftragsbearbeitung in der Produktion bis zur Rechnungsstellung in der Buchhaltung umfassen. Dies ergab sich aus praktischen Gründen, da die Umstellung der Produktionsmaschinen bei Hettich konkrete Aufgabenverschiebungen in anderen Abteilungen nach sich zogen. So musste durch die Einführung von Maschinen, die den Materialnachschub automatisch über das ERP-System anweisen konnten, keine personelle Warenanforderung in der Disposition erfolgen und der Warenbedarf stand automatisch zur Verfügung. Daher bot es sich an, Berufsbilder aus insgesamt zwölf Unternehmensbereiche in die Analysen miteinzubeziehen. Wie in Abb. 7.1 dargestellt, zählten zu diesen Unternehmensbereichen zwei Dispositions-Abteilungen, die unterstützenden IT-Abteilungen, jeweils zwei Produktionsabteilungen, die nach hoch und niedrig digitalisierten Standards arbeiteten, die unterstützenden Elektronik-Serviceabteilungen, die interne Logistik und schließlich die Buchhaltung.

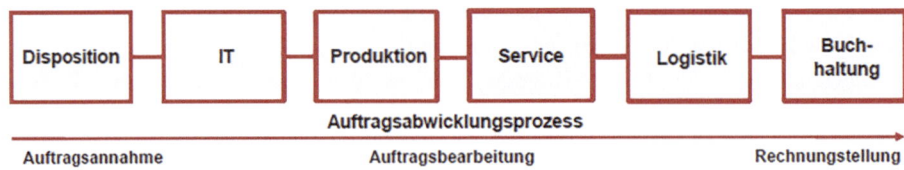

Abb. 7.1 Erhebungen entlang des Auftragsabwicklungsprozesses

Um eine tatsächliche Abweichung zwischen der Arbeitsgestaltung und den erforderlichen Handlungskompetenzen zum jetzigen Zeitpunkt zu einem zukünftigen, digitalisierten Arbeitsplatz nachvollzieren zu können, wurde zunächst eine Erhebung des Ist-Zustands angestrebt und anschließend die Bewertung eines Soll-Zustand vorgenommen. Das methodische Vorgehen wird in Abschn. 7.2.2 beschrieben.

7.2.2 Methode der Arbeits- und Anforderungsanalyse

Arbeits- und Anforderungsanalysen bezeichnen eine Methodenzusammenstellung zur wissenschaftlich fundierten Erfassung der Arbeitsgestaltung eines Arbeitsplatzes und der zur erfolgreichen Tätigkeitsausführung benötigten Kompetenzen (siehe Definitionskästen).

▶ **Definition: Arbeitsgestaltung** Unter dem Begriff Arbeitsgestaltung werden weithin Maßnahmen zusammengefasst, die zum Ziel haben, die Arbeit für die Mitarbeiter belastungsarm zu gestalten, um durch die daraus folgende zufriedenheitsfördernde Wirkung die Leistungsfähigkeit zu steigern. Unterschieden wird dabei zwischen einer industrie-technisch geleiteten Arbeitsgestaltung mit dem Ziel der Effizienz- und Produktivitätssteigerung und einer menschenzentrierten-humanistischen (psychologischen) Arbeitsgestaltung, die der Förderung der Persönlichkeits- und Kompetenzentwicklung sowie Erhaltung der Gesundheit und Leistungsfähigkeit der Beschäftigten dient (Mlekus et al. 2018).

▶ **Definition: Kompetenzen** Kompetenzen werden definiert als die „bei Individuen verfügbaren oder durch sie erlernbaren kognitiven Fähigkeiten und Fertigkeiten, um bestimmte Probleme zu lösen, sowie die damit verbundenen motivationalen, volitionalen und sozialen Bereitschaften und Fähigkeiten um die Problemlösungen in variablen Situationen erfolgreich und verantwortungsvoll nutzen zu können" (Weinert 2002, S. 27 f.). Dabei gibt es verschiedene Kompetenzkonzepte: Eine international gebräuchliche Unterscheidung erfolgt in die Sortierung Kenntnisse (Knowledge), Fertigkeiten (Skills), Fähigkeiten (Abilities) und andere (Other Characteristics) (KSAO, Campion et al. 2011). Zur Vorhersage und Beeinflussung beruflichen Verhaltens an digitalisierten Arbeitsplätzen, wie es im Projekt Arbeit4.0@Hettich angestrebt und umgesetzt wurde, bietet sich die Anwendung der Verhaltensgleichung $V = f_I (U,O,K,E,M,S)$ von Westhoff und Kluck (2014) an, die sich aus nachfolgenden Komponenten zusammensetzt:

- Umgebungsvariablen (U) und Organismusvariablen (O): Diese Variablengruppen beziehen sich auf nichtpsychologische Variablen wie z. B. äußere Lebensumstände (U) und körperliche Bedingungen (O) und wurden in der vorliegenden Studie nicht untersucht.

- Kognitive Variablen (K) bezeichnen psychologische Variablen der geistigen Leistungsfähigkeit, z. B. Konzentration und Kreativität
- Emotionale Variablen (E) umfassen z. B. die emotionale Belastbarkeit einer Person
- Motivationale Variablen (M) umfassen z. B. die individuellen Werte und Einstellungen einer Person
- Soziale Variablen (S) umfassen den Umgang mit anderen Menschen, z. B. Kommunikation
- Und deren Wechselwirkung (I)

Arbeitsanalysen können herangezogen werden, um die Arbeitsgestaltung, also die Bedingungen, unter denen Arbeit ausgeführt wird, zu analysieren. Der Arbeitsgestaltung werden verschiedene theoretische Fundierung zugrunde gelegt (Mlekus et al. 2018). Für das Projekt wurde der erweiterte motivationspsychologische Ansatz von Humphrey et al. (2007) gewählt. Der motivationspsychologische Ansatz der Arbeitsgestaltung hat zum Ziel, die Arbeit für die Beschäftigten motivierend und leistungsanregend zu gestalten. Dieses Ziel wird erreicht, indem bei der Gestaltung der Arbeit motivationale (z. B. Entscheidungsfreiheit bei der Erledigung der Aufgaben, Feedback über die Güte der Aufgabenerlegung), soziale (z. B. Unterstützung von Kollegen und Vorgesetzten, Interaktionsmöglichkeiten) und Kontextfaktoren (z. B. ergonomisch gestaltete Arbeitsumgebung) Berücksichtigung finden. Der Erfassung der Arbeitsgestaltung kommt eine hohe Bedeutung zu, da metaanalytisch ein hoher statistischer Zusammenhang mit Zufriedenheit, Motivation, Bindung an das Unternehmen sowie verringerter Kündigungsabsicht nachgewiesen werden konnte (Humphrey et al. 2007).

Anforderungsanalysen dienen dazu, zu ermitteln, welche Kompetenzen bei den Tätigkeitsausführenden erforderlich sind, um aktuelle oder zukünftige Arbeitsaufgaben erfolgreich zu bewältigen. Mittels arbeitsplatz-analytischer Methoden (z. B. Fragebogen, Beobachtung, standardisiertes Interview, Auswertung schriftlichen Materials) werden Tätigkeitsmerkmale und erfolgreiche Verhaltensweisen an konkreten Arbeitsplätzen erfasst und in ein Kompetenzprofil für ein konkretes Berufsbild übersetzt. Wichtige Informationsquellen können insbesondere die Arbeitsplatzinhaber und deren Vorgesetzte sowie Experten, wie z. B. Arbeitsplatzanalytiker, sein. Der Ablauf einer Anforderungsanalyse beginnt häufig mit einer qualitativen Phase, in der Informationen über das interessierende Berufsfeld gesammelt werden, z. B. durch Interviews, Gruppen- oder Dokumentenanalysen. In der anschließenden Übergangsphase wird das Material ausgewertet und in ein quantitatives Verfahren übersetzt. In der quantitativen Phase schließlich findet das Erhebungsinstrument (z. B. Kompetenzfragebogen) Anwendung und ermöglicht statistisch begründete Aussagen (Schuler 2014; Sonntag und Schmidt-Rathjens 2005).

Die zeitliche Perspektive bei Arbeits- und Anforderungsanalysen kann je nach Bedarf gewählt werden. Unterschieden wird zwischen korrektiver (d. h. Behebung arbeitsgestalterischer Mängel nach Veränderung), präventiver (d. h. vorbeugender Arbeits- und

Anforderungsgestaltung vor Veränderung) sowie prospektiver (d. h. Erweiterung des präventiven Ansatzes um eine langfristige Potentialförderung der Beschäftigten) Ansätze (Mlekus et al. 2018). Im Projekt Arbeit4.0@Hettich wurde ein präventiv-prospektiver Ansatz gewählt: Bereits vor einer Technologieeinführung sollten die Arbeitsgestaltung und Kompetenzanforderungen erfasst werden, um zum einen Handlungsempfehlungen für eine positive Arbeitsplatzgestaltung zu erarbeiten und zum anderen die Beschäftigten langfristig auf neue Tätigkeitsanforderungen zu entwickeln. Dazu werden in Arbeits- und Anforderungsanalysen meist in der qualitativen Phase zukünftige Arbeitsszenarien erfragt und somit zukünftig relevante Kompetenzen ermittelt. Um aber eine Abweichung zwischen derzeitigen und zukünftigen Kompetenzen darstellen zu können, ist die in diesem Kapitel vorgestellte Forschungsarbeit noch einen Schritt weitergegangen und hat für das zukünftige Szenarien Vignetten eingesetzt (Aguinis und Bradley 2014), um die zukünftigen Arbeitsgestaltungs- und Kompetenzanforderungen anhand einer Zukunftsvision einschätzen zu können. Dadurch konnte das derzeitige Kompetenzprofil der Beschäftigten hinsichtlich einer konkreten zukünftigen Arbeitsbeschreibung bewertet und Ausprägungsveränderungen auf Kompetenzebene beschrieben werden.

Die Bearbeitung des dritten Forschungsschwerpunkts des Projekts Arbeit4.0@ Hettich, der Begleitung des Change Managements über die gesamte Projektlaufzeit zur Einführung intelligenter und vernetzter Systeme in das Unternehmen Hettich, erfolgte parallel zur Durchführung der Arbeits- und Anforderungsanalysen. Die erfahrungsgeleitete Auswertung der Erkenntnisse des Veränderungsprozesses ist in Abschn. 7.4.2 dargestellt.

Die Umsetzung der Arbeits- und Anforderungsanalysen im Projekt Arbeit4.0@ Hettich wird in Abschn. 7.3 erläutert.

7.3 Realisierung

Im folgenden Abschnitt wird die Durchführung der Arbeits- und Anforderungsanalysen, wie sie im Projekt Arbeit4.0@Hettich erfolgt sind, vorgestellt. Das Vorgehen folgte dabei einem dreischrittigen Vorgehen, das im Weiteren vertiefend erörtert wird. In einer ersten Erhebungsphase wurden qualitative Interviews mit Führungskräften und Stelleninhabern geführt, um die unternehmensindividuellen Anforderungen und Tätigkeitsinhalte pro Berufsbild zu erfassen. Anschließend wurden in Phase 2 die für die prospektive Analyse benötigten Szenarien in Workshops erarbeitet. In Phase 3 schließlich wurden in einer schriftlichen Befragung die jetzigen und zukünftigen Kompetenzanforderungen der tätigkeitsausführenden Beschäftigten aus den zwölf Unternehmensbereichen sowie die Ausprägungen der Arbeitsgestaltung ermittelt. Die Ergebnisse werden für die Ableitung von Handlungsempfehlungen genutzt. Der Ablauf ist in Abb. 7.2 dargestellt.

Abb. 7.2 Ablaufpfad der Arbeits- und Anforderungsanalysen

7.3.1 Ermittlung der berufs- und abteilungsspezifischen Kompetenzanforderungen im Interview

Um die *unternehmensspezifischen* Auswirkungen der Einführung intelligenter und vernetzter Systeme auf die Kompetenzanforderungen der Beschäftigten zu erfassen, reichte es nicht aus, allgemeine und abstrakte Anforderungen (z. B. Problemlösefähigkeit) zu erfassen. Stattdessen war ein konkreter Unternehmensbezug erforderlich, um zu beschreiben, wie sich die konkrete Kompetenz im jeweiligen Berufsbild ausprägt (z. B. Problemlösefähigkeit in der Produktion setzt sich u. a. aus den Komponenten strukturiertes Vorgehen bei der kleinschrittigen Fehleranalyse oder prozessorientiertes Denken für das Erkennen von Zusammenhängen zusammen). Zur Ermittlung dieser unternehmensspezifischen Kompetenzen je Berufsbild wurde ein qualitatives, offenes Frageformat in Form von Interviews gewählt, um möglichst freie und spontane Nennungen von den Befragten zu erhalten (Flick 2012).

Für die aktuelle Fragestellung wurde eine Methode aus den teilstrukturierten Interviewverfahren gewählt (Flick 2012) und weitgehend an den Empfehlungen des Task-Analysis-Tools orientiert (TAToo; Koch und Westhoff 2012). Das TAToo vereint drei Beschreibungsebenen von Anforderungen (Schuler 2014). In einem ersten aufgabenbezogenen Teil werden die Interviewten um die Beschreibung ihrer Arbeitsaufgaben sowie der von ihnen genutzten digitalisierten Technologien gebeten. Im Folgenden, eigenschaftsbezogenen Teil, sollen sie die aus ihrer Sicht wichtigen Qualifizierungsanforderungen und Eigenschaften zur erfolgreichen Tätigkeitsausführung reflektieren. In einem dritten, verhaltensbezogenen Teil werden schließlich die Interviewten angeleitet, über den Bericht von in der Vergangenheit erfolgskritischen Situationsausführungen sowie zukünftig möglicherweise eintretender, neuer Berufsherausforderungen das bisherige Interviewmaterial um Verhaltensbeispiele anzureichern und um unreflektierte Tätigkeitsanforderungen zu ergänzen (Critical Incident Technique, CIT; Flanagan 1954). Die Interviews wurden in zwölf Unternehmensbereichen mit jeweils einer Führungskraft und drei Beschäftigten der Bereiche geführt. Diese Anzahl hat sich als ideal erwiesen, um für die anschließende Auswertung eine ausreichende Dichte des erhaltenen Materials zu erhalten. Die Prüfung der psychometrischen Güte des im TAToo vorgeschlagenen Vorgehens weist gute Objektivitäts-, Validitäts- und Reliabilitätswerte auf (Koch 2010).

Zusätzlich zu den Interviews wurden in etwa 30-minütigen Arbeitsplatzbegehungen, die Beschäftigten an ihrem realen Arbeitsplatz zu Arbeitsmaterialien, Aufgaben und Interdependenzen mit anderen Personen und Abteilungen befragt. Der Besuch am Arbeitsplatz – in Kontrast zu der eher künstlichen Interviewsituation in einem Besprechungsraum – fördert die spontane Reproduktion von Erkenntnissen durch die Befragten und ermöglicht den Interviewern die Gewinnung eines persönlichen Eindrucks der Interviewsituation (Kochinka 2010; Flick 2012).

Nach der Transkription des Audiomaterials der Interviews und der Arbeitsplatzbegehung wurden die Inhalte pro Bereich von den Autoren thematisch nach Anforderungen sortiert und zu Anforderungsbündeln gruppiert (Flick 2012). Das erhaltene Datenmaterial wurde ergänzt um die Ableitung weiterer, erfolgskritischer Kompetenzen aus einer Dokumentenanalyse (d. h. Stellenprofile des Unternehmens, Berufsinformationsdatenbank der Bundesagentur für Arbeit Berufenet, wissenschaftliche Literatur der acatech- und VDMA-Kompetenzanalysen) ergänzt. Als Ergebnis wurde eine Anforderungsbeschreibung pro Abteilung aus der Perspektive der Beschäftigten gewonnen, das in einer späteren Fragebogenerhebung quantitativ überprüft werden sollte (vgl. Abschn. 7.3.3).

7.3.2 Gestaltung von Workshops zur Szenariengenerierung

Ziel des Projekts war es, das derzeitige Anforderungsprofil der Beschäftigten mit einem zukünftigen Anforderungsprofil nach der Einführung intelligenter und vernetzter Systeme zu vergleichen. Dazu musste neben der derzeitigen, auch eine prospektive Perspektive erhoben werden. Dies kann über Vignettenstudien erreicht werden (Aguinis und Bradley 2014). Die Vignetten werden einer Fragebogenstudie vorangestellt. Die Befragten sollen die anschließenden Fragen hinsichtlich der Einschätzung dieser Vignette beantworten.

Exkurs

Vignettenstudien („experimental vignette methodology", EVM) bieten sich an, wenn schnell und kostengünstig ein Untersuchungsgegenstand erforscht werden soll, zu dem der Zugang nur schwer möglich ist. In der vorliegenden Studie wurden Szenarienbeschreibungen von zukünftigen, digitalisierten Arbeitsplätzen erstellt, weil dies ermögliche, Informationen zu sammeln und HR Maßnahmen einzuleiten, noch bevor die technologische Veränderung eintritt. Zudem erhalten alle Befragten das gleiche Szenario als Beurteilungsobjekt, wodurch die Vergleichbarkeit der Ergebnisse gegenüber einer bloßen individuellen Vorstellung eines zukünftigen Arbeitsplatzes erhöht ist. Die Szenarien können in Form von Texten, Filmen oder anderem Anschauungsmaterial dargeboten werden (Aguinis und Bradley 2014). Die Studienteilnehmer werden anschließend gebeten auf Basis dieser Szenarien eine Einschätzung zu nachfolgenden Fragebogenitems vorzunehmen.

Um die Beschreibung einer Zukunftsvision für die Vignette zu erhalten, wurden mit Fachexperten der untersuchten zwölf Unternehmensbereiche Workshops durchgeführt. Dies folgte der Annahme, dass der Einbezug mehrerer Interessengruppen des Unternehmens in die Entwicklung einer Zukunftsvision qualitativ validere Zukunftseinschätzungen erreichen würde, als eine Einzelperson mit Expertenstatus. In den aufeinander aufbauenden Workshops sollte aus der unternehmerischen Strategie für das Unternehmen zunächst mit den Strategieexperten und den verantwortlichen Führungskräften die jeweilige erforderliche Technologie abgeleitet werden (Workshop 1), um dann mit ausgewählten Beschäftigten herauszuarbeiten, wie dies die Arbeitsgestaltung verändert (Workshop 2).

In einem *ersten Workshop mit dem Strategieteam,* das aus Vertretern der Geschäftsleitung, der IT- und Personalabteilungen und des Betriebsrats bestand und für die strategische Ausrichtung des Unternehmens verantwortlich war, *sowie Führungskräften* der zwölf Bereiche, wurde die Gesamtstrategie des Unternehmens Hettich zur digitalen Entwicklung in Handlungsschritte für jeden der zwölf Bereiche übersetzt. An dem ersten Workshop nahmen 15 Personen teil. Im Mittelpunkt stand dabei, welche Technologieeinführungen in den jeweiligen Bereichen in den nächsten 5–10 Jahren angestrebt oder optional sind.

Folgende Leitfragen wurden im Workshop diskutiert:

- Welche technologischen Entwicklungen sind denkbar?
- Welche Ziele sollen mit der jeweiligen Technologie erreicht, welche Probleme gelöst werden?
- Wie wird die Zusammenarbeit in den einzelnen Unternehmensbereichen zukünftig gestaltet sein?

Im Ergebnis konnten für jeden der zwölf Bereiche mögliche technologische Veränderungen und Neueinführungen beschrieben werden. Im Durchschnitt wurden sechs verschiedene technologische Lösungen in ihrer Ausstattung und Einsatzmöglichkeit beschrieben, die im Bereich zukünftig zum Einsatz angedacht sind. Diese technologischen Lösungen wurden für den zweiten Workshop in Beschreibungstexten aufbereitet, um sie mit den Beschäftigten der jeweiligen Unternehmensbereiche diskutieren zu können.

Mit den Ergebnissen des ersten Workshops wurde in einem *zweiten Workshop* weitergearbeitet. Mit den *Beschäftigten* der zwölf Bereiche wurde erarbeitet, welche

Konsequenzen sich aus der Einführung der im ersten Workshop ermittelten Technologien für ihren Arbeitsalltag ergeben würden. Konkret wurden die Dimensionen Arbeitsgestaltung, Beanspruchungswahrnehmung und Motivation adressiert.

Die Leitfragen waren hier:

- Welche der technologischen Entwicklungstrends werden als positiv, welche als eher negativ bewertet?
- Welche Veränderungen im Arbeitsbereich können sich durch die technologischen Einführungen ergeben?
- Welche Wünsche werden an einen zünftigen Arbeitsplatz formuliert?

Die Workshops starteten jeweils mit einer ersten, individuellen Brainstorming-Runde in Einzelarbeit. Im Anschluss wurden an Meta-Planwänden die Ergebnisse der Gruppenmitglieder pro Abteilung gesammelt und offen diskutiert. An dem Mitarbeiterworkshop nahmen ca. 60 Beschäftigte aller zwölf Bereiche teil. Wie auf einem Marktplatz wurden die Ergebnisse zunächst in Gruppen erarbeitet. Anschließend hatten alle Beschäftigten die Möglichkeit, die Ergebnisse der anderen Gruppen zu betrachten.

Die Beschreibungstexte der technologischen Lösungen pro Unternehmensbereich aus dem ersten Workshop konnten im zweiten Workshop um eine sprachliche Darstellung möglicher Konsequenzen der Technologieeinführungen auf die Arbeitsgestaltung der Beschäftigten ergänzt werden. Beide Informationen zusammen erlaubten die Ableitung von zwölf Zukunftsszenarien für die zukünftige Arbeit in den zwölf Unternehmensbereichen. Ein exemplarisches Zukunftsszenario für die interne Logistik ist in Abb. 7.3 dargestellt.

Gestaltung von Workshops zur Szenarienentwicklung
West (1996) beschreibt in seiner Theorie zur Innovation in Gruppen vier zentrale Gestaltungselemente („team process variabels") für die Förderung von Kreativität in Gruppen, die auch metaanalytisch bestätigt werden konnten (Hülsheger et al. 2009; Maier et al. 2018) und die für die Moderation von Workshops genutzt werden können (König und Volmer 2014):

Vision Die Herstellung einer Vision meint die Formulierung eines übergeordneten, motivierenden Ziels, das alle Gruppenmitglieder teilen (West 1996). Zur Herstellung einer gemeinsamen Vision war es zu Workshopbeginn zunächst notwendig, ein gemeinsames Verständnis von Digitalisierung und Arbeit 4.0 herzustellen (König und Volmer 2014). Dies geschah über einen kurzen Impulsvortrag, der die Gruppenmitglieder auf ihrem jeweiligen Kenntnisstand abholte. Anschließend wurde das Ergebnisziel des Workshops und der Wert des Betrags der Gruppenmitglieder kommuniziert.

Partizipative Sicherheit setzt sich zusammen aus den Komponenten Beteiligung an Entscheidungsprozessen und der Bewertung, inwiefern Gruppenmitglieder Ideen teilen und sich gegenseitig zuhören. Im Workshop konnte dies durch offene und von den Workshopleitern moderierte Diskussionsrunden erreicht werden, in denen alle Gruppenmitglieder zur Teilnahme ermutigt und angehört wurden.

Technologie	Arbeitsprozesse und -strukturen
Ein zentraler **Wareneingang mit SAP-System** steuert die Logistik, an dem alle LKWs ihre Ware anliefern	Sie werden die Produktionsbereiche sehr gut kennen müssen, um die Ware verbuchen und die Qualität der angelieferten Ware prüfen zu können. Da LKWs sich weniger häufig verfahren, werden Sie fehlgelieferte Ware weniger häufig in SAP nachverfolgen müssen.
Neben den bekannten Barcodes und Scannern wird Ware nun auch über **RFID-Tags** eingelesen	Die Einbuchung der Ware erfolgt noch schneller, denn die Palette muss nicht mehr in die richtige Richtung gedreht oder Papier gescannt werden. Ware wird automatisch eingelagert. Händische Buchungen werden nur noch in Ausnahmefällen nötig.
Die Anlagen in der Produktion regeln die **Nachbestellung von Material nun automatisch und systemgesteuert.**	Es wird nicht mehr zu Doppel- oder Vorratsbuchungen durch die Produktionsmitarbeiterinnen und -mitarbeiter kommen, die dann wieder zurück ins Lager transportiert werden müssen. Die Auslastung der internen Logistik wird dadurch gleichmäßiger.
Bei der Zusammenstellung des Materials für die Produktion werden **beleglose Kommissionierungssysteme** eingesetzt. Z.B. auf einem **Tablet** wird die benötigte Ware und deren Standort angezeigt.	Dies dient der Unterstützung.
Der Transport der Ware zu den Produktionsbereichen wird durch **führerlose Transportsysteme** abgewickelt.	Sie werden die führerlosen Transportsysteme mit Ware beladen und Eingaben am Bedienterminal machen.
Die fertige Ware aus der Produktion wird in **speziellen Verladezonen** automatisch an die LKWs verladen.	Die Fahrer erhalten eine systemgesteuerte Nachricht, sobald die Ware verladebereit ist.
Die **Kommunikation** wird weitgehend **virtuell** ermöglicht, z.B. über **Chat-Programme, Hettich Connect, Video oder Teamviewer.**	Kolleginnen und Kollegen werden ständig erreichbar sein, Sie werden aber weniger persönlichen Kontakt haben.

Abb. 7.3 Zukunftsszenario der internen Logistik

Unterstützung für Innovationen meint die Herstellung eines Unternehmensklimas, in dem die Ideen der Gruppenmitglieder wertgeschätzt und in ihrer Umsetzung unterstützt werden. Im Workshop konnte dies durch die Unterstützung der Geschäftsleitung und Betriebsräte erreicht werden, die gemeinsam zum Workshop einluden und durch die Abteilungsführungskräfte, die den Gruppenmitgliedern während der Arbeitszeit Gelegenheit boten, an der Veranstaltung teilzunehmen und ihren Beitrag zu leisten.

Aufgabenorientierung beschreibt den gemeinsamen Anspruch der Gruppenmitglieder, an der Aufgabe auf einem qualitativ hochwertigen Level mitzuarbeiten. Dies konnte im Workshop durch Beantwortung der zentralen Leitfragen erreicht werden.

7.3.3 Fragebogenerhebung zur Ermittlung der Ist-Soll Abweichung

Schließlich wurden in der Fragebogenerhebung, die aus den Interviews und der Dokumentenanalyse gewonnenen Kompetenzen sowie die Arbeitsgestaltung unter Darbietung der Zukunftsszenarien durch die Mitarbeiter der zwölf Bereiche auf breiter Ebene systematisch bewertet.

Der erste Fragebogenabschnitt bezog sich auf die unternehmensspezifischen, überfachlichen Kompetenzanforderungen der Beschäftigten. Die gruppierten Kompetenzen aus der Interviewerhebung wurden in Fragebogenitems übersetzt. Einen beispielhaften Auszug des Kompetenzfragebogens ist in Abb. 7.4 dargestellt. Dabei kam es darauf an, die in der Interviewerhebung ermittelten Anforderungen in verhaltensnahe Itemformulierungen zu übersetzen, die den Sprachgebrauch der Zielgruppe entsprechen,

z. B. Problemlösefähigkeit in der internen Logistik		Gar nicht	wenig	mittel	viel	Sehr
		--	-	0	+	++
Analytisches Denken	wichtig					
z. B. Prozesse der Logistik durchdenken	häufig					
Strukturiertes Vorgehen	wichtig					
z. B. Erkennen einzelner Bestandteile von Problemen	häufig					
Kreativität	wichtig					
z. B. kreatives und innovatives Denken, unkonventionelle Lösungen ausdenken und probieren	häufig					
Nutzung von Informationen	wichtig					
z. B. bekannte und neue Muster in verschiedenen Informationen entdecken	häufig					
Prozessorientiertes Denken	wichtig					
z. B. bereichsübergreifendes Verständnis von Zusammenhängen, vor- und nachgelagerte Arbeitsschritte kennen	häufig					
Kritisches Hinterfragen von Bestehendem	wichtig					
	häufig					
Bitte bewerten Sie nun die Anforderung „Problemlösefähigkeit" zusammenfassend:	wichtig					
	häufig					

Abb. 7.4 Auszug aus dem Kompetenzfragebogen der internen Logistik

ohne dabei mehrdeutig, suggestiv oder für Personengruppen benachteiligend zu sein (Kallus 2010). Insgesamt wurden ca. 100 einzelne Anforderungen in den Anforderungsdimensionen Fachkenntnisse, Anwendung von Fachkenntnissen, Problemlösefähigkeit, Strukturiertes Arbeiten, Kommunikationsfähigkeit, Teamfähigkeit, Engagement, Weiterbildungsbereitschaft, Belastbarkeit, Motorische Kompetenzen sowie weitere Kompetenzen abgefragt. Die Beschäftigten wurden anschließend gebeten, sie jeweils dahingehend einzuschätzen, wie wichtig die Anforderungen für die Ausübung ihrer Tätigkeit sind und wie häufig sie im Arbeitsalltag eingesetzt werden. Aus diesen Bewertungen konnte für die Auswertung ein Wert für die Bedeutsamkeit einer jeden Anforderung erstellt werden. Dieses Vorgehen steht in Einklang mit den Vorgehensempfehlungen des TAToo.

Der zweite Fragbogenabschnitt bezog sich auf die Einschätzung der Arbeitsgestaltung sowie deren Auswirkungen auf die Beschäftigten. Hierzu wurden die folgenden, auf ihre psychometrische Güte überprüften Instrumente eingesetzt:

- Arbeitsgestaltung: Zur Erfassung der Arbeitsgestaltung wurde der Work Design Questionnaire (Morgeson und Humphrey 2006; Stegmann et al. 2010) verwendet, dessen Modellannahmen des erweiterten motivationspsychologischen Ansatzes in Abschn. 7.2.2 erläutert wurden.
- Arbeitszufriedenheit und Motivation: Arbeitszufriedenheit und Motivation wurden zum einen erfasst, weil ein starker statistischer Zusammenhang mit Arbeitsgestaltung belegt ist (Humphrey et al. 2007) und zum anderen, weil für die Ableitung von Handlungsempfehlungen die zufriedenheits- und motivationsstiftenden Elemente der Arbeitsgestaltung erkannt und für die zukünftige Gestaltung der Arbeitsplätze nutzbar gemacht werden sollten. Für die Erhebung der Arbeitszufriedenheit wurde die Kurzskala des Arbeitsbeschreibungsbogens (ABB, Neuberger 1978) und zur Messung der Arbeitsmotivation die deutsche Version der Multidimensional Work Motivation Scale (MWMS) (Gagné et al. 2015) verwendet. Die MWMS misst neben der intrinsischen und extrinsischen Motivation auch den Fokus der Regulation (zielorientiert oder selbstorientiert) und Amotivation.
- Beanspruchung: Die Einführung intelligenter und vernetzter Systeme kann für die Beschäftigten eines Unternehmens eine negative Belastung darstellen. Um zu ermitteln, in welchem Ausmaß die Mitarbeiter, die die in den Szenarien geschilderte zukünftige Arbeitssituation als mutmaßlich negativ beanspruchend erleben, wurde die emotionale und kognitive Beanspruchung mit der Irritations-Skala (Mohr et al. 2005) gemessen.

In einer ersten Fragebogenerhebung zur Ist-Situation ihrer Arbeit wurden die Mitarbeiter gebeten, ihre derzeitige Arbeitssituation einzuschätzen. Insgesamt nahmen 165 Beschäftigte an der ersten Befragung teil. In einer zweiten Fragebogenerhebung wurde den Beschäftigten zusätzlich zum Kompetenzfragebogen das in den Workshops erarbeitete und für ihren Arbeitsbereich spezifische Zukunftsszenario präsentiert.

Die Mitarbeiter wurden gebeten, sich in diese zukünftige Arbeitssituation hineinzuversetzen und wiederum den Fragebogen auszufüllen. An der zweiten Befragungsrunde nahmen insgesamt 125 Beschäftigte teil; das entspricht insgesamt einer Rücklaufquote von über 50 %.

Die Auswertung der Kompetenzerhebung erlaubt Aussagen darüber, welche Kompetenzen pro Unternehmensbereich und Berufsbild zukünftig besonders bedeutsam sein werden sowie welche Kompetenzen sich im Vergleich zwischen jetzigem und zukünftigem Zeitpunkt besonders stark in ihrer Ausprägung verändern. Die Ergebnisse werden exemplarisch am Unternehmensbereich interne Logistik erläutert, in dem das Berufsbild der Logistikfachkraft untersucht wurde. Die Ergebnisse können in grafischer Form in Kompetenzprofilen dargestellt werden (Abb. 7.5), in der die Mittelwerte der Kompetenzausprägung zum jetzigen und zukünftigen Zeitpunkt für jede erhobene Kompetenzdimension abgetragen sind. Um die Kompetenzen zu strukturieren, wurden diese in die Kategorien kognitiv, sozial, motivational und emotional unterteilt (Westhoff und Kluck 2014).

Bei der Interpretation der Kompetenzprofile und der Ableitung daraus resultierender Maßnahmen im Rahmen der Personalentwicklung sollten zunächst die Kompetenzen, die die höchsten Mittelwertausprägungen zum zukünftigen Zeitpunkt aufweisen, beachtet werden. Kompetenzen, die im Bereich interne Logistik insgesamt als am bedeutsamsten

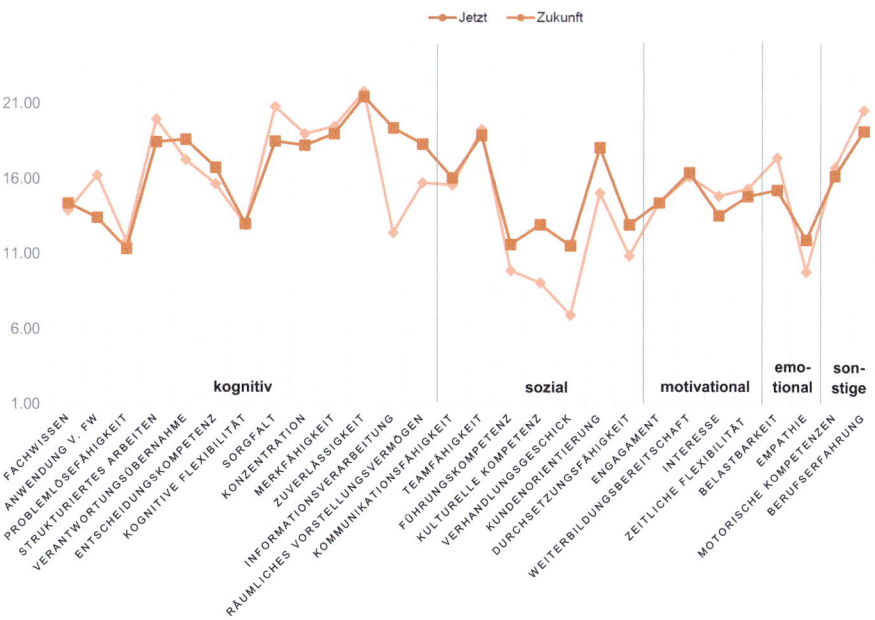

Abb. 7.5 Kompetenzprofil für den Bereich interne Logistik

für die Zukunft bewertet wurden, sind Zuverlässigkeit, Informationsverarbeitung, Berufserfahrung, Merkfähigkeit und Teamfähigkeit.

- Bei zunehmender Digitalisierung bleibt Zuverlässigkeit, also die Verlässlichkeit einer Person bei der Aufgabenerledigung, eine wichtige Kompetenz.
- Informationsverarbeitung wird in der Zukunft immer wichtiger, denn es geht darum, Informationen, wie z. B. Buchstaben und Zahlen, genau zu vergleichen.
- Merkfähigkeit erscheint für die Zukunft als bedeutsam, weil es darum geht, Arbeitsschritte ohne Anleitung zu kennen.
- Teamfähigkeit bleibt auch in Zusammenarbeit mit neuen Technologien eine wichtige Kompetenz, denn es geht darum, im Team zusammenzuarbeiten und sich bei Problemen gegenseitig zu unterstützen, mit anderen Abteilungen von Hettich zusammenzuarbeiten und Kollegen Hilfe anzubieten.
- Berufserfahrung bleibt auch in der Digitalisierung eine wichtige Kompetenz. Wenn Berufserfahrung in einer Abteilung einen hohen Stellenwert einnimmt, kann das bedeuten, dass die Mitarbeiter viel informelles Wissen für die Aufgabenerledigung bedürfen. Für die Einarbeitung neuer Beschäftigter sollte entsprechend viel Zeit eingeplant werden, um ihnen das Erlangen dieses Wissens zu ermöglichen.

Im nächsten Schritt werden die Kompetenzen, die sich zwischen dem jetzigen und zukünftigen Zeitpunkt unterscheiden, betrachtet. Zur Beurteilung, ob es Unterschiede zwischen den Zeitpunkten gibt, wird die Effektstärke herangezogen. Effektstärken machen Aussagen über die Größe von Unterschieden oder Zusammenhängen. Eine Effektstärke größer als 0,39 spricht für einen großen Unterschied zwischen dem jetzigen und zukünftigen Zustand hinsichtlich der Bedeutsamkeit (Bosco et al. 2015). Im Bereich interne Logistik ist ein großer Effekt in der Kompetenz Informationsverarbeitung zu finden. D. h., dass die befragten Logistikfachkräfte des Bereichs annehmen, zukünftig mehr Informationen merken und verarbeiten zu müssen als bisher. Da diese Kompetenz zudem zu den zukünftig bedeutsamsten Anforderungen des Kompetenzprofils zählt, sollten Schulungsmaßnahmen für die Beschäftigten vorrangig an dieser Anforderung ansetzen. Weitere moderate Effekte konnten für die Anforderungen räumliches Vorstellungsvermögen und Kundenorientierung gefunden werden, die in ihrer Bedeutsamkeit für die erfolgreiche Tätigkeitsausführung im Bereich interne Logistik zukünftig steigen werden. Des Weiteren konnten für Sorgfalt und Belastbarkeit moderate Effekte gefunden werden, die auf eine sinkende Bedeutsamkeit schließen lassen. Eine Erklärung für diese Befunde kann sein, dass durch einen gesteigerten Technologieeinsatz entlastende Effekte auf die Beschäftigten eintreten.

Eine Übersicht über die jeweils zukünftig wichtigsten Kompetenzen der untersuchten zwölf Unternehmensbereiche ist der Kompetenzmatrix in Tab. 7.1 zu entnehmen. Die Informationen sind pro Unternehmensbereich aggregiert. Aus der Matrix wird ersichtlich, dass jedes Berufsbild unterschiedliche Anforderungsschwerpunkte aufweist und

Tab. 7.1 Kompetenzmatrix

		Disposition	IT	Produktion hoch digital	Produktion gering digital	Service-Abteilung	Interne Logistik	Buchhaltung
Kognitiv	Fachwissen							
	Anwendung von Fachwissen			X	X			
	Projektmanagement		X					
	Problemlösefähigkeit					X		
	Strukturiertes Arbeiten	X	X	X	X	X	X	X
	Verantwortungsübernahme	X		X		X		
	Entscheidungskompetenz					X		
	Kognitive Flexibilität			X				
	Sorgfalt	X		X	X	X		X
	Konzentrationsfähigkeit				X	X		
	Merkfähigkeit						X	
	Zuverlässigkeit			X	X		X	
	Informationsverarbeitung				X		X	
Sozial	Kommunikationsfähigkeit							
	Teamfähigkeit	X	X	X			X	
	Führungskompetenz							
	Kulturelle Kompetenz							
	Kundenorientierung	X	X					
	Durchsetzungsfähigkeit							
Motivational	Weiterbildungsbereitschaft	X	X					X
	Interesse			X				
	Zeitliche Flexibilität					X		
Emotional	Belastbarkeit	X				X		X
	Empathie	X						
Sonstige	Motorische Kompetenzen							
	Berufserfahrung				X	X	X	

Kompetenzmatrix

selbst in vergleichbaren Abteilungen, wie der Produktion, unterschiedliche Kompetenzanforderungen auftreten können. Dies kann durch den unterschiedlichen Gebrauch von Technologien erklärt werden, aber auch durch eine unterschiedliche Organisation der Prozesse und Abläufe in den einzelnen Abteilungen. Es lohnt sich folglich, die Kompetenzanforderungen bei der Einführung neuer Technologien auf Unternehmens- und Berufsebene im Einzelfall zu analysieren. Die Kompetenzprofile können für die Planung von Personalentwicklungsmaßnahmen sowie der Personalauswahl herangezogen werden.

Die Auswertung der Arbeitsgestaltung hat ergeben, dass die Mitarbeiter des Unternehmens auf Basis der beschriebenen zukünftigen Arbeitsplätze keine negativen Auswirkungen auf ihre Arbeitsgestaltung erwarten, d. h. derzeit als hoch bewertete Arbeitsgestaltungsdimensionen sinken oder steigen nicht in ihrer zukünftigen Einschätzung. Dies ist positiv zu interpretieren, scheinen die Beschäftigten keine negativen Konsequenzen der Einführung intelligenter und vernetzter Systeme an ihren Arbeitsplatz zu erwarten. Aus der Analyse der Zusammenhänge der Arbeitsgestaltung mit der Arbeitszufriedenheit, Arbeitsmotivation und Beanspruchungswahrnehmung konnte das motivations- und gesundheitsförderliche Potenzial der Arbeitsgestaltung abgeleitet werden:

- Arbeitszufriedenheit: Als besonders zufriedenheitsstiftend erleben die Mitarbeiter von Hettich die Arbeitsgestaltungsdimensionen Rückmeldung durch die Tätigkeit, soziale Unterstützung und Rückmeldung durch andere. Bei der Gestaltung von Technologien und Arbeitsplätzen sollte also darauf geachtet werden, dass die Aufgaben so gestaltet sind, dass die Beschäftigten erkennen können, wie gut sie ihre Arbeit erledigen (Rückmeldung durch die Tätigkeit). Zudem sollte es auch bei verstärktem Technikeinsatz möglich bleiben, freundschaftliche Beziehungen zu Kollegen am Arbeitsplatz zu knüpfen, an die sich die Beschäftigten bei Fragen wenden können (soziale Unterstützung). Schließlich sollte Beschäftigten die Möglichkeit eingeräumt werden, soziales Feedback von Kollegen und Vorgesetzten zu ihrer Leistung zu erhalten (Rückmeldung durch andere).
- Arbeitsmotivation: Als motivationsförderlich wird eine Arbeitsgestaltung erlebt, die eine hohe Anforderungsvielfalt bietet sowie soziale Unterstützung und Rückmeldung durch andere erlaubt. Bei der Technologiegestaltung sollte daher darauf geachtet werden, dass Mitarbeiter weiterhin eine Bandbreite an unterschiedlichen Fähigkeiten bei ihrer Arbeit einsetzen können (Anforderungsvielfalt), da das Gefühl, seine Fähigkeiten bei der Arbeit ausleben zu können, motivationsfördernd wirkt. Zudem wirken, wie schon bei der Arbeitsgestaltung, die Gestaltung von Austauschmöglichkeiten mit Kollegen (soziale Unterstützung) und soziales Feedback zur eigenen Leistung (Rückmeldung durch andere) motivationssteigernd.

- Beanspruchungswahrnehmung: Als emotional und kognitiv belastend wird eine Arbeitsgestaltung insbesondere dann wahrgenommen, wenn sie initiierte und rezipierte Interdependenz aufweist, d. h. wenn die Beschäftigten auf die Aufgabenerledigung durch vorgelagerte Bereiche warten müssen oder nachgelagerte Bereiche auf sie warten müssen. Zudem stellen physische Anforderungen eine hohe Belastung dar. Bei der Technikgestaltung sollte daher auf eine optimale Taktung von Aufgaben im Prozess geachtet werden, sodass es weder zu Aufgabenstaus noch zu Verzögerungen im Ablauf kommt. Physische Belastungen am Arbeitsplatz, die z. B. durch eine geringe Ergonomie entstehen können, sollten vermieden werden.

Die Ergebnisse der Auswertung der Zusammenhänge von Arbeitsgestaltung und ihrer Auswirkungen kann in die motivations- und gesundheitsförderliche Gestaltung von Technologien einfließen, als dass insbesondere auf eine positive Gestaltung der hoch ausgeprägten Dimensionen geachtet werden sollte.

7.4 Erfahrungen

In diesem Kapitel wurde ein Projekt vorgestellt, an dem illustriert werden konnte, wie der Prozess der Digitalisierung eines Unternehmens mitarbeitergerecht gestaltet werden kann. Neben konkret im Unternehmen und in der Forschung verwendbaren Projektergebnissen konnten wesentliche Erfahrungen in der Gestaltung von Veränderungsprozessen gewonnen werden.

7.4.1 Verwertbarkeit der Projektergebnisse im Unternehmen Hettich und in der Forschung

Das Ergebnis von Arbeits- und Anforderungsanalysen kann, allgemein gesprochen, für verschiedenste Zwecke genutzt werden: Tätigkeitsbeschreibungen, -klassifizierungen und –bewertungen können in Eignungsbeurteilungen bei Personaleinstellungen, Leistungsbeurteilung von Beschäftigten, Trainingsplanung, stellenbezogener Personalentwicklung, Prozessoptimierung, psychologische Gefährdungsbeurteilung, Personalplanung oder der Bewertung rechtlicher Erfordernisse einfließen (Schuler 2014). Bereits zu Beginn des Projekts Arbeit40@Hettich wurde in Zusammenarbeit der Projektpartner formuliert, welche Ergebnisse sich Unternehmen und Forschungspartner als Projektergebnis erwarten. Dies machte eine zielgerichtete Ausrichtung des methodischen Herangehens möglich. Die ausgewählten Anwendungsfelder werden im Folgenden vorgestellt.

Entwicklung von Personalentwicklungsmaßnahmen zum Aufbau der zukünftig als bedeutsam identifizierten Kompetenzen

Das zentralste Forschungsergebnis für das Unternehmen Hettich war die Ermittlung der zukünftig bedeutsamen Kompetenzen eines Berufsanforderungsprofils sowie die Ableitung von Abweichungen in den derzeit verfügbaren Fähigkeiten und Fertigkeiten der Beschäftigten und den zukünftig erforderlichen Kompetenzen. Ziel war es, frühzeitig, d. h. noch vor der Technologieeinführung, die Mitarbeiter auf die neuen Anforderungen weiterzubilden. Dazu sollte zum einen das Seminarangebot für die Beschäftigten um passende neue Schulungskonzepte erweitert werden. Je nach Art der neuen Kompetenz können Themen im klassischen Präsenzunterricht adressiert werden (Marcus 2011) oder tätigkeitsnahes Anlernen in realen Umgebung als Training on-the-job (z. B. Einführung in die Bedienung einer neuen Maschine) oder Job Rotation (z. B. systematisches Wechseln von Aufgaben oder Arbeitsplätzen, um den Erwerb neuen Wissens und Perspektivwechsel zu ermöglichen) (Schaper 2014) erfolgen. Zum anderen soll das Ausbildungsangebot um digitale Elemente erweitert werden.

Führen von Mitarbeitergesprächen zur Ermittlung der Entwicklungspotenziale der Mitarbeiter im Umgang mit der Digitalisierung

Die Auswertung der Kompetenzanalyse kann Aussagen darüber ermöglichen, wie sich die Bedeutsamkeit einer Kompetenz in Zukunft verändern wird. Eine Schlussfolgerung ist, dass Beschäftigte auch zukünftig im Umgang mit neuen Technologien erfolgreich arbeiten sollten. Während der Anforderungsanalyse wurde allerdings vernachlässigt, in welchem Maße die Beschäftigten über die notwendigen Kompetenzen verfügen.

Das Anforderungsprofil kann also zur Grundlage genommen werden, um in Mitarbeitergesprächen das Entwicklungspotenzial der Beschäftigten zu erfragen. Dazu kann zunächst die Führungskraft auf Basis des Anforderungsprofils die Kompetenzen und Qualifizierungsanforderungen ihrer Mitarbeiter einschätzen. In einem anschließenden Mitarbeitergespräch können gemeinsam mit den Beschäftigten geeignete Personalentwicklungsmaßnahmen ausgewählt werden.

Teamentwicklung bei der Gestaltung von digitalisierten Arbeitsplätzen

Die Erkenntnisse aus der Untersuchung zur Arbeitsgestaltung können einfließen in die mitarbeitergerechte Gestaltung der Arbeitsplätze bei Einführung neuer Technologien. Die Untersuchungen konnten zeigen, welche Arbeitsgestaltungsdimensionen besonders hohen Einfluss auf Arbeitszufriedenheit, Arbeitsmotivation und Beanspruchungswahrnehmung haben (vgl. Abschn. 7.3.3). Bei der Gestaltung der neuen Arbeitsplätze sollte folglich darauf geachtet werden, dass auch weiterhin diese Arbeitsgestaltungsdimensionen im Arbeitsalltag so stark vertreten sind, dass sie ihr zufriedenheits-, motivations- und gesundheitsförderliches Potenzial entfalten können. In diesen Prozess können die tätigkeitsausführenden Mitarbeiter gezielt miteinbezogen werden. Unter Anleitung eines Moderators können gemeinsam Gestaltungsoptionen erarbeitet werden, wie die Arbeitsplätze förderlich und dennoch auch unter technologischen Anforderungen effizient gestaltet werden können. Die gemeinsame Erarbeitung von Zukunftsszenarien für die zwölf Unternehmensbereiche in enger Zusammenarbeit von Strategie- und Führungsteam und Beschäftigten sowie die anschließende schriftliche Befragung waren bereits ein wesentlicher Schritt für die Teamentwicklung der von den Technologieeinführungen betroffenen Abteilungen.

Routinen für das Change Management bei Technologieeinführungsprozessen
Die interdisziplinäre Zusammenarbeit zwischen Geschäftsleitung, Beschäftigten, Betriebsrat und Gewerkschaft sowie wissenschaftlichen Forschungseinrichtungen stellte eine der ersten Erprobungen der gemeinsamen Gestaltung von digitalen Veränderungsprozessen dar. Die Erfahrungen in diesem Prozess werden im nächsten Abschn. 7.4.2 dargestellt. Diese Erkenntnisse sollen für zukünftige Veränderungsprozesse aufgearbeitet und in Routinen übersetzt werden.

Wissenschaftliche Verwertung der Forschungsergebnisse
Der bisherige Forschungsstand wurde bereits in Abschn. 7.1.2 dargestellt. Es konnte abgeleitet werden, dass die Forschung zu Auswirkungen von Industrie 4.0-Technologien auf die Beschäftigten in geringer Anzahl vorlag und dass insbesondere Forschung zur Wahrnehmung der Beschäftigten in den Bereichen Kompetenzen und Arbeitsgestaltung weitgehend fehlte. Diese Forschungslücke konnte mit der vorliegenden Forschung geschlossen werden. Die Projektergebnisse sollen als wissenschaftliche Veröffentlichung der Forschungsgemeinde zugänglich gemacht werden.

7.4.2 Gestaltung des Veränderungsprozesses der Einführung intelligenter und vernetzter Systeme

Im Folgenden werden die Erfahrungen des Projektteams in der Begleitung des Change Managements bei der Einführung intelligenter und vernetzter Systeme in das Unternehmen Hettich beschrieben.

Während des Projekts bestand ein intensiver Austausch zwischen Projekt- und Unternehmensleistung, Betriebsrat und gewerkschaftlicher Vertretung sowie Forschungspartnern. Gemeinsam wurden zu jeder Projektphase Ziele konkretisiert, Umsetzung und methodisches Herangehen besprochen und Ergebnisse diskutiert. Dieses Vorgehen galt dem Zweck, zum einen eine Handlungsempfehlung für die Gestaltung zukünftiger Veränderungsprojekte abzuleiten, als auch zum anderen die Akzeptanz der Veränderung durch die Beschäftigten positiv zu gestalten. Die ermittelten Handlungsempfehlungen sowie ihre wissenschaftliche Fundierung aus der Diskussion um kritische Erfolgsfaktoren von IT-Implementierungsprozessen (Iden und Eikebrokk 2013; Somers und Nelson 2001) werden im Weiteren vorgestellt.

Unterstützung durch die obere Führungsebene
Technologieeinführungen werden meist vom oberen Management entschieden. Entsprechend muss ihr Einführungsprozess durch das Management unterstützt und gestaltet werden, damit Beschäftigte von den Vorteilen der neuen Technologie überzeugt werden und diese akzeptieren. Unterstützung bedeutet dabei auch, dass das Management Ressourcen bereitstellt, z. B. damit die Beschäftigten die neue Technologie vor deren Einführung ausprobieren können. Im Projekt Arbeit4.0@Hettich erfolgte dies durch die Ankopplung des Projekts in der Leitung und Bereitstellung von Arbeitszeit der Mitarbeiter zur Teilnahme am Projekt und Auseinandersetzung mit der Thematik.

Project Champion
Die enge Zusammenarbeit zwischen Geschäftsleitung und Betriebsrat ermöglichte es, viele Motivatoren für die neuen Technologien und das Projekt zu gewinnen. Denn Project Champions sind Personen, die die Idee der neuen Technologien und deren Vorteile in das Unternehmen tragen und an die Mitarbeiter kommunizieren. Die Beschäftigten erfuhren in der Einführung der neuen Technologien Unterstützung sowohl von der Geschäftsführung als auch von dem Betriebsrat.

Partizipation
Beschäftigte können eine neue Technologie dann eher akzeptieren, wenn sie in den Einführungsprozess einbezogen werden, Wünsche und Befürchtungen äußern können und über Entwicklungsschritte informiert werden (Ötting und Maier 2016). Durch ein frühzeitiges Ausprobieren der neuen Technologien vor deren Einführung, Projektteilnahme, und insbesondere der Diskussion um mögliche Technologien innerhalb der Workshops (vgl. Abschn. 7.3.2) konnten sich die Mitarbeiter in einem geschützten Rahmen mit den Veränderungen durch die Digitalisierung auseinandersetzen und sich eine eigene Vorstellung von deren Konsequenzen machen. Durch die Partizipation an den Veränderungen, das ein Gefühl von Kontrolle in der sonst häufig unsicheren Veränderungssituation schafft, kann unter anderem Zufriedenheit, Bindung an das Unternehmen und Leistung der Beschäftigten gesteigert werden (Pereira and Osburn 2007; Spector 1986).

Kommunikation
Der richtige Zeitpunkt für die Weitergabe von Informationen in Veränderungsprojekten an die Beschäftigten stellt vielfach eine Herausforderung dar. Die Unternehmensleitung fühlt sich häufig unsicher in der Weitergabe von Informationen, wenn diese nicht gesichert oder die Veränderungsstrategie noch nicht völlig durchdacht ist. Im Projekt Arbeit4.0@Hettich hat sich eine mitarbeitergerechte, kontinuierliche Kommunikation bewährt, die zunächst darauf abzielte, ein grundsätzliches Verständnis über die Digitalisierung der Unternehmensprozesse zu vermitteln. Vorurteile zum Thema konnten dabei auch durch die Vermittlung der unternehmensspezifischen Vorteile der Digitalisierung, nämlich Wachstum und Standortsicherung, abgebaut werden.

Bereitschaft zur Veränderung

Die Digitalisierung des Unternehmens kann nur gelingen, wenn sämtliche Unternehmensangehörigen die Bereitschaft entwickeln, ihr berufliches Handeln zu verändern oder Veränderungen ihres Arbeitsplatzes mitzutragen. In metaanalytischen Untersuchungen konnte der Zusammenhang zwischen der Veränderungsbereitschaft und veränderungsunterstützenden Verhaltensweisen, wie Engagement und verringerter Kündigungsabsicht, bestätigt werden (Choi 2011; Rafferty et al. 2012). Eine Bereitschaft zu Veränderungen kann u. a. durch positive Erfahrungen mit früheren Veränderungsprozessen, einem hohen Grad an Informiertheit und Partizipation durch Vertrauen in die Führungskraft und Kollegen sowie eine faire Prozessgestaltung erreicht werden (Schlicher et al. 2018). Die Bereitschaft zur Veränderungen beim Unternehmen Hettich konnte durch die Aufgeschlossenheit der Unternehmensleitung und des Betriebsrats für neue Themen und deren positiver Assoziation erreicht werden.

Externe Unterstützung

Bei einem komplexen und neuartigen Thema wie der Digitalisierung kann der Einbezug externen Wissens außerhalb des Unternehmens eine wichtige Informationsquelle sein, um den eigenen Veränderungsprozess positiv zu gestalten. Durch die Zugehörigkeit zum Cluster it's OWL sowie der Beratung des Betriebsrats durch die IG Metall und die Sustain Consult konnten Erkenntnisse aus anderen Digitalisierungsprojekte ausgewertet und auf das eigene Unternehmen angepasst werden.

Interne Unterstützung

Unternehmen verfügen meist bereits über Fachkenntnisse aus früheren Veränderungsprozesses oder Technologieeinführungsprojekten, die auch für neue Technologieeinführungen genutzt werden können. Diese internen Experten sollten miteinbezogen werden.

Faire Gestaltung des Veränderungsprozesses

Beschäftigte bewerten Veränderungsprozesse häufig dahingehend, inwiefern sie Unternehmensprozesse als gerecht wahrnehmen. Dafür sollten Mitsprachemöglichkeiten für die Beschäftigten eröffnet werden (prozedurale Gerechtigkeit), die Beteiligten an der Veränderung sollten respektvoll und wertschätzend miteinander umgehen (interpersonale Gerechtigkeit), Entscheidungen bezüglich der Veränderung sollten begründet und zeitnah vermittelt werden (informationale Gerechtigkeit) und keine Beschäftigtengruppe sollte gegenüber einer anderen durch die Veränderung benachteiligt werden (distributive Gerechtigkeit) (Colquitt und Zipay 2015; Ötting und Maier 2016).

Die Gestaltung von Veränderungsprozessen bei der Einführung intelligenter und technischer Systeme in die Unternehmen wird ausführlicher in Schlicher et al. (2018) ausgeführt.

7.4.3 Fazit

Die mitarbeitergerechte Einführung intelligenter und technischer Systeme in die Unternehmen kann für Unternehmen eine große Herausforderung darstellen. Durch die systematische Anwendung eines methodengeleiteten Vorgehens zur Analyse der Veränderungen in den Bereichen Arbeitsgestaltung, Anforderungsanalyse und Change Management werden die großen Herausforderungen handhabbar. Im vorliegenden Kapitel wurde ein Vorgehen vorgestellt, dass es Unternehmen ermöglicht, ihre Mitarbeiter in den Veränderungsprozess einzubeziehen und durch eine systematische

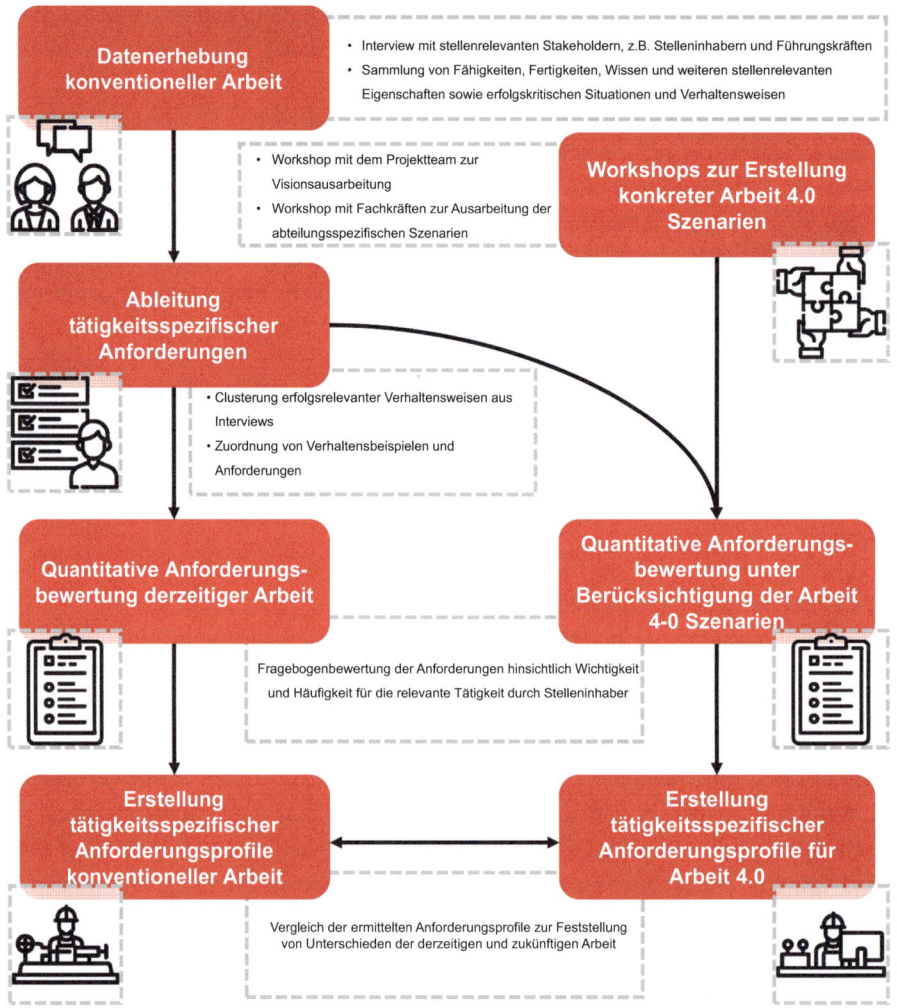

Abb. 7.6 Handlungsleitfaden für die mitarbeiterorientierte Gestaltung von Arbeit 4.0

Analyse den Handlungsbedarf für eine gesundheits- und motivationsförderliche Arbeitsgestaltung und Qualifizierungsplanung abzuleiten.

Als Handlungsleitfaden für Unternehmensvertreter, die das im vorliegenden Forschungsprojekt vorgestellte Vorgehen der Arbeits- und Anforderungsanalyse nachvollziehen wollen, ist in Abb. 7.6 ein Ablaufschema dargestellt.

Literatur

Acatech (2016) Kompetenzentwicklungsstudie Industrie 4.0. Erste Ergebnisse und Schlussfolgerungen. http://www.acatech.de/de/projekte/projekte/kompetenzentwicklungsstudie-industrie-40.html. Zugegriffen: 26. Okt. 2017

Aguinis H, Bradley KJ (2014) Best practice recommendations for designing and implementing experimental vignette methodology studies. Organ Res Methods 17:351–371. https://doi.org/10.1177/1094428114547952

Appelbaum S, Grigore M (1997) Organizational change and job redesign in integrated manufacturing: a macro-organizational to micro-organizational perspective. J Eur Ind Train 21(2):51–62. https://doi.org/10.1108/03090599710161720

Bosco F, Aguinis H, Singh K, Field J, Pierce C (2015) Correlational effect size benchmarks. J Appl Psychol 100:431–449. https://doi.org/10.1037/a0038047

Bundesministerium für Arbeit und Soziales (2015) Grünbuch Arbeiten 4.0. http://www.bmas.de/DE/Service/Medien/Publikationen/A872-gruenbuch-arbeiten-vier-null.html. Zugegriffen: 25. Okt. 2017

Bundesministerium für Arbeit und Soziales (2017) Weißbuch Arbeiten 4.0. http://www.bmas.de/DE/Service/Medien/Publikationen/a883-weissbuch.html. Zugegriffen: 25. Okt. 2017

Campion M, Fink A, Ruggeberg B, Carr L, Phillips G, Odman R (2011) Doing competencies well: best practices in competency modeling. Pers Psychol 64:225–262. https://doi.org/10.1111/j.1744-6570.2010.01207.x

Choi M (2011) Employees' attitudes toward organizational change. A literature review. Hum Resour Manag 50:479–500. https://doi.org/10.1002/hrm.20434

Colquitt J, Zipay K (2015) Justice, fairness, and employee reactions. Annu Rev Organ Psych Organ Behav 2:75–99. https://doi.org/10.1146/annurev-orgpsych-032414-111457

Corsten H, Roth S (2011) Nachhaltigkeit als integriertes Konzept. In: Corsten H, Roth S (Hrsg) Nachhaltigkeit. Unternehmerisches Handeln in globaler Verantwortung (S 1–14). Wissenschaftliche Tagung des Verbandes der Hochschullehrer für Betriebswirtschaftslehre e. V. an der Technischen Universität Kaiserslautern 2011. Springer Gabler, Wiesbaden

Dauth W, Findeisen S, Suedekum J, Woessner N (2017) German robots – the impact of industrial robots on workers. CEPR Discussion Papers No. DP12306. https://ssrn.com/abstract=3039031. Zugegriffen: 1. Dez. 2017

Diewald M, Andernach B, Kunze E (2018) Entwicklung der Beschäftigungsstruktur durch Digitalisierung von Arbeit. In: Maier G, Engels G, Steffen E (Hrsg) Handbuch Gestaltung digitaler und vernetzter Arbeitswelten. Springer, Berlin. https://doi.org/10.1007/978-3-662-52903-4_19-1

Flanagan J (1954) The critical incident technique. Psychol Bull 51:327–358

Flick U (2012) Qualitative Sozialforschung. Eine Einführung, 5. völlig überarbeitete Aufl. und erweiterte Neuauflage. Rowohlt Taschenbuch, Reinbek

Fraunhofer-Institut für Produktionstechnologie (IPT) (2015) »Smart Glasses« bringen Durchblick in die Produktion. http://www.ipt.fraunhofer.de/de/presse/Pressemitteilungen/20150407smartglasses.html. Zugegriffen: 20. Nov. 2017

Frey C, Osborne M (2017) The future of employment: how susceptible are jobs to computerisation? Technol Forecast Soc Chang 114:254–280. https://doi.org/10.1016/j.techfore.2016.08.019

Gagné M, Forest J, Vansteenkiste M, Crevier-Braud L, van den Broeck A, Aspeli A, Bellerose J, Benabou C, Chemolli E, Güntert S, Halvari H, Indiyastuti D, Johnson P, Molstad MH, Naudin M, Ndao A, Olafsen AH, Roussel P, Wang Z, Westbye C (2015) The multidimensional work motivation scale: validation evidence in seven languages and nine countries. Eur J Work Organ Psy 24:178–196. https://doi.org/10.1080/1359432X.2013.877892

Heider-Friedel C, Strobel A, Westhoff K (2006) Anforderungsprofile zukunftsorientiert und systematisch entwickeln – Ein Bericht aus der Unternehmenspraxis zur Kombination des Bottom-up- und Top-down-Vorgehen bei der Anforderungsanalyse. Wirtschaftspsychologie 1:23–31

Hülsheger U, Anderson N, Salgado J (2009) Team-level predictors of innovation at work: a comprehensive meta-analysis spanning three decades of research. J Appl Psychol 94:1128–1145. https://doi.org/10.1037/a0015978

Humphrey S, Nahrgang J, Morgeson F (2007) Integrating motivational, social, and contextual work design features: a meta-analytic summary and theoretical extension of the work design literature. J Appl Psychol 92:1332–1356. https://doi.org/10.1037/0021-9010.92.5.1332

Iden J, Eikebrokk T (2013) Implementing IT Service Management: a systematic review. Int J Inf Manage 33:512–523. https://doi.org/10.1016/j.ijinfomgt.2013.01.004

Kallus K (2010) Erstellung von Fragebogen. Facultas.wuv Universitätsverlag, Wien

Koch A (2010) Die Task-Analysis-Tools (TAToo). Entwicklung, empirische und praktische Prüfungen eines Instrumentes für Anforderungsanalysen. Dissertationsschrift

Koch A, Westhoff K (2012) Task-Analysis-Tools (TAToo) – Schritt für Schritt Unterstützung zur erfolgreichen Anforderungsanalyse. Pabst Science, Lengerich

Kochinka A (2010) Beobachtung. In: Mey G, Mruck K (Hrsg) Handbuch qualitativer Forschung in der Psychologie. Gabler, Wiesbaden, S 449–461

König E, Volmer G (2014) Moderation als Steuerung eines sozialen Systems. In: Freimuth J, Barth T (Hrsg) Handbuch Moderation. Konzepte, Anwendungen und Entwicklungen. Hogrefe, Göttingen, S 257–268

Maier G, Hülsheger U, Anderson N, Steinmann B (2018) Innovation und Kreativität in Projekten. In: Wastian M, Braumandl I, von Rosenstiel L, West M (Hrsg) Angewandte Psychologie für das Projektmanagement, 3. Aufl. Springer, Berlin, S 249–266

Marcus B (2011) Personalpsychologie. Springer, Wiesbaden

Mlekus L, Ötting S, Maier G (2018) Psychologische Gestaltung digitaler Arbeitswelten. In: Maier G, Engels G, Steffen E (Hrsg) Handbuch Gestaltung digitaler und vernetzter Arbeitswelten. Springer, Berlin

Mohr G, Rigotti T, Müller A (2005) Irritation – ein Instrument zur Erfassung psychischer Beanspruchung im Arbeitskontext. Skalen- und Itemparameter aus 15 Studien. Zeitschrift für Arbeits- und Organisationspsychologie 49:44–48

Morgeson F, Humphrey S (2006) The Work Design Questionnaire (WDQ): developing and validating a comprehensive measure for assessing job design and the nature of work. J Appl Psychol 91:1321–1339. https://doi.org/10.1037/0021-9010.91.6.1321

Neuberger O (1978) Messung und Analyse von Arbeitszufriedenheit: Erfahrungen mit dem „Arbeitsbeschreibungsbogen (ABB)". Huber, Bern

Ötting SK, Maier GW (2016) Arbeit 4.0: Faire Gestaltung der digitalen Arbeitswelt. Supervision 34(4):19–24

Pereira G, Osburn H (2007) Effects of participation in decision-making on performance and employee attitudes: a quality circles meta-analysis. J Bus Psychol 22:145–153. https://doi.org/10.1007/S10869-007-9055-8

Rafferty A, Jimmieson N, Armenakis A (2012) Change readiness. a multilevel review. J Manag 39:110–135. https://doi.org/10.1177/0149206312457417

Schaper N (2014) Arbeitsgestaltung in Produktion und Verwaltung. In: Nerdinger F, Blickle G, Schaper N (Hrsg) Arbeits- und Organisationspsychologie, 3. Aufl. Springer, Heidelberg, S 371–391

Schlicher KD, ..., Maier GW (2018) Change Management für die Einführung digitaler Arbeitswelten. In: Maier et al (Hrsg) Handbuch Gestaltung digitaler und vernetzter Arbeitswelten. Springer Reference Psychologie, Heidelberg

Schuler H (2014) Arbeits- und Anforderungsanalyse. In: Schuler H, Kanning U (Hrsg) Lehrbuch der Personalpsychologie, 3. überarbeitete und erweiterte Aufl. Hogrefe, Göttingen, S 61–98

Somers T, Nelson K (2001) The Impact of Critical Success Factors across the stages of enterprise resource planning implementations. Proceedings of the 34th Hawaii International Conference on System Sciences IEEE

Sonntag K, Schmidt-Rathjens C (2005) Anforderungsanalyse und Kompetenzmodelle. In: Gonon P, Klauser F, Nickolaus R, Huisinga R (Hrsg) Kompetenz, Kognition und neue Konzepte der beruflichen Bildung. VS Verlag/GWV Fachverlage, Wiesbaden, S 55–66

Spanos Y, Prastacos G, Poulymenakou A (2002) The relationship between information and communication technologies adoption and management. Inf Manage 39:659–675

Spector P (1986) Perceived control by employees: a meta-analysis of studies concerning autonomy and participation at work. Hum Relat 39:1005–1016

Stegmann S, van Dick R, Ullrich J, Charalambous J, Menzel B, Egold N, Wu T (2010) Der Work Design Questionnaire. Vorstellung und erste Validierung einer deutschen Version. Zeitschrift für Arbeits- und Organisationspsychologie 54:1–28

Ulich E (2011) Arbeitspsychologie, 7. neu überarb. und erw. Aufl. Schäffel-Poeschel, Stuttgart

VDMA (2016) Industrie 4.0 – Qualifizierung 2025. https://www.vdma.org/v2viewer/-/v2article/render/13668437?cachedLR61051178=de_DE. Zugegriffen: 17. Nov. 2017

Weinert F (2002) Vergleichende Leistungsmessung in Schulen – eine umstrittene Selbstverständlichkeit. In: Weinert F (Hrsg) Leistungsmessungen in Schulen, 2. Aufl. Beltz, Weinheim, S 17–32

West M (1996) A social psychology of innovation in groups. In: West M, Farr J (Hrsg) Innovation and creativity at work. Psychological and organizational strategies. Wiley, Chichester, S 309–334 (Reprinted)

Westhoff K, Kluck M (2014) Psychologische Gutachten schreiben und beurteilen, 6. völlig überarbeitete und erweiterte Aufl. Springer, Berlin

Qualitätssteigerung durch Informationsrückführung – Assistenzsysteme in der Montage (Diebold Nixdorf)

Holger Fischer und Gunnar Schomaker

Inhaltsverzeichnis

8.1 Ausgangssituation und Problemstellung 123
    8.1.1 Problematik und Handlungsbedarf bei der Diebold Nixdorf AG... 124
8.2 Zielsetzung und Konzeption 126
8.3 Realisierung 129
    8.3.1 Individuelle und organisationale Akzeptanzkriterien..................... 132
    8.3.2 Beschäftigten-zentrierter Gestaltungs- und Entwicklungsprozess............. 136
    8.3.3 Interaktionskonzept 139
8.4 Erfahrungen 141
Literatur.. 144

8.1 Ausgangssituation und Problemstellung

Die zunehmende Durchdringung des Maschinenbaus und verwandter Branchen mit Informations- und Kommunikationstechnik (IKT) bietet faszinierende Möglichkeiten für die Kreation technischer Systeme. Schon heute lässt sich der Trend erkennen, dass technische Systeme unserer realen Umgebung durch eingebettete Software in das weltumspannende Kommunikationsnetz integriert werden. Die zugehörige Entwicklung, Produktion und der Betrieb werden dabei mehr und mehr als komplexes, informations-

---

H. Fischer (✉) · G. Schomaker
Software Innovation Campus SICP, Universität Paderborn, Paderborn, Deutschland
E-Mail: holger.fischer@upb.de

G. Schomaker
E-Mail: schomaker@sicp.de

© Springer-Verlag GmbH Deutschland, ein Teil von Springer Nature 2022
R. Dumitrescu (Hrsg.), *Gestaltung digitalisierter Arbeitswelten,* Intelligente Technische Systeme – Lösungen aus dem Spitzencluster it's OWL,
https://doi.org/10.1007/978-3-662-58014-1_8

verarbeitendes System verstanden, in dem die durchgängige Unterstützung durch IKT eine herausragende Rolle spielt. Schlagwörter wie Cyber-Physical Systems, Smart Things, Internet of Things oder ganz allgemein **Industrie 4.0** bringen diesen Trend zum Ausdruck.

Die mit Industrie 4.0 einhergehenden Potentiale werden durch die Unternehmen bislang jedoch stark aus der technischen Perspektive bezogen auf Produktinnovationen betrachtet. Die Leitfrage lautet häufig: „Was ist technisch möglich?" Allerdings haben die entsprechenden Technologien starke Auswirkungen auf die Organisation und die Arbeitswelt.

8.1.1 Problematik und Handlungsbedarf bei der Diebold Nixdorf AG

Diebold Nixdorf besitzt eine kundenindividuelle Produktion, die es ermöglicht, verschiedenste Varianten eines Geldautomaten zu produzieren (Abb. 8.1). Die Anzahl der Geldautomaten, die der gleichen Variante angehören, ist häufig gerade einmal einstellig. Gleichzeitig folgt der Produktionsprozess einem festen Takt. Die Produktion muss daher hochflexibel sein. In den Produktionsbereichen müssen die Beschäftigten eine hohe Bandbreite an Varianten montieren können. Das Erreichen der angestrebten

Abb. 8.1 Qualitätsinformationen und Handlungsanweisungen sollen die Beschäftigten in der Montage unterstützen (Diebold Nixdorf)

Produktqualität und Fehlerfreiheit stellt die Beschäftigten in der Produktion und insbesondere in der Montage dadurch vor eine Herausforderung.

Die Produktion ist in verschiedene, zum Teil parallel ablaufende Produktionsstufen unterteilt. Für die Qualitätssicherung dieser Stufen hat Diebold Nixdorf das Konzept der sogenannten Q-Gates installiert. Dies bedeutet, dass zum Abschluss jeder Stufe ein spezieller Arbeitsplatz (Q-Gate) existiert, bei dem das bis zu diesem Punkt erzeugte (Teil-)Produkt bezüglich seiner Qualität anhand verschiedener Merkmale untersucht wird. Die Untersuchung beinhaltet je nach Erzeugnis eine visuelle Prüfung und/oder eine automatisierte Funktionsprüfung.

Die Ergebnisse der Untersuchung/Funktionsprüfung des Q-Gates werden in ein Shopfloor Quality Data Management System (Q-Data Management-System) eingetragen. Jeder Eintrag wird klassifiziert und beinhaltet unter anderem zeitliche sowie für den Fertigungsauftrag spezifische und materialbezogene Informationen. Im Fehlerfall erfolgt additiv die Erfassung einer detaillierten Fehlerbeschreibung, falls möglich die Zuordnung zu dem fehlerhaften Material und die Zuordnung des Fehlers zu einem Q-Gate eines Vorprozesses als möglicher Verursacher.

Das Q-Data Management-System ist eine zentrale Datenbank und dient dem Sammeln und Vorhalten der qualitätsrelevanten Daten aus den Q-Gates aller Produktionsprozesse. Durch Klassifizierung und Zuordnung der Fehler zu den verursachenden Prozessen lässt sich für jedes Q-Gate ein Quality-Performance Report erstellen. Dieser beinhaltet die Auflistung aller Fehler die das Q-Gate selbst gefunden hat und die Fehler, die ein nachgelagerter Prozess dem Q-Gate als Verursacher zugeordnet hat.

Auf Basis dieser Reports werden in täglichen Runden alle in dem relevanten Teilprozess eingesetzten Beschäftigten über die Qualitäts-Situation (Q-Lage) informiert. Diskutiert werden die Fehlerschwerpunkte, die Maßnahmen zur Abstellung der Probleme und im Rahmen einer „One-Point Lesson", Hilfestellungen für die Beschäftigten zur Fehlervermeidung.

Das Einbinden in die Q-Lage der Teilprozesse erzeugt bei den Beschäftigten eine höhere Sensibilisierung und ein besseres Verständnis für die Produktqualität – als Gesamtergebnis hat Diebold Nixdorf die Qualität der Erzeugnisse aus den Teilprozessen steigern und Nacharbeitskosten reduzieren können.

Die aktuelle Vorgehensweise im Qualitätsprozess birgt jedoch nach wie vor Schwachstellen. Insbesondere die Herausforderung, relevante Informationen zeitgerecht technisch bereitzustellen und am Arbeitsplatz zu nutzen, bietet Anknüpfungspunkte für Innovationen. Beispielsweise finden die täglichen Q-Runden mit den Beschäftigten zu Schichtbeginn statt. Dies hat zur Folge, dass die präsentierte Information u. U. nicht mehr relevant ist, da sie aus dem Vortag gewonnen wurde. Ebenso werden in diesen Runden alle Beschäftigten mit derselben Information versorgt. Zwar werden Q-relevante Informationen für den entsprechenden Teilprozess vermittelt, aufgrund der hohen Produktvarianz in dem Teilprozess sind aber nicht alle Informationen für jeden

Beschäftigten beziehungsweise für alle Produktvarianten relevant. Es kommt zu einer nicht zielgerichteten Wissensvermittlung.

Im Rahmen einer Reihe von Industrie 4.0 bezogenen Projekten existieren bei Diebold Nixdorf bereits Vorarbeiten und parallele Aktivitäten in anderen Produktionsbereichen, die nicht direkt übertragen werden können, aber Berücksichtigung finden müssen. Im Bereich der Produktionsstufe Teilefertigung (z. B. Biegen/Stanzen von Blechen) ist der Produktionsprozess bereits vollständig digitalisiert. Zudem stehen für die einzelnen Bearbeitungszentren Assistenzsysteme in Form von Touchscreens zur Verfügung. Darüber hinaus werden bei Diebold Nixdorf parallel weitere Assistenzsysteme entwickelt (z. B. Digitalisierung von Kommissionierungsschritten mittels Tablets) beziehungsweise stehen kurz vor der Einführung (z. B. dynamische Checklisten im Bereich automatisierter Systemendtests).

Ziel des Unternehmens ist unter anderem eine Verstetigung der Qualitätsziele durch eine verbesserte Erfassung, Analyse, Bereitstellung und Nutzung von Daten im Produktionsumfeld. Zudem sind die Auswirkungen der entstehenden prototypischen Assistenzsysteme auf das Tätigkeitsfeld und die Akzeptanz der Arbeitnehmer ein wichtiger Unternehmensaspekt.

8.2 Zielsetzung und Konzeption

Der Fokus des im Rahmen der it's OWL Nachhaltigkeitsmaßnahme Arbeit 4.0 stattgefundenen Pilotprojektes lag im Bereich der Endmontage von Geldautomaten. Im Rahmen der Endmontage gilt es, alle Informationen aus dem Qualitätsdaten-Management-System in Echtzeit[1] aufzubereiten sowie mit weiteren relevanten Informationen verknüpft und zeitnah bedarfsgerecht an die entsprechenden Beschäftigten der Teilprozesse bereitzustellen (Abb. 8.2).

Die Beschäftigten werden sofort über aufgetretene Probleme informiert und können direkt auf die Probleme reagieren. Der erwartete Nutzen ist, dass die Qualität der Produktion deutlich gesteigert werden kann, da weniger fehlerhafte Teile gebaut werden, die anschließend aufwendig korrigiert werden müssen.

Für die Konzeption und Umsetzung eines die Rückführung von Qualitätsinformationen unterstützenden Assistenzsystems sollte die Akzeptanz der Beschäftigten als auch der Organisation berücksichtigt sowie projektbegleitend sichergestellt werden.

---

[1] „Echtzeit" meint im Folgenden eine möglichst unmittelbare Verwertung von zur Verfügung stehenden Qualitätsinformationen. Nach Möglichkeit sollte dem vorgegebenen Takt der einzelnen Produktionsstufen gefolgt werden.

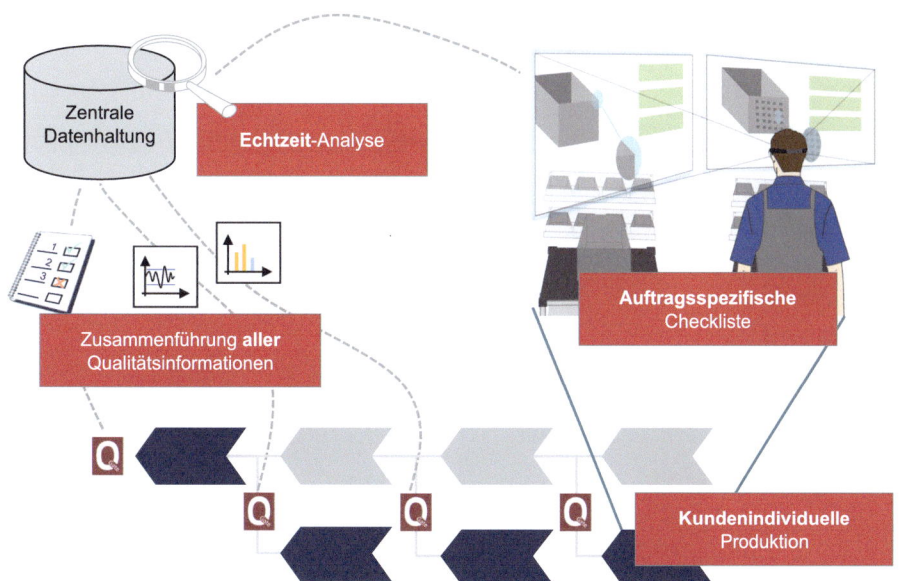

Abb. 8.2 Konzept zur bedarfsgerechten Rückführung von Qualitätsinformationen in der Produktion

Um das genannte Ziel zu erreichen, galt es hierbei mehrere Herausforderungen unter Berücksichtigung wissenschaftlicher Erkenntnisse zu lösen:

1. Heutzutage werden die benötigten Informationen (Qualitätsinformationen, Auftragsdaten, Materialdaten) in getrennten Datenbanken gehalten. Diese gilt es für die Nutzung im Qualitätsprozess zu erschließen und zu verknüpfen.
2. Es muss eine Echtzeit-Datenaufbereitung entwickelt werden, die möglichst schnell aufgenommene Qualitätsinformationen analysiert, aufbereitet und bedarfsorientiert den Beschäftigten in der Produktion zur Verfügung stellt.
3. Für die Darstellung dieser Qualitätsinformationen ist ein Interaktionskonzept zu entwickeln (Assistenzsystem bestehend aus Benutzungsschnittstelle und geeigneter Präsentationsumgebung). Die Montagearbeitsplätze sind je nach Produktionsstufe unterschiedlich aufgebaut/gestaltet. Diese Gegebenheiten sind beim Interaktionskonzept zu berücksichtigen um eine hohe Ergonomie in der Produktion zu erhalten.
4. Die organisationale und individuelle Akzeptanz der entworfenen Konzepte ist zu untersuchen. Des Weiteren ist ein Kennzahlensystem zu konzipieren und zu evaluieren, um die kontinuierliche Bewertung der Akzeptanz zu ermöglichen.

Das Projekt wurde für die Bearbeitung der Ziele in acht Arbeitspakete unterteilt (Abb. 8.3). Im Wesentlichen wurden hierbei zwei Phasen festgelegt.

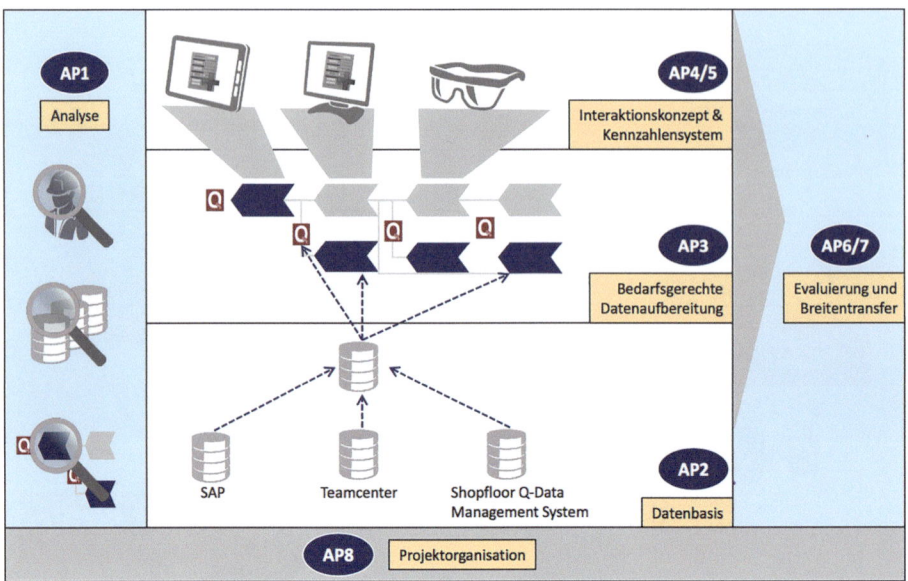

Abb. 8.3 Arbeitspaketübersicht

In der ersten Phase wurde der Kontext des Produktionsprozesses als auch der Organisation ausgiebig erfasst und analysiert. Dabei wurden bestehende Arbeitsabläufe sowie Kommunikationskanäle betrachtet, um ein entsprechendes Verständnis darüber aufzubauen, was die wesentlichen Aktivitäten der Beschäftigten im Produktionsprozess sind und wie sich diese derzeit über die Qualität von Arbeitsabläufen austauschen. Des Weiteren wurden vorhandene Datenquelle für Qualitätsinformationen identifiziert, analysiert und bewertet, wie diese zur Unterstützung der Beschäftigten im Produktionsablauf eingesetzt werden können. Neben der Analyse des Nutzungskontextes in Bezug auf die Endmontage lag zudem ein Fokus auf der Analyse der organisatorischen Reife hinsichtlich der Entwicklung von softwarebasierten digitalen Assistenzsystemen und der Akzeptanzsicherstellung aufseiten der Beschäftigten sowie der Organisation als solches. Dabei wurden unter anderem existierende Assistenzsystem hinsichtlich der Usability evaluiert sowie die beteiligten Rollen bei der Entwicklung der Assistenzsysteme betrachtet.

Durch die gewonnenen Erkenntnisse sollte so abgebildet werden, wie zukünftig neue Assistenzsysteme im Unternehmen gestaltet werden sollten und dabei die Akzeptanz der Beschäftigten sichergestellt werden kann. Eine intensive Auseinandersetzung mit dem Thema der Akzeptanzkriterien war dabei essentiell. Im Rahmen einer Literaturrecherche und mehrerer Fokusgruppen wurde dazu analysiert, was heutzutage die Qualität und Akzeptanz von angemessenen Softwaresystemen ausmacht.

In der zweiten Phase wurde der konkrete Nutzungskontext detaillierter analysiert sowie Interaktionskonzepte für Assistenzsysteme erarbeitet. Wesentliche Bestandteile dabei waren sowohl die Interaktion der Beschäftigten mit dem Assistenzsystem während des normalen Arbeitsablaufes als auch das angemessene technisches Interaktionssetting. Dieses galt es sowohl prototypisch zu gestalten als auch als lauffähigen Demonstrator zu implementieren und in die Endmontage zu überführen, um dort eine summative Evaluation hinsichtlich der Akzeptanz durchzuführen.

8.3 Realisierung

Gemäß unserer Annahme stellen digitale Assistenzsysteme eine Möglichkeit dar, die digitale Transformation in den Unternehmen erfolgreich umzusetzen und dabei alle Beschäftigten mitzunehmen, unter der Voraussetzung, dass diese Systeme angemessen entwickelt werden. Das Ziel digitaler Assistenzsysteme ist es, den Beschäftigten die Informationen, die sie benötigen, so schnell und so einfach wie möglich jederzeit und überall zugänglich zu machen. Assistenzsysteme fassen alle Technologien zusammen, die den Beschäftigten bei der Durchführung ihrer Arbeit helfen und es ihnen ermöglichen, sich auf ihre eigentliche Arbeit (Kernkompetenzen) zu konzentrieren (Bischoff 2015). Dies sind insbesondere Technologien zur Bereitstellung von Informationen, wie Visualisierungssysteme, mobilen Geräte, Tablets und Datenbrillen oder Werkzeuge, die Berechnungen durchführen. Dies reicht von der einfachen Anzeige von Arbeitsanweisungen über visuelle oder multimediale Unterstützung (z. B. Kommissionier-Systeme) bis zur kontextsensitiven Augmented Reality für die Beschäftigten (Bannat 2014).

Digitale Assistenzsysteme können je nach Ausprägung durch die Benutzer dieser Systeme, die Beschäftigten, als disruptiv wahrgenommen werden. Wir unterscheiden daher zwischen vier wesentlichen Stufen von digitalen Assistenzsystemen: *Aktuell,*

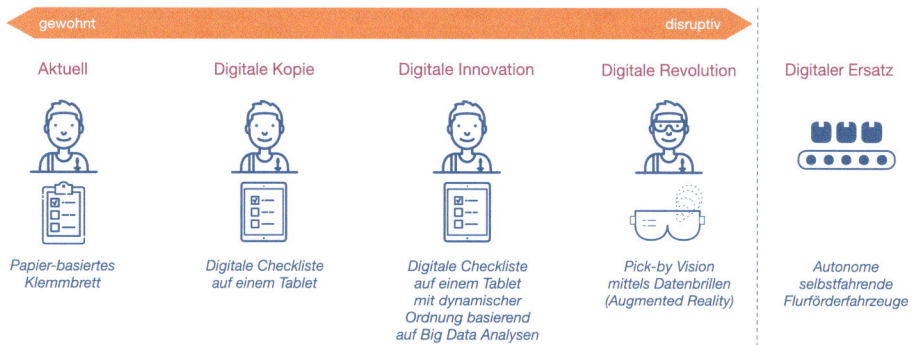

Abb. 8.4 Ebenen digitaler Assistenzsysteme (am Beispiel der Kommissionierung)

digitale Kopie, digitale Innovation, digitale Revolution (Abb. 8.4). Die „digitale Kopie" repräsentiert eine genaue Reflexion der Realität von etwas bereits Bestehendem. Am Beispiel der industriellen Kommissionierung könnte die digitale Kopie eine Online-Checkliste auf einem Tablet sein, die genauso aussieht wie die Checkliste auf einem papierbasierten Klemmbrett. Die nächste Stufe „digitale Innovation" fügt etwas Digitales der vorhandenen digitalen Kopie hinzu. Dies könnte eine dynamisch geordnete Online-Checkliste sein, die auf einer großen Datenanalyse über die Abhängigkeiten einzelner Prüfposten basiert. Der höchste Grad digitaler Assistenzsysteme ist die „digitale Revolution", etwas ganz Neues in der digitalen Welt, das in der realen Welt nicht existiert und eine Disruption in der Strukturierung, in Arbeitsabläufen oder in Aufgaben impliziert. Hierbei handelt es sich beispielsweise um ein Pick-by-Vision-System mit einer Datenbrille, in der digitale Informationen direkt im realen Arbeitsumfeld dargestellt werden, auch als Augmented Reality (AR) bekannt. Abgrenzend hierzu lässt sich des Weiteren der „digitale Ersatz" anführen, beispielsweise ein autonom selbstfahrendes Flurförderzeug. Da es sich hierbei nicht mehr um eine Unterstützung einer durch einen Menschen ausgeführten Tätigkeit, sondern um eine Substitution eines Arbeitsplatzes handelt, wurde dies in unserer Definition eines digitalen Assistenzsystems ausgeschlossen. Je höher die digitale Disruption, desto kritischer ist die Softwareakzeptanz seitens der Organisation und insbesondere seitens der Beschäftigten.

Eine etablierte Methodik in der Softwareentwicklung ist das *Human-Centered Design* (HCD). Mit der DIN EN ISO 9241-210 existiert ein entsprechendes Rahmenwerk zur Gestaltung interaktiver Systeme, zu denen auch digitale Assistenzsysteme zählen, welches die Menschen als Benutzer dieser Systeme mit ihren Erfordernissen, Anforderungen, Zielen und Aufgaben sowie mit deren aktiven Partizipation bei der Konzeption und Entwicklung in den Fokus stellt. Die Vorteile für die Anwender der Systeme sind umfangreich und nachhaltig und beinhalten verbesserte Produktivität, Arbeitsqualität und Zufriedenheit (Jokela 2001). Eine der zentralen Qualitätsmerkmale für interaktive Systeme ist ihre Gebrauchstauglichkeit (Bevan 1999). Die wichtigen Normungsorganisationen (IEEE und ISO) adressieren diesen Parameter bereits seit längerem (Granollers et al. 2003). Als Norm werden in der DIN EN ISO 9241-210 keine konkreten Techniken benannt, jedoch vier relevante Handlungsfelder aufgezeigt (Abb. 8.5): *Verstehen und Festlegen des Nutzungskontextes; Festlegen der Nutzungsanforderungen; Erarbeiten von Gestaltungslösungen zur Erfüllung der Nutzungsanforderungen; Evaluieren von Gestaltungslösungen anhand der Anforderungen.* Dabei sind die folgenden Problemstellungen wesentlich. Es existiert nicht „der Benutzer", sondern es existieren meist mehrere diverse Benutzergruppen, deren Erfordernisses es zu berücksichtigen gilt. Der Nutzungskontext kann dabei vielfältig sein und unterscheidet sich ggf. von Benutzergruppe zu Benutzergruppe. Iterationen von Gestaltungslösungen aber auch von Nutzungsanforderungen ist essentiell, da die initial erfassten Nutzungsanforderungen nicht erschöpfend sind. Insbesondere routinierte Tätigkeiten sind für den Menschen als prozedurales Wissen schwer verbalisierbar. Erst über anfassbare Gestaltungslösungen (Prototypen, Mock-ups, etc.) zeigen sich meist wesentliche

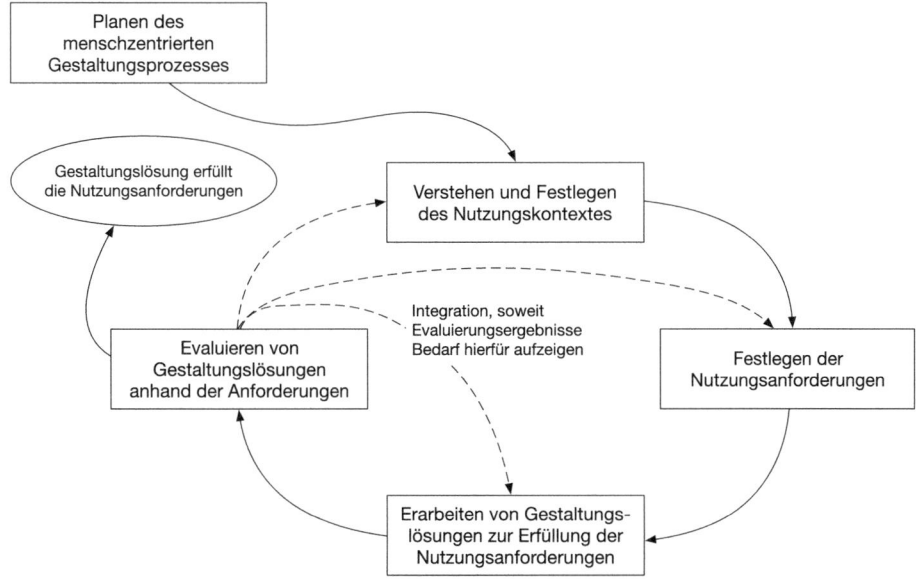

Abb. 8.5 Human-Centered Design gemäß DIN EN ISO 9241-210

Nutzungsanforderungen. Des Weiteren können sich diese auch gegenseitig widersprechen oder im Widerspruch zu Nutzungsanforderungen anderer Benutzergruppen stehen.

Zwei entscheidende Herausforderungen bei der Anwendung der DIN EN ISO 9241-210 als abstraktes Rahmenwerk bestehen zum einen in der Auswahl geeigneter Usability/UX-Techniken (Fischer et al. 2013) und zum anderen in der Integration mit bestehenden Entwicklungsprozessen (Fischer et al. 2015).

Die Auswahl geeigneter Usability/UX-Techniken wurde vielfach diskutiert (Ferrè und Bevan 2011; ISO/TS 16982; Weevers 2011) und unterscheidet sich entlang der verwendeten Auswahlkriterien. Dabei werden Kriterien wie beispielsweise das Budget, die Kompetenz oder die aktuelle Entwicklungsphase berücksichtigt, jedoch bleibt die Auseinandersetzung mit bestehenden Softwareentwicklungsprozessen und den dort verwendeten Arbeitsprodukten, Modellen oder Werkzeugen außen vor.

Die Integration von HCD und Software Engineering wird zurzeit unter dem Schlagwort Human-Centered Software Engineering (HCSE) thematisiert. Diverse Ansätze existieren, die konkrete Tätigkeiten zur Integration vorschlagen (Ferrè 2003), gemeinsame Spezifikationen erarbeiten (Juristo et al. 2003), Prozessmodelle thematisieren (Düchting et al. 2007) oder generische Bedingungen beschreiben (Metzker und Reiterer 2002).

Mit einem speziellen Fokus auf kleine und mittelständische Unternehmen (KMU) in der industriellen Fertigung, lassen sich bisherige Ansätze nur bedingt anwenden. Zudem müssen in Bezug auf die Akzeptanz von Assistenzsystemen und unter Betrachtung von Arbeit 4.0 weitere Aspekte berücksichtigt werden. Dazu wurden zunächst ausschlaggebende Akzeptanzkriterien identifiziert sowie ein spezifisches Vorgehensmodell für mittelständische Unternehmen entwickelt.

8.3.1 Individuelle und organisationale Akzeptanzkriterien

Die Akzeptanz digitaler Assistenzsysteme oder Technologien im Allgemeinen ist entscheidend für die erfolgreiche Einführung und Nutzung innerhalb einer Organisation (Venkatesh und Bala 2008). Im Rahmen des Projektes konnten drei miteinander verbundene Faktoren festgestellt werden, die sich auf die Akzeptanz eines digitalen Assistenzsystems auswirken:

1. **Der Prozess** *(Process):* Der erste Faktor bezieht sich darauf, dass alle notwendigen Stakeholder von Anfang an bei der Konzeption und Entwicklung eines Systems beteiligt werden. Dazu zählen insbesondere auch Beschäftigte als spätere Benutzer des Systems. Es gilt dabei, diese über das Projekt zu informieren, ihnen zuzuhören, sie zu beobachten und Empathie für ihre Erfordernisse und Anforderungen zu zeigen.
2. **Die Menschen** *(People):* Der zweite Faktor bezieht sich auf die Schaffung einer sozialen und kulturellen Umgebung (Organisationskultur), in der die Beschäftigten gerne arbeiten, ihre Probleme sowie ihre Ideen offen kommunizieren und daran arbeiten können. So werden die Mitarbeiter positiv gegenüber dem Wandel eingestellt sein und das Unternehmen gleichzeitig zu weiteren Innovationen bringen.
3. **Das System** *(Product):* Der dritte Faktor ist die Schaffung eines Assistenzsystems, das die Beschäftigten bei der Erfüllung ihrer Arbeitsaufgaben effektiv und effizient unterstützt. Die Akzeptanz wird hierbei insbesondere durch die Mensch-System-Schnittstelle beeinflusst.

Die Faktoren Prozess und Menschen lassen sich unter anderem durch den Gestaltungs- und Entwicklungsprozess steuern, den wir in Abschn. 8.3.2 beschreiben. Den Faktor des Systems werden wir im Folgenden weiter ausführen.

Die Akzeptanz von Softwarelösungen wird durch vier wesentliche Bereiche beeinflusst: die technischen Möglichkeiten und die Machbarkeit innerhalb eines Unternehmens, die organisatorische Perspektive (Unternehmensziele, etc.), die Perspektive der Beschäftigen und bei mittelständischen Unternehmen auch die Betriebsrat- und Gewerkschaftsperspektive (Abb. 8.6).

Projekte digitaler Assistenzsysteme haben somit jeweils zahlreiche beteiligte Personen und Vereinbarungen, zwischen denen mühsam herzustellen ist. Daher wurden durch uns sechs Ziele an ein ganzheitliches Akzeptanzmodell formuliert:

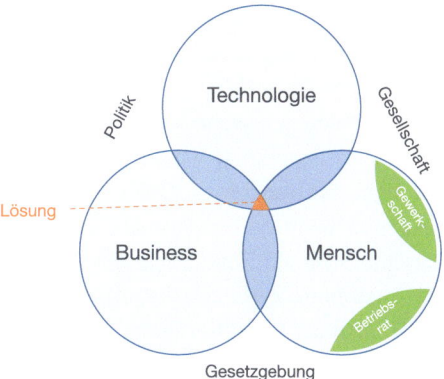

Abb. 8.6 Einflussbereiche auf die Assistenzsystem-Akzeptanz in Unternehmen

- **Gemeinsame Sprache und Verständnis im Projektteam:** Da Projektteams oft interdisziplinär sind und die beteiligten Stakeholder aus verschiedenen Abteilungen einer Organisation kommen, ist es notwendig, ein gemeinsames Gesamtbild der verschiedenen Begriffe und Ziele (z. B. unterschiedliche Interpretationen von Zufriedenheit) zu vermitteln.
- **Gemeinsame Priorisierung der Qualitätsziele:** Ein gemeinsames Qualitätsmodell auf der Grundlage von Abnahmekriterien soll es dem Projektteam ermöglichen, sich auf eine gemeinsame Priorisierung zu einigen, um den Umfang der Assistenzsysteme festzulegen.
- **Erhebung von Anforderungen:** Akzeptanzkriterien können entweder zu weiteren Anforderungen führen, die implizit angenommen werden, oder bestehende Anforderungen können nach ihrer Perspektive (Mensch, Wirtschaft, Technik) und den damit verbundenen Akzeptanzkriterien strukturiert gestaltet werden.
- **Vorhersehbare Auswirkungen:** Auswirkungen auf die Akzeptanz eines Systems, die z. B. durch Entscheidungen über Workflows oder die Benutzeroberfläche hervorgerufen werden, können anhand der Akzeptanzkriterien oder deren Abhängigkeiten vorhergesagt werden.
- **Unterstützung bei der Auswahl von Techniken:** Ein gemeinsamer und priorisierter Satz von Akzeptanzkriterien soll die Auswahl geeigneter Techniken innerhalb eines Projektes unterstützen, z. B. Usability und UX-Techniken.
- **Metriken zur Auswertung:** Aus den Akzeptanzkriterien lassen sich bezogen auf das bisherige Ziel Metriken ableiten und geeignete Bewertungstechniken auswählen. So soll die Wirkung der resultierenden Assistenzsysteme gemessen werden.

Um ein Beschäftigten-zentriertes Akzeptanzmodell für digitale Assistenzsysteme gemäß den genannten Zielen herzuleiten, wurden existierende Software Qualitätsmodelle hinsichtlich deren Reife eines menschzentrierten Fokus analysiert.

Die individuelle Akzeptanz beziehungsweise menschzentrierte Qualität ist definiert als „a collective term for the intended outcomes of interaction: the extents to which requirements for usability, accessibility, user experience and avoidance of harm from use are met, whether these requirements have been formally stated and recognized or not" (ISO/FDIS 9241-220). Sie resultiert aus der Interaktion oder der erwarteten Interaktion mit digitalen Assistenzsystemen einschließlich der ästhetischen Aufwertung. Usability als Qualitätsmerkmal wird je nach Quelle und Domäne unterschiedlich definiert (z. B. Design, Softwareentwicklung, Qualitätsmanagement, etc.). Auch wenn Usability-Experten häufig „das Ausmaß, in dem ein System, Produkt oder eine Dienstleistung durch bestimmte Benutzer in einem bestimmten Nutzungskontext genutzt werden kann, um bestimmte Ziele effektiv, effizient und zufriedenstellend zu erreichen" (DIN EN ISO 9241-210) als Definition verwenden, blieben ältere Definitionen in Dokumenten anderer Bereiche, insbesondere der Softwareentwicklung, erhalten (beispielsweise IEEE Std. 610.12-1990, ISO/IEC 9126-1). ISO/IEC 25010 bietet ein standardisiertes technologiebasiertes Konzept für Qualitätsmodelle in der Softwareentwicklung. Da die Perspektive auf die Qualität einer Software in erster Linie aus dem Software-Engineering betrachtet wurde, wird die Usability im Wesentlichen als Qualität der Benutzeroberfläche und damit unabhängig von der Funktionalität einer Software dargestellt. Ebenso wird das Benutzungserlebnis noch weitgehend ignoriert beziehungsweise wird diese nur im Qualitätsteilaspekt der „Zufriedenheit" angesprochen. Neben der daraus resultierenden allgemeinen Verwirrung von Forschern und Praktikern durch Kontroversen fehlt noch die entsprechende Tiefe für die Ableitung von Messkriterien. Ein angemessenes und einvernehmliches Qualitätsmodell, das nicht nur die Usability, sondern auch die User Experience und die beiden anderen Perspektiven (Business und Technologie) berücksichtigt, könnte diese Kontroversen korrigieren und als Diskussions- und Bewertungsgrundlage dienen. Mehr Qualitätsaspekte der Usability, die Effektivität, Effizienz und Zufriedenheit konkretisieren, sind beispielsweise die Dialogprinzipien der DIN EN ISO 9241-110. Barrierefreiheit ist definiert als „Usability eines Produkts, einer Dienstleistung, einer Umgebung oder einer Einrichtung durch Personen mit den unterschiedlichsten Fähigkeiten" (DIN EN ISO 9241-171). Es ist ein Zweig der User Experience und Usability, der sich auf die Vermeidung von physischen (z. B. Sehvermögen, Hören, Geschicklichkeit, Mobilität), kognitiven (z. B. Autismus), sozialen und kulturellen (z. B. Denkweisen, Religion) sowie linguistischen (z. B. Sprache) Barrieren konzentriert und für eine universelle Interaktion zwischen dem interaktiven Produkt und jeder Art von Menschen sorgt. User Experience berücksichtigt die positiven Erlebnisse, die Anwender während des gesamten Lebenszyklus eines Produktes (vor, während und nach der Nutzung) machen. Sowohl Usability als auch User Experience zielen unter anderem auf die Zufriedenheit der Beschäftigten ab. Während Usability-Aktivitäten negative Erfahrungen während der Nutzung verringern (z. B. entsprechende Dialoge und Interaktionen, Barrierefreiheit, Erreichung), zielen die User Experience-Aktivitäten auf weitere positive Erfahrungen ab. Die Benutzererfahrung vor der Nutzung kann durch das Branding des Unternehmens, Kundenbewertungen, frühere Interaktionen usw. beeinflusst werden. Während der Nutzung kann die Benutzererfahrung durch Gefühle und Motivationen wie Engagement, Vertrauenswürdigkeit, Autonomie, soziale Bedeutung etc. beeinflusst werden. Die Benutzererfahrung nach dem Gebrauch kann durch den Support, die jüngsten Interaktionen usw. beeinflusst werden (UXQB 2018).

Zeiner et al. (2016) haben 21 verschiedene, positive Erfahrungskategorien von Arbeitssituationen im Allgemeinen erarbeitet, um eine Grundlage für neue positive Erfahrungen mit der Technik am Arbeitsplatz zu schaffen.

Morgeson und Humphrey (2006) stellen aus Sicht des Arbeitskontextes den „Work Design Questionnaire (WDQ)" zur Verfügung, der eine Reihe von Merkmalen enthält, die in vier Kategorien (Aufgabe, Wissen, Sozialität und Kontext) organisiert sind und von mehreren Soziologen und Psychologen validiert wurden. Diese Merkmale überschneiden sich mit den Merkmalen der Usability und User Experience Literatur.

Der Aspekt der Motivation ist ein entscheidender Aspekt im Arbeitskontext. Extrinsische Motivation durch Belohnungen oder andere Dinge dauert nicht lange an. So muss die intrinsische Motivation der Beschäftigten signifikant gesteigert werden, um langfristig eine Wirkung zu erzielen. Ryan und Deci (2000) beschreiben diese Erkenntnisse in ihrer „Selbstbestimmungstheorie". Dabei betonen sie insbesondere drei wichtige Aspekte, nämlich Autonomie, Kompetenz und soziales Engagement.

Darüber hinaus haben Almquist et al. (2016) 30 grundlegende „Elements of Value" definiert, die vier Arten von menschlichen Erfordernissen beschreiben, die von Produkten oder Dienstleistungen geliefert werden. Je mehr Elemente bereitgestellt werden, desto größer ist die Kundenbindung, vergleichbar mit der Beschäftigtenbindung, und desto höher ist der nachhaltige Wert für das Unternehmen. Dies wird auch von Osterwalder et al. (2014) beschrieben, die sich auf die Gestaltung des Leistungsversprechens von Produkten und Dienstleistungen aus betriebswirtschaftlicher Sicht konzentrieren. In diesem Fall korrelieren auch die menschenzentrierten Qualitätsmerkmale mit den organisationalen Qualitätsmerkmalen.

Organisationale Akzeptanz beziehungsweise businesszentrierte Qualität ist in der Literatur noch nicht als Begriff definiert. Wir verstehen unter businesszentrierter Qualität „einen Sammelbegriff für den angestrebten Geschäftserfolg und Mehrwert für das Unternehmen bei der Investition und Nutzung eines interaktiven Systems, mit dem die Beschäftigten interagieren". Grembergen et al. (2008) haben verschiedene Unternehmensziele erarbeitet, die Beispiele für die Perspektive der businesszentrierten Qualität sehr gut beschreiben. Sie formulieren unter anderem Unternehmensziele wie Rentabilität, Produktivität, Gesetzeskonformität, Prozessqualität etc., aber auch Qualitätsmerkmale wie Identifikationstauglichkeit, Markttauglichkeit oder externe und interne Nachhaltigkeit.

Ausgehend von denen aus der Literatur identifizierten individuellen als auch organisationalen Akzeptanzkriterien, wurde ein projektübergreifender Workshop mit 20 Teilnehmenden aus regionalen Unternehmen unterschiedlicher Branchen durchgeführt. In diesem wurden zunächst sowohl neue Kriterien abgerufen sowie mit den bestehenden zusammengeführt und durch die Teilnehmenden validiert. Somit konnte ein initiales Set

Tab. 8.1 Auszug der erarbeiteten Akzeptanzkriterien

Individuelle Akzeptanzkriterien	Organisationale Akzeptanzkriterien
Aufgabenangemessenheit	Prozessqualität
Steuerbarkeit	Produktqualität
Feedback erhalten	Identifikationsmöglichkeit
Autonomie	Produktivität
Wertschätzung	Nachhaltigkeit
Aufgabenvielfalt	Wissenskonservierung
Lernförderlichkeit	Prozesszustandstransparenz
Selbstvertrauen	Fehlervermeidung
Angstabbau	Variantenkontrolle
Aufgabeneffizienz	Geschäftsdatensicherheit
etc.	etc.

an 89 individuellen sowie 44 organisationalen Akzeptanzkriterien erarbeitet werden. Exemplarisch sind in Tab. 8.1 jeweils zehn Kriterien gelistet.

Damit die erarbeiteten Akzeptanzkriterien in der Konzeption eines Assistenzsystems entsprechend diskutiert sowie berücksichtigt werden, war die Etablierung eines ganzheitlichen Vorgehens unumgänglich.

8.3.2 Beschäftigten-zentrierter Gestaltungs- und Entwicklungsprozess

Aus den Erkenntnissen der Analyse konnten eine Reihe von Anforderungen an eine Softwareentwicklungsmethode ermittelt werden. Da die Entwicklung von Softwarelösungen sich in der industriellen Produktion zunehmend weg von der reinen Maschinenprogrammierung hin zu Mensch-Maschine-Schnittstellen wandelt, liegt der wesentliche Fokus auf der aktiven Partizipation sämtlicher betroffener Benutzergruppen eines Assistenzsystems. Die wesentlichen Anforderungen lassen sich wie folgt darstellen:

- **Akzeptanzsicherung:** Die Anforderung fordert, dass die Qualität eines zu entwickelten Assistenzsystems sowohl die individuelle Akzeptanz der Beschäftigten als auch die organisatorische Akzeptanz des Unternehmens gleichermaßen sicherstellt.
- **Aufgabenangemessenheit:** Die Anforderung fordert, dass die Aufgaben der Beschäftigten angemessen eruiert werden, da das zu entwickelnde Assistenzsystem ein Werkzeug zur Unterstützung eben dieser Aufgaben und Ziele darstellt.
- **Partizipation der Beschäftigten:** Die Anforderung fordert, dass Repräsentanten sämtlicher Benutzergruppen (ob direkt mit dem System interagierend oder nur unmittelbar betroffen) aktiv eingebunden werden, um Erfordernisse und Ideen frühzeitig zu validieren.

- **Iterationen und Prototyping:** Die Anforderung fordert, dass Nutzungsanforderungen durch Iterationen ermittelt werden. Beobachtungen und anfassbare Elemente, wie Mock-ups und Prototypen, sollen als Instrumente eingesetzt werden, um implizites Wissen und tatsächliche Erfordernisse durch die Benutzer verbalisierbar zu machen und zu validieren.
- **Kontinuität und Rückverfolgbarkeit:** Die Anforderung fordert, dass Nutzungsanforderungen formalisiert verfügbar gemacht werden, um Änderungen und Kontinuität im Rahmen einer ständig fortschreitenden digitalen Transformation zu fördern. Des Weiteren sollen Nutzungsanforderungen bis hin zur Benutzungsschnittstelle nachvollziehbar sein, um die Anforderung und deren Auswirkung durchgehend konsistent zu halten.

Da die digitale Transformation der Arbeits- und Produktionsabläufe im Unternehmen ständig weiter ausgebaut werden wird und nicht vom einen auf den anderen Tag hergestellt werden kann, war es wichtig ein Vorgehen zu etablieren, welches sich von einem strikten linearen Vorgehen mit starrem Pflichtenheft wegbewegt, sodass über Phasen des Ausprobierens die Nutzungsanforderungen validiert und erweitert werden können sowie die Entwicklung kontinuierlich vorangetrieben und jeder Zeit überarbeitet werden kann.

Aus der anfänglichen Analyse des Unternehmens ging hervor, dass der Betriebsrat von den Beschäftigten gut und wohlwollend wahrgenommen wird. Dem entsprechend wurden im weiteren Vorgehens forciert, dass der Betriebsrat bei der Gestaltung der Themen Arbeit 4.0 und Assistenzsysteme eine zentrale, aktive Rolle in der Kommunikation zu den Beschäftigten einnimmt (Abb. 8.7).

Um den Anforderungen an den Gestaltungsprozess geeignet nachzukommen, wurde ein iteratives Vorgehen (Abb. 8.8) mit einer intensiven Phase des Verstehens und der Visionsbildung (Envisioning) (Abb. 8.9) etabliert. Somit ließ sich ein abstraktes Gesamtbild der beteiligten Rollen, deren Verantwortlichkeiten und Interaktionen innerhalb

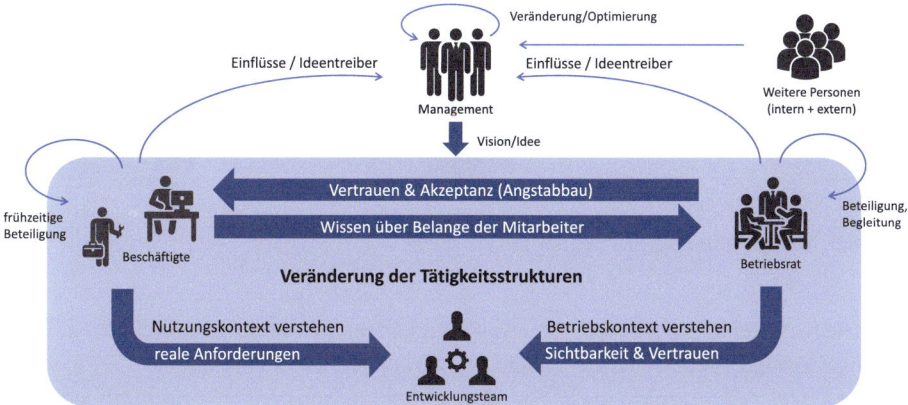

Abb. 8.7 Forcierte Unternehmenskultur zur Sicherstellung der Akzeptanz

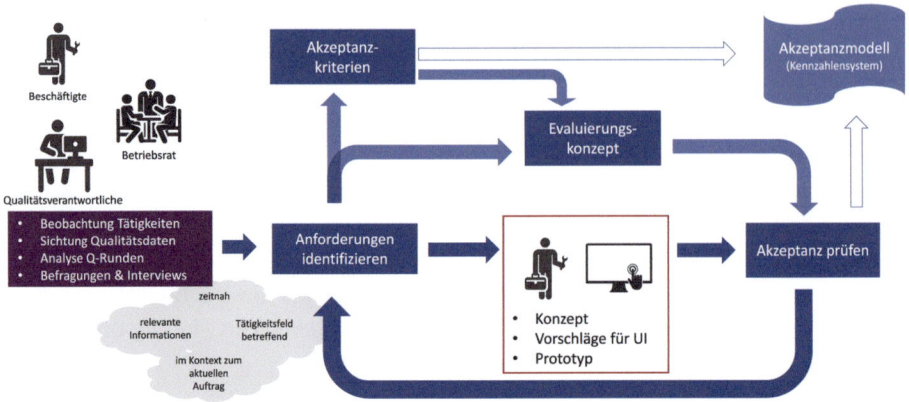

Abb. 8.8 Vorgehensmodell im Projekt

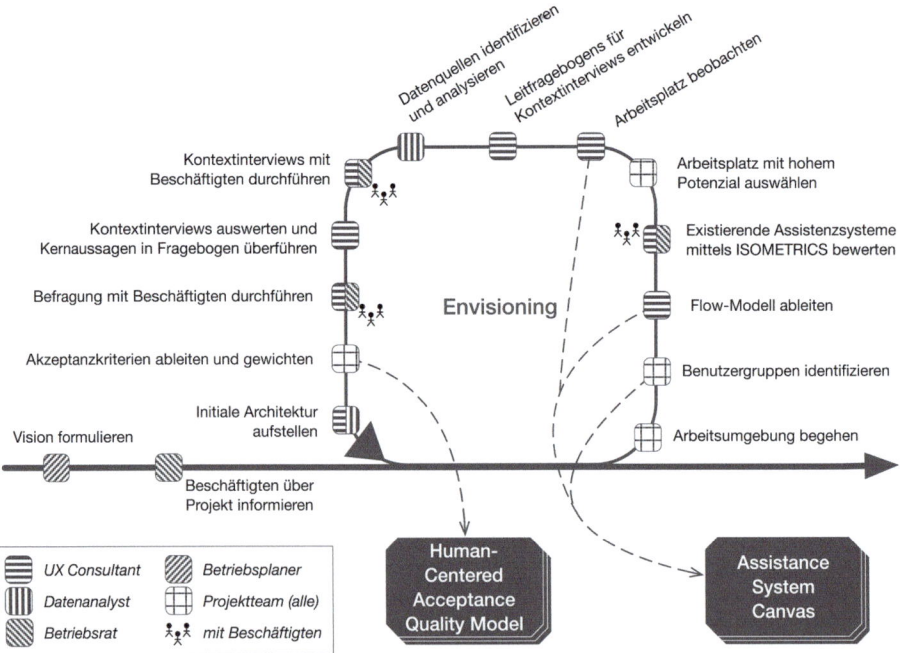

Abb. 8.9 Envisioning-Phase zu Beginn des Projektes

der Arbeitsumgebung aufbauen, um Abhängigkeiten menschlicher Arbeitsabläufe und organisatorischer Prozesse sowie spätere Auswirkungen zu identifizieren.

Dabei hat sich gezeigt, dass für den Gestaltungsprozess im Wesentlichen fünf Rollen entscheidend sind. Ein User Experience (UX) Consultant ist verantwortlich für die Akzeptanzsicherstellung auf Seiten der Beschäftigten, durch eine entsprechende Kontextanalyse und die direkte Adressierung der Beschäftigten. Dabei verwendet er Konzepte aus dem Contextual Inquiry und erstellt diverse Modelle der Benutzer, der Arbeitsaufgaben, der Arbeitsumgebung sowie des Arbeitsplatzes. Ein Datenanalyst ist zuständig für die Identifikation von Datenquellen und die Interpretation von Informationen innerhalb dieser Daten. Ein Betriebsplaner kann beispielsweise durch einen Projektleiter, Betriebsleiter, etc. eingenommen werden. Dieser kennt sämtliche Strukturen im Unternehmen und kann entsprechend die organisatorische Akzeptanz sicherstellen. Der Betriebsrat verantwortet die Kommunikation zu den Beschäftigten und informiert sowie sensibilisiert diese für das Projekt. Die Beschäftigten selbst sind ebenfalls aktiv eingebunden.

Mittels standardisierter Fragebögen (u. a. IsoMetrics, SUS, AttrakDiff) konnte zu Beginn die Akzeptanz von existierenden Assistenzsystemen evaluiert werden, um ein aktuelles Stimmungsbild im Unternehmen sowie den Reifegrad besser einzuschätzen.

Des Weiteren wurden mit Repräsentanten sämtlicher Gruppen von Beschäftigten in der Endmontage Kontextinterviews am Arbeitsplatz durchgeführt und als Ergebnisse dieser Interviews Erfordernisse seitens der Beschäftigten abgeleitet werden. Diese wurden als Kernaussagen in eine Umfrage überführt und so mit dem Großteil aller Beschäftigten (ca. 60 % Rücklaufquote) validiert. Einerseits konnte dadurch das Konzept für das zu entwickelnde Assistenzsystem geschärft, anderseits aber auch direkt eine Teil-Akzeptanz bei den Beschäftigten durch die aktive Einbindung hergestellt werden. Der Betriebsrat kann hierbei als Türöffner gesehen werden, durch dessen Beisein in den Kontextinterviews die Beschäftigten offen über Arbeitsabläufe und derzeitige Herausforderungen diskutierten. Zudem konnten Umfragen zum Validieren von Erfordernissen sowie zur Evaluation von Gestaltungslösungen umfangreicher durchgeführt werden, da der Betriebsrat die Beschäftigten gezielter zur Teilnahme motivieren konnte. Entstandene Konzepte wurden bereits frühzeitig bei Betriebsratsversammlungen einer kleinen Anzahl von Beschäftigten zur Diskussion gestellt, um Rückmeldungen iterativ im weiteren Verlauf berücksichtigen zu können. Die so entstandenen Konzepte wurden in einen realen Demonstrator überführt sowie an zwei Arbeitsplätzen in der Endmontage installiert. Dadurch ließ sich die Akzeptanz auch unter realen Arbeitsbedingungen evaluieren und Erkenntnisse konnten erneut in den Entwicklungsprozess einfließen.

8.3.3 Interaktionskonzept

Insgesamt konnte über das etablierte Vorgehen ein Interaktionskonzept erarbeitet werden, welches versucht das Unternehmen langfristig auf die Digitalisierung von Arbeitsplätzen und Aufgaben in der Endmontage vorzubereiten.

Bereits in den Kontextinterviews und über die Beobachtungen sowie Begehungen der Endmontage konnten die Erfordernisse an den unterschiedlichen Arbeitsplätzen sichtbar gemacht werden. Während sich die montierende Person in der Kopflinie stehend um das

| Kopflinie-Arbeitsplatz | Bedienfeld-Arbeitsplatz | Endtest-Arbeitsplatz |

Abb. 8.10 Technisches Interaktionskonzept

Werkstück herumbewegt, so begleitet die montierende Person in der Linie des Bedienfeldes dieses am Band entlang. Die testende Person hingehend bewegt sich erneut um das Werkstück herum und führt sogar Tätigkeiten im Hocken durch.

Gespräche mit den beteiligten Personen führen dabei schnell zu der Schlussfolgerung, dass mobile Endgeräte hierbei am geeignetsten wären. Jedoch bringen in der Realität beispielsweise Tablets oder Augmented Reality Brillen gleichzeitig Restriktionen mit sich. So gibt es u. a. keine geeigneten Ablageflächen für mobile Geräte. Des Weiteren entstanden Fragen der Haftung, der Hygiene sowie des Unfallschutzes, die sich nicht abschließend klären ließen. Ebenfalls ausgeschlossen wurden Kiosk-Systeme, da die Beschäftigten die notwendigen Informationen direkt am Arbeitsplatz benötigen. Die Entscheidung viel letztendlich auf schwenkbare sowie höhenverstellbare, berührungsempfindliche Monitore, die fest am Arbeitsplatz installiert sind und schnell und flexibel durch die Beschäftigten eingestellt werden können (Abb. 8.10).

Die konzeptionelle Ebene der Benutzungsschnittstelle betreffend, wurde ein Konzept ausgearbeitet, welches sich nicht nur der singulären Tätigkeit der Rückführung von Qualitätsinformationen widmet, sondern im Rahmen der weiteren digitalen Unterstützung der Arbeitsplätze und der ermittelten Erfordernisse seitens der Beschäftigten das Paradigma des *„Werkzeugkoffers"* oder auch *„App Stores"* aufgreift. Da die Sicherstellung der Produktqualität nur eine von vielen Tätigkeiten der montierenden und testenden Personen in der Endmontage ist, stellt die entsprechende Anzeige von Qualitätsinformationen auch nur ein „Werkzeug" beziehungsweise eine „App" im größeren Kontext dar. Dieses wurde im Kontext des Projektes entsprechend als Demonstrator realisiert (Abb. 8.11).

Ausschlaggebend für eine angemessene Darstellung ist zudem die entsprechende Datenbasis. Um die Beschäftigten und personenbezogene Daten zu schützen, wurden die Handlungsempfehlungen entsprechend nicht auf eine Person, sondern auf einen Arbeitsplatz bezogen, der von mehreren Personen genutzt wird. Qualitätsinformationen wurden dabei an einen Zeitraum der letzten vier Wochen angelehnt, entsprechend der aufgetretenen Häufigkeit der zugrunde liegenden Probleme gewichtet und nur für das aktuell zu bearbeitende Modell am Arbeitsplatz angezeigt.

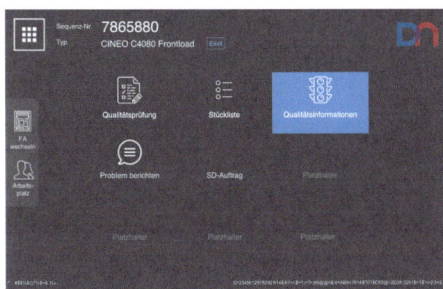 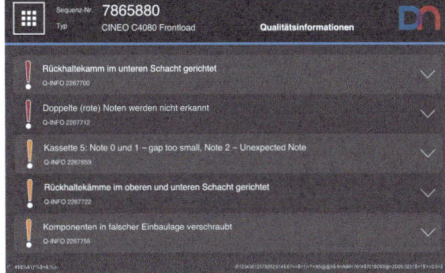

Abb. 8.11 a Paradigma des „Werkzeugkoffers", b „Werkzeug": Rückführung von Qualitätsinformationen

8.4 Erfahrungen

Zusammenfassend lag der Fokus dieses Pilotprojektes auf der Entwicklung eines digitalen Assistenzsystems zur Rückführung von Qualitätsinformationen an die Arbeitsplätze in der Endmontage von Bankautomaten, um somit die Produktqualität weiter zu verbessern und sicherzustellen.

Damit ein zu entwickelndes System entsprechende individuelle Akzeptanz auf Seiten der Beschäftigten als auch organisationale Akzeptanz seitens der Betriebsleitung erfährt, wurden sowohl heutige Akzeptanzkriterien im Kontext der Themen „Arbeit 4.0" und „produzierende Unternehmen" identifiziert als auch ein adaptierter Softwareentwicklungsprozess unter aktiver Einbeziehung der Beschäftigten etabliert.

Im Verlauf des Projektes konnten zahlreiche Erfahrungen gesammelt werden. Wesentliche gewonnenen Erkenntnisse lassen sich wie folgt zusammenfassen:

Starre Hierarchien verabschieden! Heutige große Unternehmen sind durch das stetige Wachstum häufig hierarchisch organisiert. Gerade im Zeitalter der kontinuierlichen Digitalisierung kann dies innovative Software-Projekte häufig ausbremsen. Gut ausgewogene kleine Teams, die agil miteinander arbeiten und gemeinsam eigenständige Entscheidungen treffen und umsetzen dürfen, sind eine große Bereicherung für die Digitalisierung und können das Unternehmen innovativ voranbringen. Findet sich eine entsprechende Atmosphäre wie in diesem Projekt nicht vor, so sollte eine angemessene Kultur zunächst etabliert werden, damit moderne Softwareentwicklungsprozesse entsprechend greifen können.

Beschäftigte aktiv involvieren! Wesentliche Personen, die gezielt Erfordernisse an neue digitale Assistenzsysteme auf Basis ihrer täglichen Erfahrungen im Arbeitsablauf aufzeigen können, sind die Beschäftigten selber. Diese können entweder direkt über Gespräche und Interviews auf Potentiale, derzeitige Schwachstellen sowie ausschlaggebende Aspekte Aufschluss geben oder zusätzlich indirekt über Beobachtungen des

Arbeitsplatzes sowie Diskussionen über jegliche Stufen der Gestaltungslösungen ein angemessenes System mitentwickeln.

Somit wird über die Partizipation einerseits aktiv die Angst im Hinblick auf Veränderungen und neue Technologien abgebaut, als auch die Akzeptanz in Bezug auf die zu entwickelnde Lösung aktiv hergestellt.

Betriebsrat als Türöffner-Komponente nutzen! Der Betriebsrat kann in heutigen Digitalisierungsprojekten eine wesentliche Türöffner-Rolle einnehmen. Durch einen engagierten Betriebsrat lassen sich die Beschäftigten bereits im Vorfeld eines Digitalisierungsprojektes aufklären und sensibilisieren sowie das Misstrauen der Beschäftigten neuen Themen gegenüber reduzieren. Bei sämtlichen Aktivitäten der Akzeptanz-Sicherstellung im Projekt kann ein eingebundener Betriebsrat die Bereitschaft der Beschäftigten für Kontextinterviews herstellen und schafft im Gespräch eine Atmosphäre des Vertrauens, in der die Beschäftigten frei reden und auch kritische Aspekte entsprechend äußern.

Im Rahmen von Umfragen, beispielsweise mittels Fragebögen, kann dem Betriebsrat durch die Nähe zu den Beschäftigten sehr gut die Rolle des Motivators zugeordnet werden. Liegt bei Online-Umfragen die Rücklaufquote typischerweise häufig nur bei 10–30 %, so ließ sich diese im Rahmen des Projektes durch den Betriebsrat auf bis zu ca. 60 % steigern.

Um die Beschäftigten im Unternehmen nicht unnötig mit entsprechenden Umfragen zu belasten oder zeitlich zu sehr einzuspannen, bietet es sich zudem an projektbezogene Umfragen mit geplanten Umfragen des Betriebsrates angemessen zu koppeln und so die Aktivitäten gemeinsam zu bündeln.

Dem Betriebsrat kann demnach im Rahmen der Digitalisierung ebenfalls eine Veränderung der Aufgaben und Verantwortlichkeiten zugeordnet werden. Die Rolle des Betriebsrates entwickelt sich somit hin zur Rolle eines Projektmitarbeitenden, der über die Einbindung in Projekten zusätzlich seine neue Wahrnehmung über die aktuelle „Stimmung" unter den Beschäftigten gewinnen kann.

Iterative und kontinuierliche Softwareentwicklung einführen! Die Entwicklung eines digitalen Assistenzsystems ist zumeist kein einzelnes Projekt, sondern eines von zahlreichen Digitalisierungsprojekten im Unternehmen. Dem entsprechend können sich Rahmenbedingungen häufig ändern, da parallele Systeme entwickelt werden, die ggf. einen Einfluss auf das zu entwickelnde Assistenzsystem haben können beziehungsweise umgekehrt. Zudem können sich Anforderungen an ein System über die Einbindung zahlreicher Personen des Unternehmens häufig aufgrund neuer Erkenntnisse oder in Form von Prototypen (be-)greifbar gemachter und diskutierter Konzepte ändern.

Damit ein angemessenes und akzeptiertes Assistenzsystem hergestellt werden kann, sollte der Gestaltungs- und Entwicklungsprozess entsprechend iterativ ausgerichtet sein, damit das System sich kontinuierlich weiterentwickeln und überarbeiten lässt. Ältere, starre Methoden, beispielsweise ein Pflichtenheft-Dokument, sind zumeist hinderlich und sollten durch moderne Methoden, beispielsweise wachsende und sich verändernde Anforderungsmanagementsysteme (u. a. Product Backlogs), ersetzt werden.

Interdisziplinäre Teams etablieren! *„Erzähle es mir und ich vergesse, lehre mich und ich möge mich erinnern, involviere mich und ich lerne"* ist ein treffendes Zitat von Benjamin Franklin an dieser Stelle. So eignen sich interdisziplinäre Projektteams gut, um heutige Digitalisierungsprojekte von möglichst vielen Perspektiven aus zu beleuchten und so voneinander zu lernen. Digitalisierungsprojekte sind mittlerweile zumeist komplexer Natur und nicht von einzelnen Personen oder disziplinären Teams zu bewerkstelligen.

Durch entsprechende Teams und unter Einbindung der bereits zuvor angesprochenen Beschäftigten und des Betriebsrates, lassen sich beispielsweise frühzeitig kritische Fragestellen aufdecken, die zu einer späteren Ablehnung eines Systems hätten führen können. Demnach wurden unter anderem folgende exemplarische Fragen aufgezeigt, die bei der Gestaltung von Assistenzsystemen ausschlaggebend sein können und ggf. sonst erst nach Einführung des fertigen Systems aufgetreten wären:

- Kann die Hygiene (z. B. Schweiß) bei Datenbrillen angemessen sichergestellt werden, wenn sich Beschäftige entsprechende Geräte teilen müssen?
- Benötigt jeder Beschäftige in entsprechenden Bereich eine eigene Datenbrille?
- Wie lange dürfen Datenbrillen bezüglich der Belastung der Nackenmuskulatur am Stück getragen werden?
- Wie ist die Haftung bei mobilen Geräten (Tablets, Datenbrillen, etc.) geregelt?
- Müssen Geräte entsprechend am Ende des Tages oder während Pausen eingeschlossen werden?
- Muss ggf. eingeschränkt werden, dass Geräte den Arbeitsplatz verlassen?
- Wie verhält es sich mit dem Unfallschutz, beispielsweise bei auf dem Boden abgelegten Tablets (z. B. Rutsch- und Verletzungsgefahr) oder bei Datenbrillen (z. B. Personenschaden durch Ablenkungen im Bereich von Flurförderfahrzeugen)?

Bei der Aufstellung interdisziplinärer Teams sollten zuvor entsprechende Schlüsselpersonen identifiziert werden, die sich als alleinige Wissensträger ggf. als Flaschenhals oder Projekt-Blockierer erweisen. Insbesondere die Interaktion des Projektteams mit der Systemintegration sollte frühzeitig eingeleitet werden, um benötigte Entwicklungsressourcen sowie Kompetenzen rechtzeitig sicherzustellen.

Datenqualität frühzeitig sichten! Eine angemessene Datenbasis ist essentiell, um adäquate digitale Assistenzsysteme zu gestalten. So kann sich beispielsweise erst während eines Projektes zeigen, ob eine bestehende Datenbasis von guter Qualität ist. Gute Qualität bedeutet hierbei, dass die Datenbasis keine Lücken aufzeigt, somit beispielsweise für maschinelles Lernen verwendet werden kann, oder ob diese für den anvisierten Nutzungskontext geeignet ist. Datenbasen können zwar durchaus für einen gewissen Personenkreis geeignet, für andere Benutzergruppen dagegen jedoch nicht zielführend (Zielgruppen-Sprache, Informations-Flughöhe, etc.) oder gar verwirrend sein. So bevorzugt beispielsweise eine qualitätsverantwortliche Person Daten über aufgetretene Probleme, während eine montierende Person Handlungsanweisungen zur Vermeidung eben dieser benötigt.

Abschließend lässt sich sagen, dass die gewonnenen Erkenntnisse sowohl das Unternehmen im Rahmen des Pilotprojektes bei der Digitalisierung von Arbeitsabläufen und der Entwicklung digitaler Assistenzsysteme entsprechend voranbringen, als auch durch Gespräche mit weiteren Experten im Kontext Arbeit 4.0 bestätigt werden konnten (vgl. Bundesministerium für Arbeit und Soziales (BMAS) 2015; DIN EN ISO 9241-110, 2008; DIN EN ISO 9241-171 2008; DIN EN ISO 9241-210 2011; Fraunhofer-Institut für Arbeitswirtschaft und Organisation (IAO) 2013a, 2013b; IEEE Std 610.12-1990 2003; ISO/FDIS 9241-220 2018; ISO/IEC 9126-1 2001; ISO/IEC 25010 2011; ISO/TR 16982 2002; Jacobs 2009; Plattform Industrie 4.0 2014; Porter and Heppelmann 2015; White 2009).

Literatur

Almquist E, Senior J, Bloch N (2016) The elements of value. Harvard Business Review. September 2016 Issue

Bannat A (2014) Ein Assistenzsystem zur digitalen Werker-Unterstützung in der industriellen Produktion. Dissertation, Technische Universität München

Bevan N (1999) Quality in use – meeting user needs for quality. J Syst Softw 49(1):89–96

Bischoff J (Hrsg) (2015) Erschließen der Potenziale der Anwendung von Industrie 4.0 im Mittelstand. Studie im Auftrag des BMWi. Agiplan GmbH, Mühlheim a.d. Ruhr

Bundesministerium für Arbeit und Soziales (BMAS). Abteilung Grundsatzfragen des Sozialstaats, der Arbeitswelt und der sozialen Marktwirtschaft (Hrsg) (2015) Grünbuch Arbeit 4.0. http://www.arbeitenviernull.de/dialogprozess/gruenbuch.html. Zugegriffen: 5. Juni 2018

DIN EN ISO 9241-110 (2008) Ergonomie der Mensch-System-Interaktion – Grundsätze der Dialoggestaltung

DIN EN ISO 9241-171 (2008) Ergonomie der Mensch-System-Interaktion – Leitlinien für die Zugänglichkeit von Software

DIN EN ISO 9241-210 (2011) Ergonomie der Mensch-System-Interaktion – Prozess zur Gestaltung gebrauchstauglicher interaktiver Systeme

Düchting M, Zimmermann D, Nebe K (2007) Incorporating user centered requirements engineering into agile software development. Proceedings of HCII07, LNCS 4550. Springer, Berlin, S 58–67

Ferrè X (2003) Integration of usability techniques into the software development process. Proceedings of ICSE03, S 28–35

Ferrè X, Bevan N (2011) Usability planner – a tool to support the process of selecting usability methods. Proceedings of INTERACT11, LNCS 6949. Springer, Heidelberg, S 652–655

Fischer H, Strenge B, Nebe K (2013) Towards a holistic tool for the selection and validation of usability methods sets supporting human-centered design. In: Marcus A (Hrsg) Design, user experience, and usability – design philosophy, methods, and tools, Part I, HCII13, LNCS 8012. Springer, Berlin, S 252–261

Fischer H, Yigitbas E, Sauer S (2015) Integrating human-centered and model-driven methods in Agile UI development. Proceedings of INTERACT15. University of Bamberg Press, Bamberg, S 215–221

Fraunhofer-Institut für Arbeitswirtschaft und Organisation (IAO) (2013a) Studie Produktionsarbeit der Zukunft – Industrie 4.0. Fraunhofer

Fraunhofer-Institut für Arbeitswirtschaft und Organisation (IAO) (2013b) Office 21. http://www.office21.de/. Zugegriffen: 5. Juni 2018

Granollers T, Lorès J, Perdrix F (2003) Usability engineering process model – integration with software engineering. Proceedings of HCII03. Erlbaum, Mahwah, S 965–969

Grembergen WV, Haes S, Brempt HV (2008) Understanding how business goals drive IT goals – executive briefing. http://www.isaca.org/Knowledge-Center/Research/Documents/Understanding-How-Business-Goals-Drive%20IT-Goals_res_Eng_1008.pdf. Zugegriffen: 6. Juni 2018

IEEE Std 610.12-1990 (2003) IEEE standard glossary of software engineering terminology

ISO/FDIS 9241-220 (2018) Ergonomics of human-system interaction – processes for enabling, executing and assessing human-centred design within organizations

ISO/IEC 9126-1 (2001) Software engineering – product quality – quality model

ISO/IEC 25010 (2011) Systems and software engineering – Systems and software Quality Requirements and Evaluation (SQuaRE) – system and software quality models

ISO/TR 16982 (2002) Ergonomics of human-system interaction – usability methods supporting human-centred design

Jacobs A (2009) The pathologies of big data. Communication ACM 52(8):36–44. https://doi.org/10.1145/1536616.1536632

Jokela T (2001) An assessment approach for user-centred design processes. Proceedings of EuroSPI. Limerick Institute of Technology Press, Limerick

Juristo N, Lopez M, Moreno AM, Sánchez MI (2003) Improving software usability through architectural patterns. Proceedings of ICSE03, S 12–19

Metzker E, Reiterer H (2002) Evidence-based usability engineering. Proceedings of CA-DUI02, S 323–336

Morgeson FP, Humphrey SE (2006) The Work Design Questionnaire (WDQ) – developing and validating a comprehensive measure for assessing job design and the nature of work. J Appl Psychol 91:1321–1339

Osterwalder A, Pigneur Y, Bernarda G, Smith A (2014) Value proposition design. Wiley, Hobokken

Plattform Industrie 4.0 (2014) Neue Chancen für unsere Produktion – 17 Thesen des wissenschaftlichen Beirats der Plattform Industrie 4.0

Porter M, Heppelmann J (2015) How smart, connected products are transforming companies. Harvard Business Review. October 2015 Issue

Ryan RM, Deci EL (2000) Self-determination theory and the facilitation of intrinsic motivation, social development, and well-being. Am Psychol 55(1):68–78. https://doi.org/10.1037/0003-066X.55.1.68

UXQB e. V. (Hrsg) (2018) CPUX-F – Curriculum und Glossar. https://uxqb.org/wp-content/uploads/documents/CPUX-F_DE_Curriculum-und-Glossar.pdf. Zugegriffen: 6. Juni 2018

Venkatesh V, Bala H (2008) Technology acceptance model 3 and a research agenda on interventions. Decis Sci 39(2):273–315. https://doi.org/10.1111/j.1540-5915.2008.00192.x

Weevers T (2011) Methods selection tool for user centred product development. Masterthesis, Delft University of Technology

White T (2009) Hadoop – the definitive guide. O'Reilly Media Inc, Sebastopol

Zeiner K, Laib M, Schippert K, Burmester M (2016) Identifying experience categories to design for positive experiences with technology at work. Proceedings of CHI. ACM, New York, S 3013–3020. https://doi.org/10.1145/2851581.2892548

Mehrwert Mitgestaltung – Der ganzheitliche Weg zu Arbeit 4.0

Analyse und Ausblick ganzheitlicher Mitgestaltung aus Sicht der IG Metall und Betriebsräten

Wolfgang Nettelstroth, Oliver Dietrich, Gabi Schilling, Inger Korflür, Ralf Löckener und Thomas Gebauer

Inhaltsverzeichnis

9.1 Ausgangssituation und Problemstellung: Chancen und Risiken der Digitalisierung aus der Perspektive der Beschäftigten 148
    9.1.1 Neue Gestaltungsanforderungen zur „Humanisierung der Arbeit" 150
        9.1.1.1 Diskussion und Gestaltung soziotechnischer Arbeitssysteme 150
        9.1.1.2 Partizipation der Beschäftigten 152
        9.1.1.3 Rolle der Betriebsräte und Gewerkschaften 152
9.2 Zielsetzung und Konzeption: Wahrnehmungen von Betriebsräten bestätigen wissenschaftliche Erkenntnisse 154
9.3 Gestaltungsoffenheit nutzen – Impulse für ein neues Leitbild „Arbeit 4.0" 157

W. Nettelstroth (✉) · O. Dietrich · G. Schilling
IG Metall Bezirksleitung NRW, Düsseldorf, Deutschland
E-Mail: wolfgang.nettelstroth@igmetall.de

O. Dietrich
E-Mail: Oliver.dietrich@igmetall.de

G. Schilling
E-Mail: gabi.schilling@igmetall.de

I. Korflür · R. Löckener · T. Gebauer
Sustain Consult, Dortmund, Deutschland
E-Mail: korfluer@sustain-consult.de

R. Löckener
E-Mail: Loeckener@sustain-consult.de

T. Gebauer
E-Mail: gebauer@sustain-consult.de

© Springer-Verlag GmbH Deutschland, ein Teil von Springer Nature 2022
R. Dumitrescu (Hrsg.), *Gestaltung digitalisierter Arbeitswelten,* Intelligente Technische Systeme – Lösungen aus dem Spitzencluster it's OWL,
https://doi.org/10.1007/978-3-662-58014-1_9

9.4 Schlussfolgerungen für die Praxis: Leitfaden für Prozesse der Mitgestaltung durch Betriebsräte, Beschäftigte und IG Metall 160
   9.4.1 Ziel- und Interessenklärung zum Start des Projektes 162
   9.4.2 Projektdefinition 164
   9.4.3 Arbeits- und Beteiligungskonzepte 165
      9.4.3.1 Nachvollziehbare Auswahl von relevanten Akteuren aus betroffenen Abteilungen und Beschäftigtengruppen sowie des Projektteams 165
      9.4.3.2 Zum Start: Basis-Information für die gesamte Belegschaft 166
      9.4.3.3 Strukturierte Arbeitspakete 166
      9.4.3.4 Steuerung des gesamten Prozesses – Steuerung aufseiten des Betriebsrats 167
      9.4.3.5 Rollenverständnis der Akteure 168
      9.4.3.6 Rolle des Betriebsrats und der IG Metall 168
      9.4.3.7 Beschäftigte einbeziehen und für die Mitgestaltung gewinnen 169
      9.4.3.8 Eigene Beteiligungsinstrumente des Betriebsrats und der IG Metall 170
   9.4.4 Klärung von Gestaltungsoptionen durch stetige Rückkopplungsprozesse 171
   9.4.5 Die Umsetzung nimmt Gestalt an 172
9.5 Gesamt-Fazit: Erfolgsfaktoren und Stolpersteine aus Sicht der IG Metall und der Betriebsräte 172
   9.5.1 Von der konventionellen Technikeinführung zur ganzheitlichen Gestaltung von Arbeit 4.0 175
Literatur 178

9.1 Ausgangssituation und Problemstellung: Chancen und Risiken der Digitalisierung aus der Perspektive der Beschäftigten

Aus den Erfahrungen vieler Gespräche mit Beschäftigten in den Betrieben wird deutlich, dass die Stichworte „Industrie 4.0" und „digitale Technologien" oft widersprüchliche Gefühle auslösen: Auf der einen Seite ist die neugierige Offenheit begeisterter Anwender und Entwickler sowie die Selbstsicherheit einiger Technikexperten zu spüren, die um ihre bedeutende Rolle beim Kreieren neuer Lösungen wissen. Auf der anderen Seite zeigen sich Arbeitsplatz-Sorgen, die durch Rationalisierungspotenziale ausgelöst werden, oder Ängste vor Überforderungen angesichts der Geschwindigkeit und Komplexität der Veränderungen. Natürlich sind die Stimmungslagen im betrieblichen Alltag nicht derart schwarz-weiß, sondern komplexer – und mitunter vereinen sich die ambivalenten Gefühle auch in einer Person. Ein Eindruck allerdings war handlungsleitend für die Bearbeitung des Projektes durch die IG Metall NRW und Sustain Consult: Je mehr die Beschäftigten selbst mit der Technikauswahl und -gestaltung schon im Vorfeld betraut sind, je genauer sie über die Planungen Bescheid wissen, desto weniger Vorbehalte sind spürbar. Damit steigt zugleich die Chance, dass sich Beschäftigte die innovativen Lösungen im Zuge ihrer Arbeit aneignen, zunutze machen und zu deren Entwicklung und Ausgestaltung beitragen. Der Start in das Projekt war dort besonders

9 Mehrwert Mitgestaltung – Der ganzheitliche Weg zu Arbeit 4.0

konstruktiv, wo der Gedanke des „beteiligt Werdens und sich auch beteiligen Könnens" in der Betriebskultur bereits etabliert war, wo es ein Vertrauen in verlässliche Rahmenbedingungen gab oder dieses bereits zu Beginn geschaffen werden konnte.

Belastbare Hinweise, dass dies keine zufälligen Eindrücke waren, gibt der DGB-Index Gute Arbeit 2016 (DGB 2016). Im Themenschwerpunkt „Digitalisierung der Arbeitswelt" sind die Ergebnisse einer breit angelegten quantitativen Untersuchung zusammengefasst, die die Sicht der Beschäftigten in den Mittelpunkt rückt: Den Einfluss der Beschäftigten auf die Art und Weise des Einsatzes digitaler Technik schätzt die überwiegende Mehrheit der Befragten demnach als eher gering ein. So geben 74 % der Beschäftigten an, keinen oder nur geringen Einfluss darauf nehmen zu können. Insgesamt 45 % der von Digitalisierung Betroffenen – und sogar 37 % der Hochqualifizierten – arbeiten sehr häufig oder oft in dem Gefühl, der digitalen Technik ausgeliefert zu sein. Die Autoren der Studie machen deutlich: Wo es Beteiligungsmöglichkeiten gibt, fühlen sich deutlich weniger Beschäftigte (27 %) der Technik ausgeliefert, wie auch die nachfolgende Abb. 9.1 zeigt.

In einer qualitativen Untersuchung der Universität Dortmund und des VDI (2017) wird deutlich, dass sich die Erfahrungen aus 17 Fallstudienunternehmen unter anderem dadurch unterscheiden lassen, wie professionell Umsetzungsmaßnahmen bewältigt werden und welche Strategien zur Technikeinführung und Einbindung von Beschäftigten und Betriebsräten gewählt werden. Am Ende stehen sich offenkundig zwei Gestaltungsansätze gegenüber: einerseits Vorgehensweisen, die auf der systematischen Einflussnahme beziehungsweise Miteinbeziehung von Beschäftigten und Betriebsräten beruhen, und andererseits „eher an technischen Potenzialen orientierte Top-down-Strategien, die vom technischen Management forciert werden" (Hirsch-Kreinsen und Malanowski 2017).

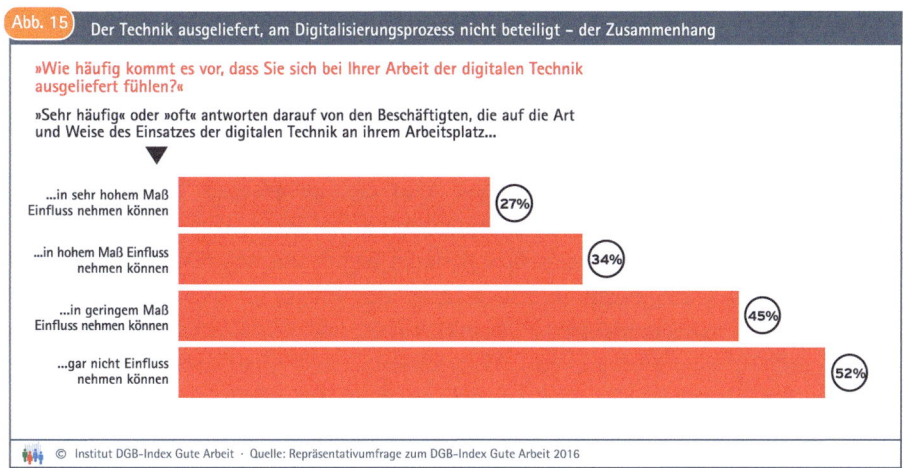

Abb. 9.1 DGB-Index Gute Arbeit: Der Technik ausgeliefert, am Digitalisierungsprozess nicht beteiligt – der Zusammenhang

Eine Digitalisierung, die in (Teilen) der Belegschaft Ängste auslöst, ist aus der Sicht der Beschäftigten naturgemäß als schlecht zu bewerten – und dies gilt erst recht, wenn sich die Sorgen durch tatsächlich eintretende Arbeitsplatzverluste und verschlechterte Arbeits- und Entgeltbedingungen am Ende als begründet erweisen sollten. Aber auch den Unternehmen, die mit der Digitalisierung wirtschaftliche Ziele anstreben, entstehen hier Probleme: Eine Untersuchung aus 2016 zeigt, dass die IT-Kompetenzen der Beschäftigten und die Anpassung der Unternehmens- und Arbeitsorganisation zu den größten Hemmnissen der Digitalisierung gehören – mithin also Faktoren, die nur durch das aktive und motivierte Mittun der Beschäftigten verändert werden können.

9.1.1 Neue Gestaltungsanforderungen zur „Humanisierung der Arbeit"

Bei der Gestaltung der Digitalisierung werden Fragen aufgeworfen, die unter anderem an die arbeitspolitischen Debatten der 70er bis frühen 90er Jahren („Humanisierung der Arbeitswelt") anknüpfen. Es geht um den Zusammenhang von soziotechnischen Arbeitssystemen, Partizipation der Beschäftigten und Gestaltungswirkung von Betriebsrat und Gewerkschaft.

9.1.1.1 Diskussion und Gestaltung soziotechnischer Arbeitssysteme

Mit dem bis Ende 2016 angelegten Dialogprozess Arbeiten 4.0 schaffte das Bundesministerium für Arbeit und Soziales einen Rahmen für einen teils öffentlichen, teils fachlichen Dialog über die Zukunft der Arbeitsgesellschaft. Im Zentrum der Debatte stand neben der Veranschaulichung und Diskussion von Arbeiten in der Industrie 4.0 auch die Entwicklung eines Leitbildes „Gute Arbeit". Die öffentliche Aufmerksamkeit für das Thema Arbeit 4.0 entwickelte sich rasant. Damit rückten neben der Diskussion über technische Lösungen und technische Machbarkeit neue Dimensionen der Veränderung im Rahmen von Industrie 4.0 in den Vordergrund. In der Folge ist immer wieder von soziotechnischen Systemen beziehungsweise dem Dreiklang „Mensch-Organisation-Technik" die Rede, worunter die – wie auch immer geartete – Berücksichtigung von Wechselwirkungen zwischen den sozialen und den technischen Komponenten von Arbeitssystemen verstanden wird. Damit werden im Kern keine neuen Debatten beschrieben. Erste Untersuchungen dazu datieren bereits aus den 50er und 60er Jahren (Emery und Trist 1969). Nicht zuletzt im Zuge des von 1974–1989 unter Beteiligung von Politik, Arbeitgeberverbänden, Gewerkschaften und Wissenschaftlern betriebenen Aktions- und Forschungsprogramms „Humanisierung des Arbeitslebens" waren soziotechnische Konzepte wichtige Impulsgeber der Arbeitsgestaltung. In den 90er Jahren wurde von Strohm und Ulich (1997) ein soziotechnisches Analyse-, Bewertungs- und Gestaltungskonzept – das sogenannte Mensch-Technik-Organisations-Konzept (kurz MTO-Konzept) – entwickelt. In der Folge rückten „neue Produktionskonzepte" (Kern und Schumann 1984; Kuhlmann 2013), Lean Production (Womack et al. 1991) sowie

„ganzheitliche Produktionssysteme" (Gunter und Neuhaus 2005; Gerst 2012) als Leitbilder der Prozess-, Arbeits- und Organisationsgestaltung – ein Stück weit parallel zur ausschließlichen Technikgestaltung – in den Mittelpunkt der wissenschaftlichen Debatten.

Durch die 2011 ausgelöste Diskussion rund um eine vierte industrielle Revolution und den dazugehörigen Transformationsprozess („Industrie 4.0") werden seitdem erstmals wieder relevante Rückbezüge zur wissenschaftlichen Debatte über Soziotechnik hergestellt (Latniak et al. 2018). Gestaltungsansätze wurden in Deutschland vor allem im Bereich der Informatik weiterentwickelt, was zur Gründung eines neuen Teilgebietes der Informatik führte: Die sogenannte Sozioinformatik untersucht die Wechselwirkung zwischen sozialen Gruppen und Softwaresystemen und entwickelt hierfür Gestaltungsprinzipien und Realisierungsmethoden (Herrmann 2012; Wulf et al. 2015). Haften bleibt mit Blick auf die Debatte um Computer Integrated Manufacturing (CIM) der 1970/80er Jahre bei einigen Wissenschaftlern offenkundig eine Art Déjà-vu-Erlebnis: „Erklärtes Ziel der neuen Ansätze ist es, Wertschöpfungsprozesse anpassungsfähig zu gestalten, auch Einzelleistungen rentabel zu produzieren und auf Störungen flexibel zu reagieren. Das sind aber genau die gleichen Anforderungen, die schon in den 1980er Jahren durch computerintegrierte und wissensbasierte Produktion (CIM) erreicht werden sollten. Heute wie damals beherrscht die technikzentrierte Sicht auf Produktion das Feld und es gibt eine Welle technikzentrierten Überschwangs, Probleme der Organisation von Produktionsprozessen technisch zu bewältigen" (Brödner 2015). Parallel dazu hat sich in der IT-Entwicklung der Ansatz des „Design Thinking" als ein Konzept agiler Methoden herausgebildet (Hilbrecht und Kempkens 2013). Er soll zum Lösen von Problemen und zur Entwicklung neuer Ideen beitragen, die aus Anwendersicht (Nutzersicht) überzeugend sind. Mehrfach geprüfte Konzepte werden so entwickelt, dass sie die Bedürfnisse und Motivationen von Menschen (Kunden) berücksichtigen – sich nicht allein an dem durch Software und Technologie Machbaren orientieren. In Anwendung auf das Engineering von Prozessen und Prozesstechnologien übertragen hieße das, den Mehrwert für die Anwender dieser Fertigungstechnik – deren Perspektiven und Anforderungen an gute Arbeit – in den Entwicklungsprozess zu integrieren.

Bei aller gebotenen Skepsis mit Blick auf eine Durchsetzungsfähigkeit soziotechnischer Ansätze im Zeitalter von Industrie 4.0 wird von der IG Metall derzeit in einer Vielzahl an Projekten der Versuch gestartet, neue am Menschen orientierte Gestaltungsansätze zu entwickeln und zu etablieren. Soziotechnische Aspekte werden so in die betriebliche Diskussion und Praxis durchaus mit Erfolg eingebracht. Beispielgebend sind u. a. das Projekt „Arbeit 2020 in NRW" der IG Metall NRW und die dortigen Gestaltungsprozesse rund um die Betriebslandkarte „Arbeit und Industrie 4.0" mit bisher 34 beteiligten Betrieben im Organisationsbereich der „IG Metall NRW" sowie bundesweit das Projekt „Arbeit und Innovation" mit derzeit 98 Betrieben (jeweils mit Förderungen aus EU-Mitteln sowie Landes- beziehungsweise Bundesmitteln).

9.1.1.2 Partizipation der Beschäftigten

Beteiligungsintensive Organisationsformen gehören im modernen Management eigentlich zum „guten Ton": als Schlüssel für gute Arbeits- und Organisationsgestaltung bei der Prozessoptimierung, im Qualitätsmanagement und bei der betrieblichen Gesundheitsförderung (Gesundheitszirkel, Ergonomie-Workshops usw.). Schließlich gelten die partizipative und beteiligungsorientierte Gestaltung als Positivfaktor für den Betriebserfolg (Kirner et al. 2010). Mitsprache- und Mitgestaltungsmöglichkeiten wie etwa die Einbindung der Beschäftigten in Problemlösungs- und Optimierungsprozesse sind dabei ein wichtiger Bestandteil der Gestaltung von Arbeitsorganisation im betrieblichen Kontext (Kuhlmann und Schumann 2015). Daher liegt es nahe, eine frühzeitige und intensivere Beteiligung der Beschäftigten angesichts neuer technologischer Möglichkeiten auch zu einem Schlüssel der Gestaltung zukünftiger Arbeitswelten zu machen.

Allerdings ist die Euphorie der Partizipationswelle der 1990er Jahre, z. B. durch KVP und Kaizen-Ansätze im Lean Management, einer gewissen Ernüchterung über die Reichweite, Stabilität und vor allem über das Ziel („Rationalisierungsbeteiligung") von Beteiligungsansätzen gewichen (Brödner 2015). Auch jüngste Erfahrungen aus Praxisprojekten der IG Metall konstatieren großen Entwicklungsbedarf: „Die Chancen neuer Technologien realisieren sich für die Beschäftigten nicht von selbst. Eine systematische Weiterentwicklung aktiver Mitgestaltung bei Industrie 4.0 steckt noch in den Kinderschuhen" (Nettelstroth und Schilling 2017).

9.1.1.3 Rolle der Betriebsräte und Gewerkschaften

Aus gewerkschaftspolitischer Sicht liegt angesichts der Entwicklung rund um die Digitalisierung eine gewisse Spannung in der Luft: Kann es angesichts der konstatierten Gestaltungsoffenheit bis -unsicherheit von Digitalisierungsprozessen gelingen, die Erwartungen der Beschäftigten an ihre berufliche Zukunft zu Leitbildern der Entwicklung zu machen? Welche Konzepte und Maßnahmen der Mitgestaltung sind dafür zu etablieren? Welche Leitplanken sind durch Mitbestimmung, Tarifverträge und Gesetze zu setzen? Welche Experimentierräume müssen geschaffen werden und wie müssen sie gestaltet sein?

Gewerkschaften und Betriebsräte sind Interessenvertretungen. Sie bringen sich für sichere und gute Arbeit am Standort ein, machen deshalb die Ausgestaltung der Digitalisierung zu ihrem Thema. Eine Digitalisierung, die sich dadurch sowohl an den Bedarfen der Beschäftigten als auch am technologisch Sinnvollen für die Kunden orientiert, wird i. d. R. vorteilhaft für alle sein.

Die Vorausschau auf die Gestaltungspotenziale der Digitalisierung rückt damit in den Vordergrund betrieblicher Gewerkschaftsarbeit, ohne damit die bestehenden Schutzfunktionen und Aufgaben zu vernachlässigen. Mitgestaltung und Mitbestimmung beginnen bereits dort, wo Alternativen unterschiedlicher Ausgestaltungen von Digitalisierung geprüft werden, nicht erst beim Ausgleich der mit den Folgewirkungen verbundenen Nachteile. Ein vorausschauender Gestaltungsansatz kann verfolgt werden, wenn eine Gestaltungsoffenheit besteht, mithin Entscheidungen über den Weg der

Digitalisierung noch nicht fixiert sind und in relevanter Weise beeinflusst werden können. Daraus resultiert zweierlei:

Erstens greifen die tradierten Aushandlungsmechanismen zwischen den Betriebs- und Sozialpartnern nicht in gleicher Weise wie in Verhandlungen über Löhne, Betriebsänderungen oder gar über Beschäftigungsabbau. Will man die Arbeitswelt der Zukunft gemeinsam planen und entwickeln, so erfordert dies andere Aushandlungsformen.

Zweitens entstehen Handlungsunsicherheiten, sowohl auf der Seite von Betriebsräten als auch von Geschäftsleitungen: Die Entwicklungsdynamik, die Tiefe und die Wirkungen der Veränderungen sind dabei für Betriebsräte in den meisten Fällen unklarer als für das Management. Informationen über potenzielle Entwicklungspfade sowie deren Chancen und Risiken können Betriebsräte sich oft nur erschwerter erschließen. In dieser Hinsicht handelt es sich auf der Ebene der Betriebe um eine asymmetrische Situation. Vor diesem Hintergrund können sich leicht Fronten bilden – oder aber an die Seite klassischer Aushandlungsmechanismen und -arenen (Tarifverhandlung, Betriebsvereinbarung, Einigungsstellen etc.) treten neue Formen und Wege gemeinsamer Entscheidungsfindung, beispielsweise über Erprobungen mit Laborcharakter (sogenannte Experimentierräume).

Betriebsräte befinden sich dabei in einem Dilemma: Ihnen wird zwar durchaus die Rolle von „Promotoren der Modernisierung" (Haipeter 2002) oder „Sensoren des Wandels" (Kurz 2014) zugestanden beziehungsweise zugesprochen. Gleichwohl wird einschränkend auf eine „strukturelle Überforderung" von Betriebsratsgremien hingewiesen, wenn es um deren aktive Gestaltung der Innovationsstrategien des Betriebs geht (Schmierl 2012); auch die Ansprüche an den Gestaltungsgegenstand steigen. Soll also die Technikdominanz aufgebrochen werden, muss wohl festgehalten werden, „dass eine aktive Gestaltung dieser Veränderungsprozesse im Sinne „guter Arbeit" für betriebliche Interessenvertretungen nur dann zu bewältigen ist, wenn sie sich (…) stärker als bisher auch auf technische Produkt- und Prozessinnovationen einlässt" (Pfeiffer 2014). Forschungsergebnisse zeigen deutlich, wie groß der Anspruch an Betriebsräte ist, die überwiegend vor allem bei prozess- und arbeitsorganisatorischen sowie bei personalpolitischen Innovationen mitwirken, jedoch eher wenig bei Produkt- oder Dienstleistungsinnovationen (Kriegesmann et al. 2010), die Ansatzpunkte für ihre Mitwirkung in Innovationsprozessen offenkundig weitgehend bei Aktivitäten zur „Abmilderung von negativen Begleiterscheinungen" finden (Schmierl 2012) – also in der Nachsorge.

Mit ihren tarifvertraglichen und betriebspolitischen Ansätzen verfolgen die Gewerkschaften seit langem den doppelten Ansatz sowohl der Schutz- als auch der offensiven Gestaltungsstrategie. Dazu zählen gute Entgeltabschlüsse in der Tarifpolitik „als Produktivitäts- und Innovationspeitsche" (Bahnmüller und Bispinck 1995) ebenso wie die Initiativen zur Humanisierung der Arbeit und sozialverträglichen Technikgestaltung. Ende der 1990er und Anfang der 2000er Jahre rückten Konversions- und Innovationsprojekte in Branchen, Regionen und Betrieben in den Fokus. Angesichts des zunehmenden wirtschaftlichen wie politischen Drucks auf Entgeltbedingungen sowie auf die Sicherung von Arbeitsplätzen und ganzen Standorten wurde in den Jahren 2003/2004 durch die IG Metall NRW die Modernisierungsoffensive „besser statt billiger" ausgerufen. Ergänzend zum Pforzheimer Abkommen mit den betrieblichen Abweichungen vom Flächentarifvertrag wurden in diesem Rahmen z. B. Investitionen in Standort- und Personalentwicklungen vereinbart. Ergänzend dazu wurden mit den Tarifverträgen zu Qualifizierung und Bildung mit den Metallarbeitgebern Rahmenbedingungen für vorausschauende strategische Personalentwicklungen definiert. Auch auf die heutige Dynamik und Offenheit der Digitalisierungsprozesse hat die IG Metall frühzeitig mit einem eigenen Gestaltungsanspruch reagiert. In den o. g. betrieblichen Projekten werden derzeit genau hierzu geeignete Wege des Dialogs und der Vereinbarung zwischen Betriebsräten und Geschäftsführungen, unterstützt durch Wissenschaft, Beratung und Gewerkschaften, erprobt.

9.2 Zielsetzung und Konzeption: Wahrnehmungen von Betriebsräten bestätigen wissenschaftliche Erkenntnisse

Es wird deutlich, dass die wissenschaftlichen Erkenntnisse über Gestaltungsansätze, Zweck und Formen von Beteiligung und Mitbestimmung nichts an Aktualität eingebüßt haben. Dies bestätigen auch Erfahrungen aus dem parallel gestarteten Projekt „Arbeit 2020 in NRW". Im Mittelpunkt der Wahrnehmung von Betriebsräten stehen dabei zunächst die Erfahrungen aus vielen Reorganisationsprojekten der vergangenen Jahre. Von Betriebsräten werden diese oft als top-down-orientierte Prozesse charakterisiert, in denen die Einbindung von Beschäftigten in hohem Maße auf die Vermittlung von bereits definierten Zielen und Maßnahmen gerichtet ist, während eine Ergebnisoffenheit in solchen „Beteiligungsschritten" de facto nicht besteht.

Das „top-down" bezieht sich dabei keineswegs nur auf die Planungs- und Optimierungsprozesse. Vielmehr zeigt sich , dass es auch zu einer Hierarchisierung der zu bearbeitenden betrieblichen Themenstellungen kommt, ohne der angemessenen Einbeziehung von Betriebsräten und den Beschäftigen auf der sogenannten Shopfloor-Ebene. An der Spitze: die spürbare Dominanz technikgetriebener Themenstellungen, Entscheidungs- und Projektmanagementprozesse.

Wichtige, teilweise kaum umkehrbare Weichenstellungen für Arbeitsorganisation, Arbeitsbedingungen und Qualifikationsanforderungen werden am durch Technik und IT Machbaren ausgerichtet. Und zwar bevor die Wechselwirkungen zwischen technischen Möglichkeiten, organisatorischen Anforderungen und Wirkungen auf die Menschen überhaupt in den Blick genommen werden und relevante Alternativen geprüft worden sind. Als gleichsam letztes Glied in einer Kette der von uns als konventionell bezeichneten Technikeinführungsprozesse werden Fragen zur Akzeptanz, Kompetenzentwicklung und Qualifikation oder zu den Arbeitsbedingungen überhaupt zum Thema gemacht – menschliche Arbeit wird damit zur Residualgröße der digitalisierten Wertschöpfung. Die Technikdominanz und die oben beschriebene Expertendominanz bewirken beziehungsweise verstärken sich also wechselseitig oder wie es eine Betriebsrätin ausdrückte „Technik ist nicht neutral".

Die Beschäftigten sollen in dieser Logik nur noch die einmal getroffene Auswahl von Techniklösungen akzeptieren. Sind die Investitionsentscheidungen getroffen und bereits umgesetzt, kommen die Ideen von Beschäftigten und Betriebsräten zu besseren Lösungen und vermeidbaren Nachteilen zu spät. Von ihnen wird erwartet, dass sie mit dem arbeiten, was auf oberster Betriebsebene entschieden wurde. Den Folgewirkungen sollen sie sich anpassen. Diese Logik von Einführungsprozessen löst vielfach Misstrauen bis Ablehnung aufseiten der Beschäftigten aus. Die bereits zuvor zitierte Studie des VDI und der Universität Dortmund bestätigt das: „Letztgenannte (Top-down) Ansätze bergen in deutlich größerem Umfang die Gefahr, dass Verunsicherungen und manifeste Akzeptanzdefizite bei den Beschäftigten entstehen, die den Verlauf der Einführungsprozesse beeinträchtigen und die Ausschöpfung der technischen Potentiale behindern können. Das Nadelöhr der Digitalisierung ist nämlich vielfach die Lern- und Veränderungsbereitschaft der Beschäftigten". (Malanowski und Hirsch-Kreinsen 2017).

Schaut man sich Technikeinführungsprojekte an, wird sichtbar, dass solche Prozesse nicht nur aus der Sicht der Beschäftigten eine problematische und nicht mehr zeitgemäße Vorgehensweise darstellen. Auch aus Sicht der Betriebe spricht einiges dafür, sich frühzeitig mit den Nutzern und Anwendern von Technologien gemeinsam in einen Entwicklungsprozess zu begeben. Auf diese Weise können Fehlinvestitionen vermieden und Kosten für notwendige und nachträgliche Überarbeitungsschritte eingespart werden. Frustration, Unsicherheit, Ablehnung und Demotivation der Beschäftigten würden so erst gar nicht entstehen, denn die Doppeldominanz von Technik und Experten befördert eine gewisse Alltagsferne, die in der Folge viele Technikprojekte und so manche schnelle und günstige Gelegenheit zum Erwerb einer neuen Technologie zu Akzeptanz- und Kostengräbern werden lässt.

Mit den bisherigen Projekterfahrungen lässt sich das vom VDI identifizierte Nadelöhr deutlich anders beschreiben: Der Engpassfaktor entsteht bereits dort, wo Beteiligung nicht als umfassender Prozess verstanden wird, Lösungen nicht in Varianten und deren Wirkungen bedacht und damit Grundlagen für Akzeptanz, Lern- und Veränderungsmotivation nicht geschaffen werden. Dass eine völlig anders angelegte technologische Entwicklung sehr erfolgreich sein kann, beweisen all die Betriebe, die sich auf der Ebene der Entwicklung von Produkten und Dienstleistungen mit hoher Selbstverständlichkeit an dem orientieren, was ihren Kunden besonderen Nutzen schafft. Sie beziehen die Kunden möglichst direkt als Ideengeber ein.

Was auf der Produktseite gilt, das sollte auch beim Engineering und der Entscheidungsfindung auf der Prozessseite zur Selbstverständlichkeit werden. Hier sind die Beschäftigten als Ideengeber und Mitgestalter einzubeziehen. Für die im Projekt mitwirkenden Betriebsräte hat sich das Konzept der Beteiligung bereits bewährt.

Über 700 Beschäftigte aus den fünf Pilotbetrieben des Projektes „it's owl – Arbeit 4.0" beantworteten drei Fragen auf der sogenannten „Eintrittskarte zur Mitbestimmung", die in ausgewählten Bereichen der Betriebe ausgeteilt wurde. Deutlich wird, dass die überwiegende Mehrheit der befragten Beschäftigten Veränderungen durch die Digitalisierung erwartet (77 % der Befragten). Mehr als 85 % der Befragten wünschen sich zudem mehr Weiterbildung und Qualifizierung, um mit den anstehenden Veränderungen gut umgehen und sich beruflich weiterentwickeln zu können und signalisieren damit, dass sie im hohen Maße veränderungsbereit sind.

Die zusammengefassten Ergebnisse einer Befragung von Beschäftigten in Projektbetrieben ist in Abb. 9.2 dargestellt.

Diese Ergebnisse zeichnen ein anderes Bild als die oft und unisono unterstellten Qualifizierungsvorbehalte von – gerade älteren – Beschäftigten. Der Befragung ging in den beteiligten Betrieben eine umfassende Information der Beschäftigten durch den Betriebsrat, die Geschäftsleitung, die IG Metall und die beteiligten Partner aus Wissenschaft und Beratung voraus. Mit Transparenz für die gesamte Belegschaft wurden im jeweiligen Digitalisierungsprojekt die Veränderungsprozesse angegangen. Natürlich heißt das nicht, dass die Beschäftigten damit frei von Sorgen über die Zukunft ihrer Arbeitsplätze und Arbeitsbedingungen sind. Die gesteigerte Transparenz, verbunden mit den Vereinbarungen und Maßnahmen der Mitgestaltung, erlaubt es ihnen jedoch, die mit den Veränderungen absehbaren Chancen und Risiken ein Stück realistischer für sich einzuordnen und zu bewerten.

Damit verbunden, wird neuer Raum für Kreativität, Begeisterungsfähigkeit und Veränderungsbereitschaft geschaffen und das Know-how der Beschäftigten aus ihrem konkreten Arbeitsumfeld für menschenorientierte Gestaltungslösungen relevant. Das hat ganz nebenbei den Vorzug, dass passgenaue Industrie-4.0-Lösungen für die Kunden und die Wertschöpfung mit viel betriebsspezifischer Substanz entwickelt und angereichert

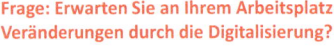
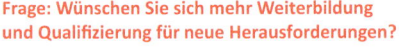
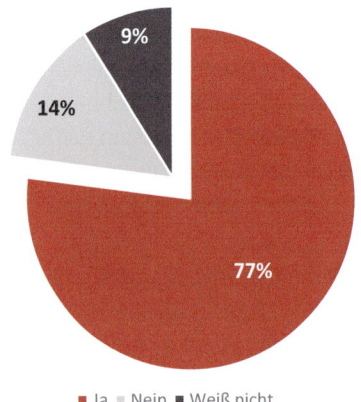
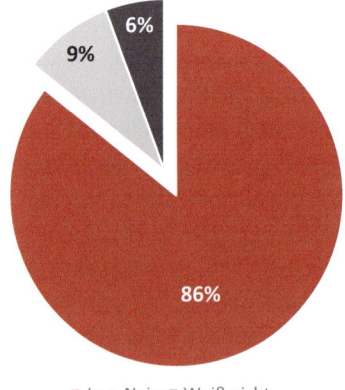

Abb. 9.2 Ihre Eintrittskarte zur Mitbestimmung – Befragung von Beschäftigten in fünf Pilotbetrieben

werden. Denn inzwischen ist die Erkenntnis gereift: Für die Digitalisierung gibt es keine einheitlichen Blaupausen. Ein schlichtes Kopieren vermeintlich erfolgreicher Anwendungsszenarien und -strategien von anderen Betrieben erweist sich i. d. R. als Irrweg. Wirklich nachhaltige Lösungen zur Steigerung der eigenen Wettbewerbsfähigkeit und Zukunftssicherung in der Industrie 4.0 führen aus unserer Wahrnehmung immer über den Weg von beteiligungsorientierten und ganzheitlichen Veränderungsprozessen. Schon allein durch ihre Bereitschaft zur Weiterbildung und Qualifizierung leisten die Beschäftigten einen wichtigen Beitrag zur Umsetzung im Betrieb. Mit beteiligungsorientierter Vorgehensweise und passgenauer Qualifizierung werden die stimmigsten (und die am wenigsten kopierbaren) Industrie 4.0-Lösungen zur nachhaltigen Verbesserung und Sicherung des Betriebes erzeugt, mit denen innovative Produkte, produktive Betriebsstandorte und zukunftsfähige Arbeitsplätze umsetzbar sind.

9.3 Gestaltungsoffenheit nutzen – Impulse für ein neues Leitbild „Arbeit 4.0"

Der „Hype" um Industrie 4.0 und deren vermutete und/oder tatsächliche Neuartigkeit hat in vielen Betrieb zu einer erweiterten Gestaltungsbereitschaft und -offenheit geführt: „Sowohl die digitalen Technologien als auch die diese nutzende Arbeitsorganisation werden gerade erst entwickelt. Es handelt sich um einen noch offenen Prozess, der sich in unterschiedlicher Intensität und Geschwindigkeit in den Betrieb vollzieht – mit jeweils unterschiedlichen Auswirkungen und Möglichkeiten" (Nettelstroth und Schilling 2017). Das wird auch im Rückblick auf vorangegangene technikgetriebene Innovationsprozesse bestätigt: „Technische Entwicklung ist keine externe Gewalt, die den Betrieben bestimmte Organisationsformen der Arbeit aufzwingt, sie wird vielmehr intern adaptiert und gestaltet. Organisationsformen und Arbeitswirkungen unterscheiden sich nach Tätigkeitsfeldern und Branchen erheblich" (Baethge 2017).

Von dieser Grundannahme geht die IG Metall auch im Rahmen des Projektes „it's OWL – Arbeit 4.0" aus. Fünf Betriebe stellten das Thema Arbeit 4.0 in den Mittelpunkt eines konkreten Technologieentwicklungsprozesses und auch hier zeigten sich in den Betrieben völlig unterschiedliche Rahmenbedingungen: Von der digitalen Strategie über die Betriebskultur und bisherigen Prozessen von Techikeinführung bis zu den Erfahrungshintergründen in den beteiligten Betriebsratsgremien. Schon zu Beginn der betrieblichen Projekte wurde darüber hinaus deutlich, dass externe Einflussfaktoren wie z. B. Internationalisierung, Innovationsdruck und hohe Marktdynamik die Möglichkeiten der Gestaltungsansätze in den Betrieb stark prägen: Der Zwang zum alternativlosen „Change" im Wettstreit um die Marktpotenziale der Zukunft wird zunehmend zum Regelprozess und zu einer Art Normalzustand mit jedoch unterschiedlichster Ausprägung in jedem Betrieb.

Für den Prozess der Mitgestaltung durch Betriebsrat, IG Metall und den Beschäftigten gab es in dem Projekt, vor diesem Hintergrund einerseits durchaus einen Standard der

Beteiligung, andererseits war dessen Umsetzung in allen fünf beteiligten Betrieben an den betriebsspezifischen explorativen und eben nicht standardisierten Prozess orientiert:

- **Phoenix Contact (Blomberg) – COMBICON: Werkstätten der Zukunft schaffen:** COMBICON, die Werkstatt der Zukunft, soll zu einer Smart Factory im Bereich der Leiterplattenfertigung am Standort Blomberg führen. Die Werkstatt soll in der Lage sein, bis hin zur Losgröße 1 zu fertigen – eine kundenorientierte Fließfertigung zu Preisen ähnlich einer Massenproduktion bei einer Varianz von bis 60.000 Produkten. An diesem Pilotprojekt war die Hochschule Ostwestfalen-Lippe beteiligt. Das Projektteam, gebildet aus verschiedenen Arbeitskreisen des Betriebsrats, hat im Zusammenwirken mit der IG Metall und Sustain Consult sowohl auf der Steuerungsebene als auch in den Projektgruppen für Mensch, Organisation und Technik unter Einbeziehung der Beschäftigten den gesamten umfassenden Umstellungsprozess auf diversen Betriebsebenen gestalterisch und kommunikativ mit begleitet.
- **Miele Imperial (Bünde) – Werker-Assistenz-Systeme am Menschen ausrichten:** Ausgangspunkt war ein schon im Vorfeld abgeschlossenes SmartF-IT-Projekt im Werk in Bünde. Dort wurde in der Fertigung von Dampfgarern ein digitales Werker-Assistenz-System entwickelt. Die Erfahrungen mit diesem Versuch wurden im Projektverlauf im intensiven Dialog mit den Beschäftigten reflektiert. Deren Ideen zu inhaltlichen, methodischen und technischen Lösungen wurden aufgegriffen. Der Betriebsrat, das betriebliche Entwicklungsteam und die Hochschule Ostwestfalen-Lippe haben dadurch die Anwendbarkeit optimiert. Die Erkenntnisse daraus wurden zusammen mit der Hochschule Ostwestfalen-Lippe in einen Leitfaden umgesetzt, der die Veränderungen als Mitgestaltungsprozess durch die Beschäftigten in den Mittelpunkt rückt. Der Betriebsrat war in den gesamten Erarbeitungsprozess, inkl. der Planung und Durchführung der Mitarbeitergespräche und Leitfadenentwicklung durch einen Projektbeauftragten intensiv eingebunden. Die IG Metall und Sustain Consult unterstützten seine Mitwirkung bei der Planung, Umsetzung, Bewertung und Kommunikation mit den Beschäftigten. Der entwickelte Leitfaden wird in zukünftigen Einführungsprozessen von Assistenzsystemen angewendet.
- **Weidmüller (Detmold) – Arbeiten und Lernen, unterstützt durch die Datenbrille:** Im Rahmen des Projektes sollten Einsatzmöglichkeiten der Datenbrille Hololens für die Produktion gefunden und mit den Beschäftigten im Rahmen des Pilotprojektes unter Beteiligung der Universitäten Paderborn und Bielefeld umgesetzt werden. Entwickelt wurden Anwendungslösungen der Datenbrille zur Assistenz bei Montage- und Wartungsaufgaben an komplexen Fertigungsanlagen. In einem iterativen Prozess wurden die künftigen Anwender bei allen Schritten der Definition und Bearbeitung von Software- und Einsatzkonzepten beteiligt. Immer wieder galt es, die Erwartungen von Betriebsseite an die Datenbrille mit den von den Beschäftigten gewonnenen Eindrücken und Erfahrungen abzugleichen, ggf. nach Anpassungen zu suchen und auf diesem Wege für spezifischen Unterstützungen bei Montageaufgaben sowie in der Aus- und Weiterbildung anwendbare Lösungen zu entwickeln. Diese

bezogen sich sowohl auf die Frage der Anwendung bei begrenzten Einsatzzeiten als auch auf die Frage, welche Hygienemaßnahmen bei einem Wechsel der Brille von einer Person auf die Andere notwendig sind.

- **Hettich (Kirchlengern) – Beschäftigte in digitalisierten Auftragsbearbeitungen:** Bei Hettich wurde ein Weg gesucht, den kompletten Prozess der Auftragsabwicklung – von der Auftragsannahme über die Produktion bis hin zur Logistik und Buchhaltung – zu automatisieren. Hettich arbeitete mit der Universität Bielefeld zusammen, um die damit verbundenen Veränderungen für die Beschäftigten in ihrer Relevanz für Arbeitsbelastungen und Qualifizierungsbedarfe zu bewerten und daraus Gestaltungsmaßnahmen abzuleiten. Das Projektteam des Betriebsrats hat im Zusammenwirken mit der IG Metall und Sustain Consult den gesamten Prozess über alle Teilschritte der Auswahl von Interviewpartnern und Befragten, Konkretisierung von Fragestellungen, Einbeziehung und Information aller Beschäftigten und Gewichtung von Ergebnissen und Erkenntnissen begleitet.
- **Diebold Nixdorf (Paderborn) – Assistenzsystem zur Bewältigung von Varianz in der Montage:** Die Beschäftigten in der Montage fertigen Geldautomaten in sehr hoher Variantenvielfalt. Durch Hinweise in Echtzeit, welche Fehler entstanden und zukünftig zu vermeiden sind und wie Fehler zu vermeiden sind, zielte Diebold Nixdorf darauf, die Qualität in der Montage weiter zu verbessern. Die Beschäftigten sollten besser auf die für sie relevanten Qualitätsinformationen zugreifen können. Statt auf Papier und zeitverzögert, sollten die Informationen auf ein Assistenzsystem, welches nicht von vorn herein festgelegt wurde und in Echtzeit passend zur jeweiligen Besonderheit des einzelnen Geräts – zur Verfügung stehen. Erst im Verlauf des Projektes wurde in Zusammenarbeit mit den Beschäftigten das passende Assistenzsystem gewählt. Dabei stellte sich heraus, dass die eingangs bevorzugte Techniklösung nicht die passende gewesen wäre. Gleichzeitig wurden Programmierlösungen durch die Beschäftigten mit vorgeschlagen und finden jetzt im Produktionsablauf ihre Anwendung. Das bisherige Qualitätsmanagement, auf Grundlage von nachlaufenden Dokumenten und Besprechungen, sollte damit weiter optimiert werden. Das Pilotprojekt fand in einem Herzstück der Fertigung statt: dort, wo das Innenleben eines künftigen Geldautomaten zu einem Turm zusammengebaut wird. Durch den Betriebsrat und die IG Metall wurden die Beschäftigten mit ihren Erwartungen und Anforderungen in enger Zusammenarbeit mit den Wissenschaftlern und Projektverantwortlichen des Betriebs in die Entwicklung konkreter Gestaltungslösungen einbezogen.

Die fünf Pilotbetriebe unterscheiden sich damit in ihren Zielen, Vorgehensweisen und den Zusammensetzungen der Teams. Die Beteiligung der Beschäftigten war jedoch in allen Fällen gleich angelegt: Die IG Metall NRW, die Betriebsräte der beteiligten Betriebe und Sustain Consult nahmen die vielfältigen Stimmungen und Sorgen der Beschäftigten auf und machten sie zusammen mit deren ebenso vorhandenen neugierigen Erwartungen und Ideen zum Thema im Betrieb. Ansätze und Lösungen zur

Gestaltung der Arbeitswelt 4.0 standen im Mittelpunkt der Kooperation von Wissenschaft, Gewerkschaft, Betriebsleitung, Führungskräften und Betriebsrat – und stehen es teilweise noch immer, weil die im Projektrahmen entwickelten Konzepte und Maßnahmen sich noch in vertiefenden Umsetzungsschritten und weiteren Erprobungen befinden.

Für uns war es dabei von besonderer Bedeutung, im Rahmen des Projektes „it's OWL – Arbeit 4.0" herauszuarbeiten, dass es sich bei den angedachten Pilotprojekten nicht nur einfach um weitere Technikeinführungsprojekte handelt, sondern um konkret zu beschreibende Digitalisierungsschritte mit zu bewertenden Chancen und Risiken für die Beschäftigten. Unser Ziel bestand darin, produktive Wege zu einer nachhaltigen, sozialverantwortlichen und beschäftigungsförderlichen Balance zwischen den Belangen der Betriebe und der Beschäftigten, zwischen der Nutzung der Potenziale von Technik, betrieblicher Organisation und arbeitenden Menschen zu erkennen und zu nutzen. Die sich durch Digitalisierung und Vernetzung verändernde Arbeitswelt in den Betrieb sollte wirtschaftlich *und* sozial besser werden statt einfach nur effizienter und billiger – diese Idee sollte aus Sicht der IG Metall NRW prägend für die betrieblichen Pilotprojekte sein. Ein neues Verständnis der Mitbestimmung von Betriebsräten bei der Entwicklung von arbeitsplatzbezogenen, organisatorischen und technischen Lösungen für die Industrie 4.0 ist für unsere Vorgehensweise zentral. Am Ende erhofften wir uns erste Hinweise für eine Leitbild-Diskussion für Arbeit 4.0, und zwar nicht (nur) aus Sicht der Experten, sondern auch aus Sicht der Betriebsräte und Beschäftigten.

Im Rahmen des Projektes „it's OWL – Arbeit 4.0" sollten Methoden und Vorgehensweisen zur Gestaltung der Arbeitswelt in der Industrie vor dem Hintergrund der Digitalisierung entwickelt werden. Dabei mussten Lösungen für eine entscheidende Frage gefunden werden: Wie können Betriebe es schaffen, einen beteiligungsorientierten, ganzheitlichen Veränderungsprozess zu beschreiben, wenn gleichzeitig ein so großer Veränderungsdruck und eine so große Dynamik Ressourcen, Zeit und Kapazitäten im Betrieb begrenzen?

Im Ergebnis ist dabei ein stark explorativ geprägter und jeweils betriebsspezifischer Prozess entstanden, der in den fünf Betrieben einen nicht standardisierten und unterschiedlich weitreichenden Veränderungsprozess angestoßen hat. Mit Blick auf die zurückliegenden Beteiligungsprozesse sind zwei Ergebnisse ableitbar, die sich sowohl auf die inhaltliche Substanz (das WAS) und die vollzogenen Prozesse (das WIE) beziehen.

9.4 Schlussfolgerungen für die Praxis: Leitfaden für Prozesse der Mitgestaltung durch Betriebsräte, Beschäftigte und IG Metall

Bei aller Unterschiedlichkeit der im Projekt mitwirkenden Betriebe, ihrer Themen, Akteure und Voraussetzungen lassen sich einige, für einen erfolgreichen Projektverlauf durchaus wesentliche, strukturierende Elemente beschreiben. Sie sind keineswegs eins zu eins übertragbar. In jedem Betrieb und Unternehmen werden die konkreten Bedingungen und Ausrichtungen von Veränderungsprozessen und deren Gestaltung andere sein. Nicht immer wird es vergleichbare Projektkonstellationen geben, inkl. z. B. der öffentlichen Förderung. Doch bei jeder projektartigen Bearbeitung von Veränderungsprozessen sind Mitbestimmungsrechte zu beachten, kann sich aktive Mitgestaltung (durch Beschäftigte und Betriebsrat?) als sinnvoll erweisen. Mit diesen Einschränkungen lassen sich diese Anregungen aus den betriebsübergreifenden Erfahrungen sicherlich nutzen. Den Blickwinkel von Betriebsräten, Beschäftigten und IG Metall haben wir an dieser Stelle besonders berücksichtigt.

Mit den Pilotprojekten haben die beteiligten Betriebe, wie auch alle anderen externen Akteure, das Neuland betreten, welches das Bundes-Arbeitsministerium als „Lern- und Experimentierraum" bezeichnet und wie folgt beschreibt: „Die Einrichtung der betrieblichen Lern- und Experimentierräume ist eine Antwort auf die Herausforderungen und offenen Fragen, die mit der Digitalisierung der Arbeitswelt zu stellen sind. Die Idee: In geschützten Räumen können Betriebe und Verwaltungen neue Arbeitsweisen erproben, die in den Themenfeldern Führung, Chancengleichheit und Teilhabe, Gesundheit oder Wissensmanagement durchgeführt werden. Betriebsleitung und Beschäftigte suchen gemeinsam und ohne Vorbehalte nach neuen Wegen, den Wandel der Arbeitswelt zu gestalten" (Bundesministerium für Arbeit und Soziales 2017).

Mit dieser Haltung wurden die betrieblichen Pilotprojekte im Rahmen von „it's OWL – Arbeit 4.0" bearbeitet. Als Ausgangspunkt wurde mit der jeweiligen spezifischen Projektbeschreibung und einer entsprechenden Vereinbarung aller Beteiligten ein verlässlicher Rahmen geschaffen (z. B. Unterzeichnung einer Vertraulichkeitserklärung, Schutz personenbezogener Daten, Ausrichtung auf positive Beschäftigungs- und Standortentwicklung sowie verbesserte Arbeitsbedingungen).

Die mit den betrieblichen Pilotprojekten geschaffenen Lern- und Experimentierräume setzen sowohl inhaltlich als auch strukturell auf sozialpartnerschaftliche Zusammenarbeit, die durch wissenschaftliche Teams aus der Region fachlich unterstützt wurde. Die Kooperation von Wissenschaft, Gewerkschaft, Betriebsleitung, Führungskräften und Betriebsrat war für alle beteiligten Akteure in dieser Form Neuland: Vor dem eigentlichen Start des Veränderungsprozesses im Betrieb waren diverse Abstimmungsprozesse erforderlich.

Die Pilotprojekte zeichneten sich zum Teil durch eine große Akteurs- und Themenvielfalt aus und brachten eine gewisse Komplexität mit sich. Trotz aller Unterschiede in den jeweiligen betrieblichen Gestaltungsprozessen gab es vergleichbare Prozesselemente – mit allen Ausdifferenzierungen im zeitlichen und inhaltlichen Ablauf. Die zentrale Gemeinsamkeit war der Ansatz, ein ganzheitliches Verständnis der Gestaltung von Arbeit 4.0 zu entwickeln und für die weitere betriebliche Praxis zu nutzen. Insofern werden darin Elemente eines Leitfadens deutlich, der Anregungen auch für die Gestaltung von Veränderungsprozessen in anderen Betrieben bieten kann. Natürlich ist dabei jeweils zu berücksichtigen, dass sich die gewählte Themenstellung, die Ausgangsbedingungen in den Betrieben, die jeweilige Tiefe und Komplexität des Prozesses als auch die Ansprüche und Anforderungen an den Prozess selbst und die Erwartungshaltungen der handelnden Akteure deutlich von denen in den fünf Projektbetrieben unterscheiden können. Unsere Vorgehensweise wird somit eher idealtypisch vorgestellt (Abb. 9.3).

Mit dem hier beschriebenen Leitfaden „Ganzheitlich zu Arbeit 4.0" unterscheiden wir sechs für einen erfolgreichen Gestaltungsprozess relevante Elemente. Hinzu kommen Hinweise auf mögliche Stolpersteine und wichtige Erfolgsfaktoren.

9.4.1 Ziel- und Interessenklärung zum Start des Projektes

Über die angestrebten Ziele und die mit dem Projekt verbundenen Interessen sollte zwischen allen Partnern zu Beginn ein grundsätzliches Einvernehmen erreicht werden. Nicht ausgesprochene Erwartungen, aber auch ungeklärte Grenzen werden ohnehin zum Thema. Je transparenter damit umgegangen wird, umso erfolgsträchtiger wird der Projektverlauf.

Das bedeutet nicht, dass alle latenten oder potenziellen Konfliktthemen bereits im Vorfeld der Zusammenarbeit auszuräumen sind. Schließlich wird gemeinsam nach neuen Wegen gesucht. Die konkreten Optionen der Ausgestaltung sind von vielen in der Regel noch unbekannten beziehungsweise nicht allen Partnern gleichermaßen bekannten Faktoren geprägt, soweit sich das Vorhaben nicht auf die Adaption von bereits anderweitig Erprobtem reduziert. Und auch dann ist sicherlich in der betrieblichen Realität von Wissens- und Bewertungsunterschieden der beteiligten Akteure auszugehen. Wichtig ist, dass die jeweiligen spezifischen Lösungsvarianten sowohl aus technischer wie organisations- und einer auf die Beschäftigten bezogenen Perspektive grundsätzlich in einem erheblichen Maße gestaltungsoffen anzulegen sind. Genau darin liegen die Chancen für den jeweiligen Betrieb und die Beschäftigten.

Gerade über diese Offenheit und erforderliche Transparenz sollte es zum Start eine gemeinsame Verständigung zwischen den Betriebsparteien und Projektpartnern geben. Ebenso sollte vorab über Grundsätze des Umgangs mit daraus eventuell erwachsenden Konfliktthemen gesprochen werden. Schließlich sind z. B. die Betriebsräte nur in der Lage in einem solchen Kontext Gestaltungsverantwortung mit zu übernehmen, wenn sie zugleich damit die Interessen der sie Wählenden – mithin der Belegschaft – wahren und diese in den Prozess entsprechend einbeziehen.

Die bereits angesprochene Experimentierphase beziehungsweise der Experimentierraum kann sich hierbei als hilfreich erweisen, soweit damit umfassende Mitbestimmungsrechte des Betriebsrats gewahrt bleiben beziehungsweise die Grundlagen zur Wahrnehmung dieser Rechte verbessert werden. Praktisch kann somit beispielsweise zum Zielkatalog gehören, dass die angestrebten Veränderungen darauf gerichtet sind:

- neue Perspektiven der Beschäftigungs- und Standortentwicklung zu schaffen.
- Chancen und Risiken der Veränderung von Tätigkeitsprofilen und Qualifikationsanforderungen zu erfassen und anzugehen.

9 Mehrwert Mitgestaltung – Der ganzheitliche Weg zu Arbeit 4.0

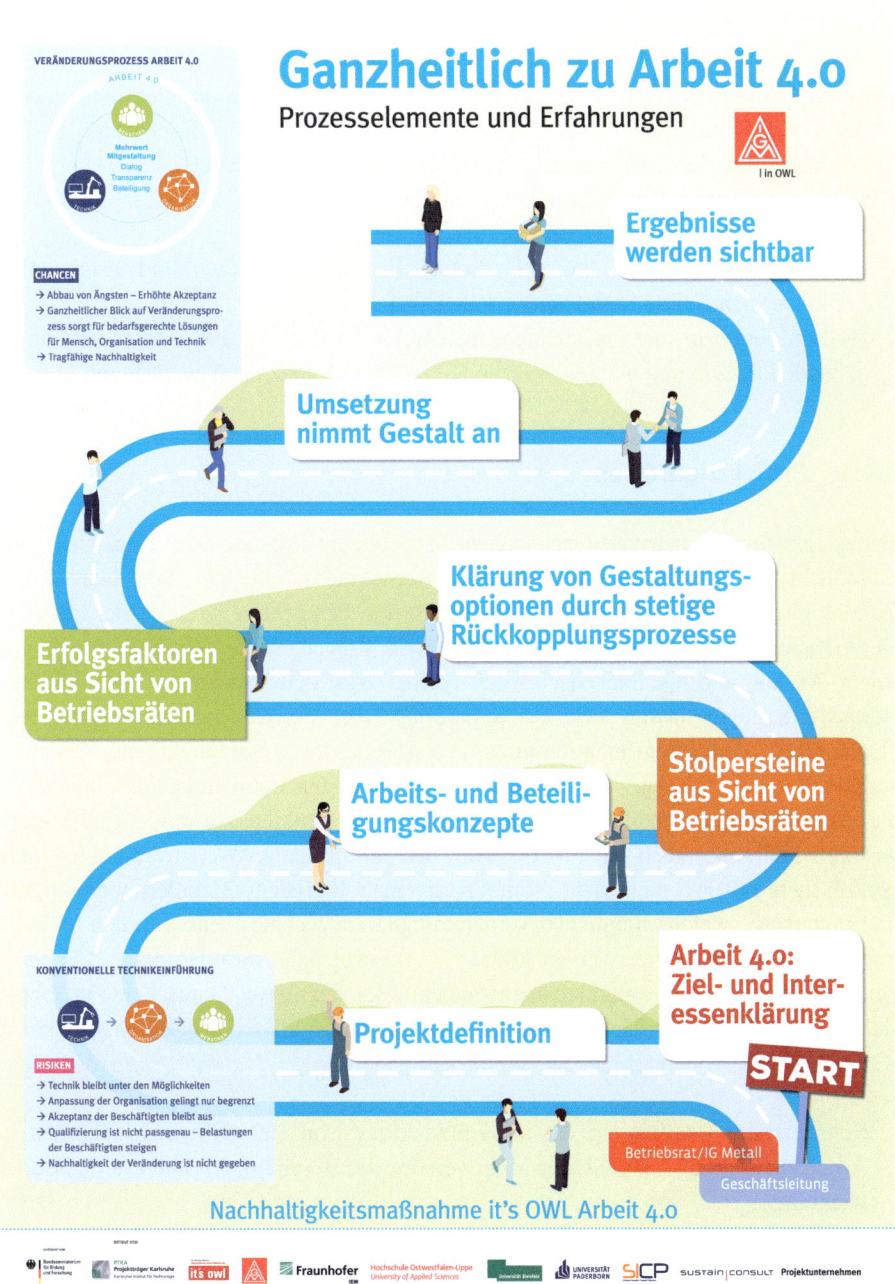

Abb. 9.3 Ganzheitlich zu Arbeit 4.0 – Prozesselemente und Erfahrungen

- unterschiedliche Gestaltungsoptionen der Technologie und IT-Entwicklung in ihren Wirkungen auf Arbeitszufriedenheit und Beschäftigungsperspektive zu bewerten und zu nutzen.
- durch Assistenzsysteme (z. B. Datenbrille/Tablet) Potenziale der Qualitätssicherung, der Beherrschung von Variantenvielfalt, der Entlastung für Beschäftigte und den Stressabbau in der Arbeitsumgebung und Organisation zu erproben.
- keine personenbezogene Datenerfassung sowie individuelle Leistungs- und Verhaltenskontrollen mit der Digitalisierung zu verbinden.
- umfassende Transparenz zu den Zielen, Erprobungsschritten und Erkenntnissen gegenüber den Beschäftigten herzustellen.
- als Betriebsrat in alle entscheidungsrelevanten Phasen der Projektentwicklung eingebunden zu sein und über entsprechende zeitliche Kapazitäten zu verfügen.

9.4.2 Projektdefinition

Der Anlass für Themen und Gegenstände betrieblicher Projekte wird immer ein unterschiedlicher sein: Kundenerwartungen, Unternehmensstrategien, Kosteneinsparziele, technologische Möglichkeiten, u. v. m. Aus der Perspektive von Betriebsräten und Gewerkschaften verbinden sich damit immer Fragen nach Standortentwicklungen sowie Anzahl und Qualität der Arbeitsplätze. Aus dem Spektrum der vielfältigen Herausforderungen lassen sich zur Schaffung eines bewusst gemeinsam angelegten „Erfahrungs- und Experimentierraums" verschiedenste Ansatzpunkte auswählen. Es kann sich um einen relativ überschaubar abzugrenzenden Rahmen handeln, indem z. B. die Anwendbarkeit einer Datenbrille in einem bestimmten Anwendungsfall erprobt wird. Es kann aber auch ein Prozess sein, der den gesamten Wertstrom einer kundenspezifischen Lösung einbezieht, sich an diversen digitalen Optimierungen orientiert und hinterfragt, welche möglichen Veränderungen auf welche Weise von den Menschen mitgestaltet und getragen werden können – mit welchen Anforderungen z. B. an das Qualifizierungs- und Gesundheitsmanagement. Bei der Auswahlentscheidung lohnt es sich in jedem Fall, die folgenden Kriterien aus der Perspektive der Beschäftigten und der IG Metall im besonderen Maße zu berücksichtigen:

- Relevanz der Bearbeitung für die Entwicklung von Beschäftigungssicherheit und Arbeitsqualität, also absehbarer Mehrwert für die Beschäftigten und die Standortentwicklung
- Potenzieller Nutzen für die Wettbewerbsfähigkeit/Wirtschaftlichkeit des Betriebes
- Realisierbarkeit der Umsetzung mit den verfügbar zu machenden Kapazitäten in dem anzustrebenden Zeitrahmen
- Impulswirkung für die Weiterentwicklung für die Unternehmens-, Führungs- und Mitbestimmungskultur im Betrieb

- Potenzial für künftige Innovationspfade und ein entsprechendes Veränderungsmanagement
- Übertragbarkeit der gewonnenen Erkenntnisse auf andere Projekte beziehungsweise grundsätzliche Arbeitsstrukturen

9.4.3 Arbeits- und Beteiligungskonzepte

Die Vielfalt der Akteure erfordert, dass die Projektpartner sich mit ihren unterschiedlichen Arbeitsweisen zunächst einmal kennenlernen und geeignete Arbeitsstrukturen entwickeln. Auch wenn es schon eine gelebte Praxis der Zusammenarbeit mit Wissenschaft und Beratung gibt, in der Konstellation mit der frühzeitigen und umfassenden Einbeziehung des Betriebsrats und der Mitwirkung durch die IG Metall sowie der Intensität einer Beteiligung der Beschäftigten gibt es Ungewohntes und Neues zu verzahnen.

Hierfür sind zwischen den Projektpartnern gemeinsam geeignete Wege der Information, Kommunikation und Beteiligung der Beschäftigten zu konzipieren. Zudem ist damit umzugehen, dass ggf. im Projektverlauf der Kreis der einbezogenen Beschäftigten und Führungskräfte gezielt zu erweitern ist, um relevante Entwicklungsmöglichkeiten auszuschöpfen und Wechselwirkungen zwischen den Ebenen Mensch, Organisation und Technik besser zu berücksichtigen.

Zu jedem Projekt gehören vor diesem Hintergrund definierte Arbeitspakete, Strukturen, Steuerungs- und Arbeitsebenen und Verantwortlichkeiten der Zusammenarbeit aller Partner. Zusammengefasst wird alles in einer Projektskizze, in der sich alle Partner mit ihren Zielen und Möglichkeiten angemessen wiederfinden. Trotz betriebsspezifischer Unterschiede bei den inhaltlichen Gestaltungsebenen sollten die folgenden Anforderungen an die Planung und Umsetzung berücksichtigt sein.

9.4.3.1 Nachvollziehbare Auswahl von relevanten Akteuren aus betroffenen Abteilungen und Beschäftigtengruppen sowie des Projektteams

Es liegt wesentlich an dem Betriebsrat, seiner Haltung gegenüber dem geplanten Projekt und seiner Mitgestaltung, ob die Beschäftigten Vertrauen in einen auch für sie vorteilhaften Prozess und dessen Nutzen entwickeln können. Seinerseits braucht der Betriebsrat verlässliche und transparente Rahmenbedingungen im Verhältnis zur Geschäftsleitung. Ein in seinem Geltungsbereich und seinen Grenzen definierter Experimentierraum kann hierfür Grundlagen schaffen. Er kann nützlich sein, wenn für alle Beteiligten die Ziele und möglichen Wirkungen transparent sind und die Mitbestimmungsrechte gewahrt bleiben. Das gilt auch für die IG Metall und ihre betrieblichen Vertrauensleute. Das Wollen der Mitglieder ist die entscheidende Grundlage, um mit spezifischen und überbetrieblichen Kompetenzen die Prozesse mit zu gestalten – auch und gerade in gut definierten Experimentierräumen.

9.4.3.2 Zum Start: Basis-Information für die gesamte Belegschaft

Die Grundzüge des Projektes (Ziele, Dauer, Methoden, Vorgehensweisen, Beteiligte) müssen im gesamten Betrieb bekannt und nachvollziehbar sein. Geeignete Informationswege sind Betriebs- und Abteilungsversammlungen, in denen thematisch vorbereitete Diskussionsrunden für Einblicke sorgen und Beschäftigte ihre Fragen, Einschätzungen und Erwartungen einbringen können. Betriebliche „Innovationstage" stehen allen offen und bieten Einblicke in neue Konzepte und Lösungsansätze, z. B. können neue Assistenzsysteme wie die Datenbrille von den Beschäftigten getestet werden. Ein sogenanntes „4.0-Info-Frühstück" kann den offenen Raum für das persönliche Gespräch über die Wahrnehmung von Chancen und Risiken bieten. Kurz-Befragungen des Betriebsrats sind ein weiteres sinnvolles Element von Beteiligung, weil die Erfassung und Präsentation der Ergebnisse für Klarheiten sorgt und den Betriebsräten Orientierung für ihr Handeln schafft. Vergleichende Befragungen zum Projektbeginn und zum Projektende unterstützen zudem die Transparenz über Erwartungen und ihre mögliche Einlösung (Sind wir auf dem richtigen Weg? Was bleibt noch zu tun?).

9.4.3.3 Strukturierte Arbeitspakete

Gerade in offenen Prozessen, bei unterschiedlichen Erfahrungen mit Projektarbeit und fachlichen Kenntnisständen, ist eine Mitwirkung aller Partner an der Definition der Arbeitspakete – von der Analyse bis zum Abschluss – relevant:

- Die **Analyse** schließt die Erfassung von Ausgangsbedingungen, Abläufen, Prozessdaten, Kennzahlen, Organisationsstrukturen, vorhandenen Software- und Hardwarevoraussetzungen u. a. m. ein. Bereits dabei sollte der Betriebsrat sich einbringen, denn das Umsetzungskonzept wird aus den Ergebnissen der Analyse abgeleitet.
- Die **Vorgehensweisen und Methoden** werden zwischen allen Projektpartnern abgestimmt. Der Betriebsrat und die IG Metall sowie deren begleitende Beratung haben hier die Chance und Verantwortung, vorausschauend die Perspektiven und Belange der Beschäftigten gestaltungswirksam einzubringen.
- Die **Mitgestaltung** der Betriebsräte und Beschäftigten (z. B. bei der Konfiguration eines Assistenzsystems oder einer IT/Technologie-Entwicklung) erfordert zum einen vertiefende Kenntnisse und Einblicke in die bereits vorhandenen Strukturen und Prozesse. Darüber hinaus sind die Optionen der Entwicklung und Gestaltung von digitaler Arbeit, Organisation und Technik möglichst transparent zu erfassen. Das schließt die Sichtweisen der Beschäftigten und Führungskräfte auf die Wirkungsweisen von Veränderungen hinsichtlich z. B. veränderte Tätigkeitsprofile, Arbeitsbelastungen und Qualifikationsanforderungen ein. Als Instrument dafür hat sich die Erarbeitung einer Betriebslandkarte im Projekt „Arbeit 2020" bewährt. Diese Erarbeitung erfolgt durch eine intensive Beteiligung der Beschäftigten. Ihre Eindrücke und Perspektiven der Digitalisierung werden im Bild der betrieblichen Landkarte gebündelt erfasst. Darauf kann der weitere Gestaltungsprozess aufgebaut werden.

- Ein gemeinsam abgestimmtes **Interaktions- und Kommunikationskonzept** erklärt, in welcher Form und mit welchen denkbaren Resultaten die Beschäftigten einbezogen, unterstützt und an der weiteren Ausgestaltung beteiligt werden. Betriebsräte und Vertrauensleute der IG Metall sind jetzt im besonderen Maße gefordert, durch ihre Kommunikation mit den Beschäftigten, deren Perspektiven und Anforderungen ins Projektteam einzubringen.
- Die **prototypische Umsetzung** ermöglicht einen ersten Einblick (z. B. in das entwickelte Tool des (Assistenzsystems) der Technikauslegung oder der Struktur von Befragungen und deren Auswertungen zur Erhebung von Sichtweisen der Beschäftigten auf Chancen und Risiken.
- Die **Reflexion** ist aus den Erfahrungen in diesem Projekt heraus kein einmaliger Schritt, sondern erfolgt sinnvoller Weise als iterativer Prozess. Entwicklungsergebnisse und Erwartungen werden zwischen Entwicklerteam, Beschäftigten und Projektpartnern über mehrere Teilschritte abgeglichen, um Schritt für Schritt nutzergerechte Lösungen zu erzielen.
- Der **Transfer** richtet sich zunächst an die betriebliche Ebene (Betriebsversammlungen, Führungskräfteschulungen, Betriebsräte- und Vertrauensleute-Workshops). Darüber hinaus schafft der Austausch von Erfahrungen und Erkenntnissen, z. B. im Rahmen von Fachtagungen, Workshops ggf. auch in Verbindung von Betriebsbesuchen Anregungen für alle Beteiligten. Zudem gibt es angesichts überwiegend theoretisch geprägter Debatten über Gestaltungsperspektiven von Arbeit 4.0 und entsprechenden Wirkungsanalysen einen erheblichen und weiter öffentlich zu fördernden Forschungsbedarf. Für Betriebsräte und Vertrauensleute der IG Metall wird derzeit ein entsprechendes Netzwerk des branchenbezogenen und regionalen Dialogs sowie begleitender Forschungs- und Gestaltungsprojekte im Rahmen einer umfassenden Transformationsdebatte aufgebaut. Verfügbare Erkenntnisstände werden in Leitfäden und Qualifizierungsangeboten aufgegriffen.

9.4.3.4 Steuerung des gesamten Prozesses – Steuerung aufseiten des Betriebsrats

Die operative und die strategische Steuerung erfolgt je nach Betrieb unterschiedlich. Grundlagen dafür bestehen in den bereits vorhandenen Dialogebenen zwischen Betriebsrat und Geschäftsleitung, in der vorhandenen Praxis von Steuerung, Mitbestimmung und Führung. Bezogen auf ein spezifisch definiertes Projekt und einen evtl. einzurichtenden Experimentierraum kann sich der Anlass bieten, diese Steuerungsebenen zu ergänzen oder zu erweitern. Entscheidend dafür ist das jeweilige Niveau an wechselseitigem Vertrauen in Offenheit und Verlässlichkeit. So kann es praktikabel sein, dass das jeweilige operative Projektteam zugleich direkt den Prozess steuert, da z. B. alle Verantwortungsträger vertreten sind. Es kann aber auch gute Gründe für eine zusätzliche Steuerungsebene geben, besonders bei größer angelegten Projektzusammenhängen.

Direkt an dem Projekt Beteiligte werden auf jeden Fall ihre Übernahme von Aufgaben und Verantwortungsbereichen im gesamten Gremium abstimmen und mit den

Beschäftigten rückkoppeln müssen. Das macht auch für das Betriebsratsgremium im Dialog mit den Vertrauensleuten der IG Metall ein eigenes Steuerungsmanagement erforderlich. Die Verantwortung liegt auf jeden Fall bei dem Betriebsratsvorsitzenden und dem stellvertretenden Vorsitzenden des Gremiums. Um die Bewertungs- und Entscheidungsgrundlagen des Projektteams und des Betriebsrates zu verbessern, ist es zudem wichtig, dass sie auf den Rat und die Hilfe von Mitgliedern der Fachausschüsse des Betriebsrates bauen können. Je umfassender die Beteiligung gelebt wird, umso aussichtsreicher sind Erfolge, die sich dann auf die Zustimmung aus der Belegschaft stützen können. Nur Offenheit schafft Vertrauen.

9.4.3.5 Rollenverständnis der Akteure

Mit der Erarbeitung der Projektskizze sind zugleich die unterschiedlichen Rollen zu klären. Auch wenn es in der Dynamik einer Projektbearbeitung immer wieder neue Klärungsfragen zum jeweiligen Rollenverständnis der beteiligten Akteure geben mag, grundsätzlich sind deutliche Abgrenzungen für den zielführenden Umgang miteinander wichtig. Wenn Betriebsräte zum ersten Mal solche komplexen Projekte mit entwickeln und gegenüber den Beschäftigten – ihren Wählern – verantworten, ist eine spezifische Beratung, durchaus auch mit Coaching-Elementen (wie in diesem Projekt durch Sustain Consult) sowohl in inhaltlichen als auch methodischen Fragen sowie bei der Reflexion und Aufbereitung der Erkenntnisstände, von hoher Relevanz.

Die Mitwirkung der IG Metall ist vor allem an den Erwartungen und Anforderungen der Mitglieder orientiert und unterstützt die Vertrauensleute und Betriebsräte in der Wahrnehmung ihrer Aufgaben durch das gesamte Kompetenz- und Leistungsspektrum der Organisation, unter Einbeziehung der Kompetenzen aus vergleichbaren Projekterfahrungen in anderen Betrieben.

Die am Projekt mitwirkenden externen Wissenschaftler bringen ihren gesamten Forschungskontext als Impuls für innovative Lösungsansätze sowie systematische Entwicklungen und Umsetzungen entlang der vereinbarten Projektplanung ein.

Die Projektverantwortlichen des Unternehmens sorgen für die Zielerreichung gegenüber ihrer Geschäftsleitung, die Bereitstellung der erforderlichen Ressourcen und zeitlichen Kapazitäten in den jeweiligen Arbeitsschritten.

9.4.3.6 Rolle des Betriebsrats und der IG Metall

In der Regel betreten die Betriebsräte mit Projekten dieser Komplexität und Intensität Neuland. Aufgrund der Vielfalt der beteiligten Akteure und des ambitionierten Gestaltungsanspruchs verändert sich die Rolle von Betriebsräten in betrieblichen Veränderungsprozessen z. T. grundlegend. Dies hängt mit einigen projekttypischen Rahmenbedingungen zusammen:

- Betriebsräte bekommen nicht erst die Resultate von Veränderungsentscheidungen auf ihren Tisch, im Rahmen ihrer Anhörungs-, Informations- und Mitbestimmungs-

rechte, z. B. bei der Personalentwicklung. Sie haben schon vor den unternehmerisch zutreffenden Entscheidungen, Einblick in Gestaltungsoptionen.
- Betriebsräte bekommen eine Übersicht über mögliche Ausprägungen und Dimensionen von Digitalisierungsprozessen, bevor diese greifen.
- Betriebsräte agieren damit mehr und mehr vorausschauend. Das erfordert eine enge Rückkopplung mit den Beschäftigten, eine Haltung, sich den damit verbundenen Herausforderungen schon vor ihrem Wirksamwerden zu stellen. Das impliziert eine Ausrichtung an den besseren Lösungen gestaltend mitzuwirken und die Mitbestimmungsrechte in einem so erweiterten Sinne wahrzunehmen.
- Die konkrete Mitwirkung erfordert i. d. R. eine gut abgestimmte Arbeitsteilung und in größeren Betrieben ein eigenes Projektmanagement auf der Betriebsratsseite. In den hinsichtlich Betriebsgröße, Gestaltungszielen und Projektaufgaben überschaubareren Betrieben können kleine Arbeitsgruppen, gebildet aus den Fachleuten auf Betriebsratsseite, die konkreten Aufgaben übernehmen. In den größeren Vorhaben und Betrieben sind vorhandene Ausschüsse einzubinden. Förderlich für die Zieldefinition und Nachhaltigkeit von Projektergebnissen ist es, wenn zudem ein vorhandener Gesamtbetriebsrat oder Konzernbetriebsrat einbezogen ist, gerade wenn es um standortübergreifende Themenstellungen geht, wie Datenschutz, Arbeits- und Gesundheitsschutz, Qualifizierung und Weiterbildung, Tätigkeitsbeschreibungen, Personalplanungen, Standortentscheidungen, Produkt- und Prozessinnovationen u. a. m.

9.4.3.7 Beschäftigte einbeziehen und für die Mitgestaltung gewinnen

Beschäftigte, die informiert sind und mitgestalten können, entwickeln ein anderes Verhältnis zu Veränderungsprozessen als solche, die hiervon ausgeschlossen bleiben. Sie wollen ein frühzeitiges Bild, einen Einblick in absehbare Veränderungen und deren mögliche Wirkungen auf ihre berufliche Perspektive. Mangelt es daran, bleibt viel Raum für mehr oder weniger berechtigte Befürchtungen oder Ängste. Das erfordert Transparenz seitens der Geschäftsführung über Strategie, Ziele, technologische Optionen und mögliche Maßnahmen. Auch der Betriebsrat ist gefordert, seinen Suchprozess nach guten Lösungen auf einer umfassenden Information und Mitwirkung der Beschäftigten aufzubauen, gerade weil bestehende Ungewissheiten im Vorfeld von Neuausrichtungen zugleich Öffnungen für bessere Lösungen im Interesse der Beschäftigten bedeuten können und weil viel Wissen um die Machbarkeit besserer Lösungen bei den Beschäftigten selber liegt. Mögliche Bausteine für die Mitgestaltung durch Beschäftigte sind:

- Bedenken und Problemsichten erfragen und ernst nehmen
- Einschätzungen und Bewertungen in Befragungen und Gesprächen systematisch erfassen
- Ideen zur Verbesserung, z. B. von Prozessen, einbeziehen

- Vorschläge zur konkreten Technikausgestaltung, z. B. zur sinnvollen Benutzeroberfläche eines mobilen Endgeräts (Tablet, Smartphone), in Workshops erarbeiten
- Testläufe von Prototypen für deren Weiterentwicklung nutzen (ggf. wiederholend).

Generell erweisen sich diese iterativen Prozesse durch Einbeziehung aller Akteure in den verschiedenen Entwicklungsschritten als zielführender Gestaltungsweg.

9.4.3.8 Eigene Beteiligungsinstrumente des Betriebsrats und der IG Metall

Die „Eintrittskarte zur Mitbestimmung" hat sich als ein einfach zu handhabendes Instrument im direkten Dialog mit den Beschäftigten erwiesen. Mit der Karte werden drei bis fünf kurze Fragen mit Optionen zum Ankreuzen gestellt. Ergänzend können die Beschäftigten notieren, welche Anregungen sie zur Gestaltung ihres Arbeitsumfeldes haben:

- Erwarten Sie an Ihrem Arbeitsplatz Veränderungen durch die Digitalisierung?
- Wünschen Sie sich mehr Weiterbildung und Qualifizierung für neue Herausforderungen?
- Sorgen Sie sich um die Sicherheit Ihres Arbeitsplatzes?
- Ideen zur Mitgestaltung meines Arbeitsplatzes.

Mit der Verteilung der „Eintrittskarte zur Mitbestimmung" eröffnen sich Möglichkeiten zu persönlichen Gesprächen mit den Beschäftigten. Dabei werden wertvolle Hinweise und insbesondere deren Fragen direkt eingeholt. Der Betriebsrat kann die Erkenntnisse daraus direkt in den weiteren Prozess der Projektbearbeitung einbringen und transparent über die Stimmungsbilder und Ideen sowie die Umsetzungsschritte informieren. Angewendet wird ein Methodenmix aus Betriebs- und Abteilungsversammlungen, Gesprächen mit einzelnen Beschäftigten an ihren Arbeitsplätzen und einem „Arbeit-4.0-Frühstück" i. S. des Open-Space-Konzeptes. In den Betrieben wird damit eine beteiligungsorientierte Herangehensweise sowohl vorgestellt als auch gelebt.

Die Anregungen gehen weit über den Projektrahmen hinaus und bieten Orientierung für den Betriebsrat und die Geschäftsleitung im gesamten weiteren Prozess der Gestaltung von Digitalisierung und Arbeit 4.0. Das schließt z. B. Themen wie Home-Office oder mobile Arbeit mit ein. Beschäftigte bekommen Raum, sich mit ihren Bedenken und Erwartungen Gehör zu verschaffen: „Bin ich noch dabei, wenn es um die Zukunft in meinem Arbeitsbereich geht?" „Werde ich unter- oder überfordert bei meinen Arbeitsaufgaben, mit welcher beruflichen Perspektive kann ich rechnen?".

9.4.4 Klärung von Gestaltungsoptionen durch stetige Rückkopplungsprozesse

Wird Mitgestaltung und Mitbestimmung gelebt, geht es nicht darum einmal seine Meinung zu sagen, sondern einen gemeinsamen Prozess zu organisieren. Hier beschreiben wir agile Projektarbeit und welche Rolle darin Betriebsräte und Vertrauensleute spielen.

Rückkopplungsprozesse zwischen den Projektpartnern sind ein Produktivitätsfaktor für die Zielerreichung im Projektverlauf. Das gilt sowohl für die Ebenen von Technologie und deren Einsatz, als auch für die Ebenen von Organisation und Mensch – sowie für die Prozesse von Beteiligung. Die Entwickler liefern kein fertiges Tool entlang einmal definierter Pflichten und Leistungsmerkmale. Sie erarbeiten Anschauungen von „Prototypen" mit wachsendem Grad der Konkretisierung. In jedem dieser Erarbeitungsschritte werden durch die Mitgestaltung von späteren Anwendern und Betriebsräten die Qualitäten optimiert – entsprechend der Fragen, Kommentare und Anregungen aus Nutzerperspektive. Dadurch erfolgt eine kontinuierliche Überprüfung und ggf. Neujustierung von Vorgehensweisen, Methoden und substanziellen Entscheidungen. Die Projektpartner aus der IG Metall sowie der Beratungseinrichtung Sustain Consult unterstützen den Prozess auf Seiten von Betriebsräten und Beschäftigten, indem sie Kriterien und vergleichende Erfahrungen zur Vorausschau auf den angestrebten Technik- und IT-Einsatz und dessen absehbare Wirkung auf die Perspektiven der Beschäftigten und Standorte beisteuern. Damit werden die Betriebsräte in ihren Möglichkeiten unterstützt, grundlegende Ziele, Bewertungskriterien und Prioritäten für ihr Vorgehen im Gremium sowie mit den Beschäftigten zu reflektieren und in den Prozess einzubringen.

Am Beispiel der Erprobung eines Assistenzsystems wie der Datenbrille, werden die Konsequenzen für eine aus diesem Verständnis resultierende Projektentwicklung anschaulicher: Es wird nicht „einfach" formuliert, welche Leistungsparameter das neue Assistenzsystem als Arbeitsunterstützung oder Fehlervermeidung zu erbringen hat, um dann abschließend ein fertiges Resultat vorzufinden, zu bewerten und dessen Akzeptanz zu erwarten. Der Betriebsrat und die Beschäftigten wollen verstehen, was z. B. grundsätzlich mit einer Datenbrille zu machen ist, wie deren Einsatz auf den Anwender und die Menschen in seinem Umfeld wirkt, welche Be- und Entlastungen davon ausgehen. Die Projektentwicklung folgte daher einer anderen Logik: Beschäftigte aus den einbezogenen Bereichen der Montage, der Arbeitsvorbereitung, der Instandhaltung und der Logistik diskutieren ihre Wahrnehmungen, Erfahrungen, Probleme und Lösungsansätze gemeinsam mit den Prozess-, Software- und Organisationsentwicklern sowie Arbeitswissenschaftlern. Dieser betriebliche Austauschprozess wird dabei zu einer zentralen Schnittstelle des Pilotprojektes. Durch die frühzeitige Einbindung der verschiedensten betrieblichen Experten werden die Gestaltungsoptionen mit ihren unterschiedlichen Ausprägungen Schritt für Schritt sichtbar. So lassen sich neue Konzepte zur Gestaltung von Tätigkeitsprofilen, zur Qualifikationsentwicklung, arbeitsorganisatorischen Rahmenbedingungen und Anwendungen digitaler Technik miteinander verzahnt bearbeiten.

Bei einer solchen Vorgehensweise wird deutlich, unter welchen Bedingungen welches Einsatzkonzept der Datenbrille den Beschäftigten nutzt oder schadet, beziehungsweise dem Betrieb Vor- oder Nachteile bringt.

Schon im Entwicklungsprozess kann frühzeitig berücksichtigt werden, welche gesundheitlichen Belastungen entstehen können und wie diese zu vermeiden sind. Organisation, Führung und Mitbestimmung werden mit entwickelt. Möglichkeiten und Grenzen des Einsatzes der Datenbrille, z. B. zur Unterstützung der Montagetätigkeit in der Fernwartung oder als Unterstützungstool beim Lernen am Arbeitsplatz werden rechtzeitig mitgedacht.

9.4.5 Die Umsetzung nimmt Gestalt an

In den Projektbetrieben haben die entwickelten Konzepte der Digitalisierung und Gestaltung von Arbeit 4.0 zu ersten Umsetzungserfolgen geführt, sei es durch Investitionen in Anlagentechnik, durch Software-Weiterentwicklungen, durch optimierte Nutzung von Assistenzsystemen oder durch entsprechende Leitfäden, durch die Erstellung von Belastungs- und Qualifikationsprofilen und entsprechenden Erhebungen der Bedarfe der Beschäftigten, durch Weiterbildungsvereinbarungen und verbesserte Qualitätssicherungen in Echtzeit.

Grundlage dafür war durchgängig ein erweitertes Verständnis von Technikeinführung. Die Technikentwicklung wird um die gleichwertigen Dimensionen der Gestaltung auf den Ebenen von „Organisation" und „Mensch" erweitert. Den für die Digitalisierung Verantwortlichen auf Ebene der Unternehmensleitung stehen Betriebsräte gegenüber, die auch in ihren Reihen entsprechende Strukturen und Kompetenzen aufbauen beziehungsweise erweitern. Tätigkeitsprofile, Arbeitsbelastungen, Qualifikationsanforderungen, Führungs- und Mitbestimmungsaufgaben oder Datenschutzerfordernisse werden systematischer erhoben und angegangen. Betriebsräte entwickeln gemeinsam mit Beschäftigten originäre Projekte der Gestaltung von Arbeit 4.0 und bringen diese in die betrieblichen Prozesse ein.

Damit ist nicht ausgeschlossen, dass es auch weiterhin Konflikte um Standortentwicklungen und Arbeitsgestaltungen gibt. Mit den Projekterfahrungen verbindet sich aber eine zusätzliche vorausschauende Ebene, diese Konflikte zum Thema zu machen und sach- und interessenorientiert auszutragen.

9.5 Gesamt-Fazit: Erfolgsfaktoren und Stolpersteine aus Sicht der IG Metall und der Betriebsräte

Bei der rückblickenden Auswertung der betrieblichen Prozesse und der Erfahrungen der beteiligten Betriebsräte aus den Pilot-Betrieben, lassen sich typische Erfolgsfaktoren und Stolpersteine ableiten, die sich auf unterschiedliche Aspekte der Projektbearbeitung beziehen (Abb. 9.4).

9 Mehrwert Mitgestaltung – Der ganzheitliche Weg zu Arbeit 4.0

Aspekt	Erfolgsfaktoren	Stolpersteine
Projekt-Ziele	• Klare Ziele abstecken - aus Sicht des Betriebsrates: Mehrwert für Beschäftigte • „Messbare" Ziele und Ziel-Controlling	• Ungenaue Ziele • Ungeklärtes Projektverständnis zwischen Betriebsleitung und Betriebsrat sowie den anderen Akteuren
Beteiligung der Beschäftigten	• Beschäftigte früh umfassend informieren und beteiligen • Ängste aufnehmen und ernst nehmen sowie Erwartungen ansprechen	• Beschäftigte zu spät informieren und beteiligen • Möglichkeiten und Grenzen der Beteiligung im Unklaren lassen
Haltung zum Projekt im Betriebsratsgremium	• Eigene Haltung verändern: Vorausschauend eigene Optionen erkennen, verstehen und nutzen • Dialog führen: Betriebsrat/IG Metall/Wissenschaft/Geschäftsleitung und Management	• Unterschätzte Dynamik und Dimension der Veränderung • Veränderungsbereitschaft teils wenig ausgeprägt • Unsicherheit über eigene Rolle im Projekt
Projekt-Management im Gremium bzw. im Betrieb	• Gesamtes Gremium einbeziehen • Projektorientierte Arbeitsweise (weiter-) entwickeln • Klare Aufgaben verteilen • Möglichkeiten der Unterstützung und „Supervision" von externen Partnern nutzen	• Unklare Projektsteuerung und -struktur, auch seitens des Betriebs • Zu später Einstieg wichtiger Akteure • Unzureichende Kommunikation zwischen den Projektakteuren • Lücken in der Koordination zwischen den Projektakteuren

Abb. 9.4 Erfolgsfaktoren und Stolpersteine von Gestaltungsprojekten zu Arbeit 4.0

Grundsätzlich sind fehlende oder unzureichende Informationen hinsichtlich des technologisch Machbaren in den unterschiedlichen Einsatzbereichen, wie z. B. IT, eine zentrale Hürde einer vorausschauenden und mitgestaltenden Betriebsratsarbeit. Vielen Betriebsräten ist es zunächst schwergefallen, in der Startphase beziehungsweise im Vorfeld der Pilotprojekte, im Betriebsratsgremium ein eigenes Zielbild künftiger digitaler Arbeit zu entwickeln. Die Ziele für die eigene Mitbestimmung und Mitgestaltung orientierten sich zunächst an Grundsätzen wie: Beschäftigungs- und Standortsicherung, Datenschutz und „alle Beschäftigten in den Veränderungsprozessen mitnehmen".

Hinzu kam, dass auch betriebsseitig keineswegs eindeutige Klarheit über die Möglichkeiten technologischer Optionen und Voraussetzungen zur generellen Zielerreichung bestand. Auch zu den betrieblichen Zielebenen – wie beherrschbare Variantenvielfalt, Null-Fehler-Fertigung, kundenspezifische Anforderungen und Lösungen, optimierte Wartung oder gesteigerte Produktivität – gab es keine bereits vollständig ausgearbeiteten Lösungen. Die damit erforderlichen längeren Klärungsprozesse boten den Betriebsräten die Chance, sich und die Beschäftigten mit einem eher ungewohnten Rollenbild und Projektverständnis vertraut zu machen. Anstelle der Auseinandersetzung mit den Folgen bereits weitestgehend von der Unternehmensleitung getroffener Entscheidungen und die Konzentration auf die Abmilderung negativer Folgen für einzelne Beschäftigtengruppen, trat die Vorausschau auf Gestaltungsoptionen in möglichen Veränderungsprozessen.

Eine Neujustierung der eigenen Rolle hat auch Folgen für den Klärungsprozess über ein gemeinsames Projektverständnis. Je unklarer allen Akteuren die jeweiligen Rollen sind, desto schwerer gestaltet sich der Klärungsprozess. Den beteiligten Betriebsräten fiel es umso leichter auf eigene Ziele hinzuarbeiten, je schneller diese, mindestens gefühlte Rollenerweiterung zu einer vorausschauenden Gestaltungsaufgabe vollzogen wurde. Auch auf den Ebenen von Entwicklern, Geschäftsleitungen und Projektpartnern erfordert das einen Wandel im wechselseitigen Rollenverständnis.

Ein zentraler Katalysator für diesen Prozess der eigenen Rollenfindung war in allen Fällen der Dialog und die *Beteiligung* weiterer Beschäftigtengruppen über den Kreis der beteiligten Betriebsräte hinaus. Über die gezielte Aufnahme konkreter Anliegen der Beteiligten beziehungsweise Betroffenen konnten beispielsweise eigene Prioritäten leichter gefunden und gesetzt werden. Das bedeutet – auch für den Betriebsrat – die Beschäftigten nicht erst mitzunehmen, wenn Projekte abgeschlossen und gewünschte Ergebnisse schon erzielt sind. In der beschriebenen Veränderungsdynamik geht es darum, Wege zu finden, wie man die Beschäftigten in den laufenden Prozess einbindet und dabei deutlich macht, dass das Ergebnis keineswegs vorab schon klar ist. Dort wo über diesen Punkt und gleichermaßen über Möglichkeiten wie Grenzen und Zweck der Beteiligung offen kommuniziert wurde, war die Resonanz der Beschäftigten durchweg sehr positiv. Denn dies ging immer einher mit dem Gefühl, wertschätzend behandelt und ernst genommen zu werden – mithin ein guter Grundstein für gemeinsamen Erfolg.

Vor allem durch die Einbeziehung der Beschäftigten, aber auch mit den Möglichkeiten zur unterstützenden Begleitung und „Supervision" durch die beteiligten IG Metall Sekretäre und Sustain Consult, wurde in den Betrieben ein Prozess in Gang gesetzt, der konstitutiv für die weitere Arbeit sein sollte. Allmählich und im Zuge vieler Diskussionen änderten sich die *Haltungen aller* beteiligten Projektpartner zum Projekt. Dabei wurde immer sichtbarer wie handlungsleitend es für die Betriebsräte war, die eigenen erweiterten Optionen zu erkennen, zu verstehen und anzunehmen. Entscheidend dafür war es, den Dialog mit den verschiedenen Projektpartnern (Geschäftsleitung, Management und Wissenschaft) gezielt zu suchen und zu führen. Nur so war es möglich, den Kontext der Projektentwicklung der betrieblichen Piloten fortlaufend richtig einzuordnen und in der Folge die eigenen Schwerpunkte in der Projektarbeit zu setzen und einzubringen.

Die grundlegende Haltung zum Pilotprojekt, die sich deutlich in gemeinsamen Zielen und einer beteiligungsorientierten Vorgehensweise zeigt, manifestiert sich letztlich in einem gemeinsam verabredeten *Projektmanagement*. Dies gilt sowohl für das übergeordnete Projektmanagement im Betrieb, wie auch für das betriebsratsinterne Projektmanagement. Hier ist es angesichts tradierter und entwickelter Strukturen in den Gremien zum Teil eine große Herausforderung, überhaupt geeignete neue demokratische Strukturen zu finden. So kann das Betriebsratsgremium schwerlich einzelnen Mitgliedern in ihrer jeweiligen Rolle in Teilprojekten eine eigenständige Entscheidungsverantwortung übertragen, ohne die Übersicht über deren Folgewirkungen im weiteren Prozess zu behalten. Angesichts zügig zu planender Abstimmungsprozesse und unterschiedlicher Wissensstände mussten hierzu neue Lösungswege entwickelt werden. D. H.: Es brauchte sowohl eine sehr belastbare Beziehung zwischen den Betriebsparteien als auch ein ausgeklügeltes Projektmanagement, um alle Projektbeteiligten in der angemessenen Art und Weise zu beteiligen. Auch wurde deutlich, dass es sich als nachteilig erwies, wenn gerade bei Technikprojekten die ebenfalls relevante Personalabteilung (im Sinne der Personalentwicklung) nicht von Beginn an mit einbezogen wurde.

9.5.1 Von der konventionellen Technikeinführung zur ganzheitlichen Gestaltung von Arbeit 4.0

Wie alle betrieblichen Entwicklungen wird auch die Einführung und Nutzung digitaler Technologien vonseiten der Betriebsleitung mit ihrer generellen Entscheidungsbefugnis, ihrer Verantwortlichkeit für die (strategische) Betriebsentwicklung und ihren Zielen, z. B. bezüglich der Gestaltung von Produktion, getrieben. Es handelt sich daher aus Sicht von IG Metall und Betriebsräten um eine asymmetrische Situation. Gleichzeitig ist wohl völlig unbestritten, dass Beschäftigte in einem deutlichen Maße von allen Entwicklungen und ergriffenen Maßnahmen betroffen sein können und zudem als proaktive Beteiligte benötigt werden, um Erfolg bei und mit „Industrie 4.0" zu haben.

Für die Betriebsräte und die IG Metall geht es um die Verbindung von Schutz- und Gestaltungsaufgaben in diesen Prozessen der Digitalisierung und der Transformation von Arbeitswelten. Die Vorausschau auf das, was durch Digitalisierung, Globalisierung und Klimawandel zu erwarten ist, wird dabei in den Vordergrund gerückt, um nicht später nur noch die Folgen nachsorgend abzumildern. Veränderungsprozesse sind ganzheitlich zu erfassen und in ihren Wirkungen einzuschätzen.

Die Ausrichtung auf diese Vorausschau und proaktive Mitgestaltung bietet zusätzliche Chancen, muss aber zugleich von den Beschäftigten im Betrieb getragen werden. Es geht um veränderte Haltungen und erweiterte Kompetenzen in der Ausrichtung der Interessenvertretungsarbeit.

Die Praxis in den fünf Projektbetrieben hat gezeigt, dass eine „gute Arbeit" im digitalen Wandel auch in der aktiven Rolle nur dann erreicht werden kann, wenn die technologischen Fragen von Beginn an mit in den Blick genommen werden. Mit der Art der Technikgestaltung verbinden sich weitreichende Weichenstellungen nicht nur für die Arbeitsorganisation, sondern insbesondere auch für die Arbeitsbedingungen: Dies betrifft nicht nur Fragen der Kompetenz- und Qualifikationsentwicklung, sondern auch Fragen der Eingruppierung, der Arbeitszeit, der Arbeitsplatzgestaltung und der Belastung.

Für viele Betriebsräte ist es keine reine Routine diese neuen Herausforderungen und Optionen der konkreten Gestaltung digitaler Technologieentwicklung zu erfassen und richtig einzuordnen. Erschwerend kommt hinzu, dass gerade die Digitalisierung sich der physischen Sichtbar- und Erlebbarkeit weitgehend entzieht und zudem eine hohe Dynamik aufweist. Technikgestaltung stand nicht immer im Fokus der Betriebsratsgremien, wohl aber Fragen der Arbeitsorganisation im Rahmen ganzheitlicher Produktionssysteme. Daran lässt sich bei der Digitalisierung anknüpfen.

Die Digitalisierung ist mehr als die nächste Stufe eines ganzheitlichen Produktionssystems und mehr als ein Schritt weiterer Automatisierung. Sie wird zu einem System entwickelt, in dem sich möglichst umfassend reale Prozesse und Bedarfe vorausschauend und steuernd in „BIG-DATA"-Strukturen abbilden und auswerten lassen, gestützt auf entsprechende Algorithmen. Die gesamte Entwicklung findet vor dem Hintergrund einer starken Veränderungsdynamik und einem starken Veränderungsdruck (allein aufgrund der exponentiellen Steigerung von Datenverarbeitungskapazitäten und wachsenden Übertragungsleistungen) statt.

Sich als IG Metall und Betriebsrat in die damit möglichen und erforderlichen Gestaltungsprozesse einzubringen heißt, deren treibende Kräfte und Optionen zu verstehen. Dabei werden sowohl analytisch wie operativ kompetente Spezialisten benötigt, die nicht alleine die drei Eckpunkte (Mensch-Organisation-Technik) jeweils isoliert „beherrschen", sondern diese im Kontext zueinander verstehen und gestalten können. Dazu werden inhaltlich-fachliches Wissen und soziale Kompetenzen im betrieblichen Zusammenhang (auch: Verständnis von Interessenkonstellationen der Betriebsparteien, Verständnis für die verschiedenen betrieblichen Funktionsverantwortlichen und Experten, Vertrauenswürdigkeit etc.) benötigt. Speziell Vertrauenswürdigkeit ist in der asymmetrischen Situation ein extrem wichtiges Element, um überhaupt den Weg in den Experimentierraum zu finden – geschweige denn diesen gemeinsam mit dem passenden Inventar und der geeigneten (beteiligungsorientierten) Atmosphäre auszustatten.

Das Schlagwort der Agilität ist in aller Munde. Aus einem bereits älteren sogenannten agilen Manifest von Softwareentwicklern geht hervor, dass „Individuen und Interaktionen mehr als Prozesse und Werkzeuge, funktionierende Software mehr als umfassende Dokumentation, Zusammenarbeit mit dem Kunden mehr als Vertragsverhandlung, Reagieren auf Veränderung mehr als das Befolgen eines Plans" für wichtig erachtet werden (Agiles Manifest 2001). Schaut man sich diese Prinzipien für Softwareentwicklung an, dann stellt man fest, dass sich vieles von dieser grundlegenden Haltung und dem Blick auf Technikentwicklung als hilfreich in den Pilotprojekten erwiesen hat.

Ein Verständnis für die unterschiedliche Logik in der Bearbeitung von Technikeinführung, der Organisationsentwicklung und der Gestaltung von Arbeit 4.0 haben wir im Dialog mit Betriebsräten herausgearbeitet und in der folgenden Grafik zusammengefasst (Abb. 9.5).

Das klassische Prinzip der konventionellen Technikentwicklung folgt nach dem Wasserfall-Prinzip. Wenn die wesentlichen Entscheidungen auf der Technikebene in Form von Investitionen getroffen sind, ist die Organisation und sind die Menschen mit Anpassungsleistungen gefordert. Die Beschäftigten fragen sich zu Recht mit welchen Unsicherheiten sie dabei leben müssen und wie sich die Folgen auf ihre beruflichen Perspektiven auswirken.

9 Mehrwert Mitgestaltung – Der ganzheitliche Weg zu Arbeit 4.0

Abb. 9.5 Von der konventionellen Technikeinführung zum ganzheitlichen Veränderungsprozess Arbeit 4.0

Dem gegenüber hat sich in den Projektbetrieben ein ganzheitliches Verständnis zur Gestaltung der Arbeit 4.0 entwickelt: Von der Technikdominanz zur integrierten Sichtweise Mensch-Organisation-Technik. Sie stützt sich auf den frühzeitigen Dialog, auf die nachhaltige Veränderung der Haltung zur Mitgestaltung und Mitbestimmung. Sie macht den Menschen zum Ausgangspunkt im Veränderungsprozess: die Betonung des kritisch-konstruktiven, neugierig-vorausschauenden und dadurch innovativen Beschäftigten, der seine Rolle im Veränderungsprozess nicht zugewiesen bekommt, sondern sich diese zugleich selbst erarbeiten kann und darf. Damit wird der Beschäftigte zu einem mündigen und kreativen Akteur der Veränderung, statt diese lediglich akzeptieren zu müssen. Die Mitgestaltung und Mitbestimmung durch die Betriebsräte, die Beschäftigten und ihre Gewerkschaften macht die Entwicklung technologischer Lösungen nicht komplizierter, sondern im Gegenteil: sie ist Teil der besseren Lösungen. Und mit Blick auf die Zukunft bleibt auf diese Weise Innovationskompetenz und Kreativität der Beschäftigten für die Unternehmen erhalten und wird nicht durch Technik ersetzt.

Literatur

Agiles Manifest (2001) http://agilemanifesto.org/iso/de/manifesto.html. Zugegriffen: 27. Nov. 2017

Baethge M (2017) Rückblick in die Zukunft. Welche Lehren die Industrie 4.0 aus der Automatisierung ziehen kann. Ein Gastbeitrag in der Frankfurter Rundschau vom 27.02.2017. Zugegriffen: 21. Nov. 2017

Bahnmüller R, Bispinck R (1995) Vom Vorzeige zum Auslaufmodell? Das deutsche Tarifsystem zwischen kollektiver Regulierung, betrieblicher Flexibilisierung und individuellen Interessen. In: Bispinck R (Hrsg) Tarifpolitik der Zukunft. Was wird aus dem Flächentarifvertrag? VSA-Verlag, Hamburg, S 137–172

Brödner P (2015) Industrie 4,0 und Big Data – wirklich ein neuer Technologieschub? In: Hirsch-Kreinsen H, Ittermann P, Niehaus J (Hrsg) Digitalisierung industrieller Arbeit. Sigma, Baden-Baden, S 232–251

Bundesministerium für Arbeit und Soziales (2017) https://www.arbeitenviernull.de/experimentierraeume/idee/was-sind-experimentierraeume.html. Zugegriffen: 27. Nov. 2017

Detlef G (2012) Produktionssysteme wirtschaftlich und menschengerecht gestalten. In: Gesellschaft für Arbeitswissenschaft (Hrsg) Angewandte Arbeitswissenschaft für kleine und mittelständische Unternehmen, Band zur Herbstkonferenz 2012 der Gesellschaft für Arbeitswissenschaft. GfA-Press, Dortmund, S 101–112

Deutscher Gewerkschaftsbund (DGB) (2016) DGB-Index Gute Arbeit. Der Report 2016. Wie die Beschäftigten die Arbeitsbedingungen in Deutschland beurteilen

Emery F, Trist E (1969) Socio-technical systems. In: Emery F (Hrsg) Systems thinking. Penguin, Harmondsworth

Gunter L, Neuhaus R (2005) Ganzheitliche Produktionssysteme (GPS) – Fortführung von Lean Production? Angewandte Arbeitswissenschaft 185:32–47

Haipeter T (2002) Chancen und Risiken der Mitbestimmung – Das Beispiel Volkswagen. Industrielle Beziehungen 9(3):319–342

Herrmann T (2012) Kreatives Prozessdesign. Springer, Heidelberg

Hilbrecht H, Kempkens O (2013) Design Thinking im Unternehmen – Herausforderungen und Mehrwert. In: Digitalisierung und Innovation. Springer Fachmedien, Wiesbaden, https://doi.org/10.1007/978-3-658-00371-5_18, ISBN 979-3-658-00370-8, S 347–364

IG Metall Bezirksleitung (2017) Industrie 4.0 im Betrieb gestalten. Das Projekt „Arbeit 2020 in NRW"

Kern H, Schumann M (1984) Das Ende der Arbeitsteilung? Rationalisierung in der industriellen Produktion. Beck, München

Kirner E, Weißloch U, Jäger A (2010) Beteiligungsorientierte Organisation und Innovation. WSI Mitteilungen 2:87–94

Kriegesmann B, Kley T, Kublik S (2010) Innovationstreiber Mitbestimmung. WSI-Mitteilungen 2:71–78

Kuhlmann M (2013) Neue Produktionskonzepte/innovative Arbeitspolitik. In: Hirsch-Kreinsen H, Minssen H (Hrsg) Lexikon der Arbeits- und Industriesoziologie. Nomos, Berlin, S 358–364

Kuhlmann M, Schumann M (2015) Digitalisierung fordert Demokratisierung der Arbeitswelt heraus. In: Hoffmann R, Bogedan C (Hrsg) Arbeit der Zukunft Möglichkeiten nutzen – Grenzen setzen. Campus, Frankfurt a. M., S 122–140

Kurz C (2014) Industrie 4.0 verändert die Arbeitswelt. Gewerkschaftliche Gestaltungsimpulse für „bessere" Arbeit. In: Schröter W (Hrsg) Identität in der Virtualität Einblicke in neue Arbeitswelten und Industrie 4.0. Talheimer, Mössingen-Talheim, S 106–111

Latniak E, Kötter W, Roth S (2018) Konzepte soziotechnischer Gestaltung für arbeits- und prozessorientierte Digitalisierungsmaßnahmen – erste Befunde und Perspektiven. Beitrag C.1.3 beim 64.GfA-Frühjahrskongress 2018 in Frankfurt/Main, FOM Hochschulzentrum. 21.–23.02.2018

Malanowski N, Hirsch-Kreinsen H (2017) Digitalisierung der Industrie (Industrie 4.0). Tiefgreifender Wandel von Prozessinnovationen, Arbeitsorganisation, Arbeitsbedingungen und Qualifizierung. https://www.boeckler.de/pdf_fof/99350.pdf. Zugegriffen: 27. Nov. 2017

Nettelstroth W, Schilling G (2017) Mitbestimmung 4.0. Die digitale Arbeit menschenwürdig gestalten. In: Maier G, Engels W, Steffen E (Hrsg) Handbuch Gestaltung digitaler und vernetzter Arbeitswelten. Springer, Heidelberg. https://doi.org/10.1007/978-3-662-52903-4_11-1

Schilling G, Nettelstroth W (2016) Perspektive statt Verunsicherung. Mitbestimmung 4.0. Supervision 4:34–40

Pfeiffer S (2014) Innovation und Mitbestimmung. Industrielle Beziehungen, Zeitschrift für Arbeit, Organisation und Management, 21(4). https://www.budrich-journals.de/index.php/indbez/article/download/27083/23638

Schmierl K (2012) Mitwirkung von Betriebsräten in komplexen Innovationsprozessen? In: Pfeiffer S, Schütt P, Wühr D (Hrsg) Smarte Innovation. Ergebnisse und neue Ansätze im Maschinen- und Anlagenbau. Springer, Wiesbaden, S 165–181. Sammelbesprechung: Sabine Pfeiffer: Innovation und Mitbestimmung

Strohm O, Ulich E (1997) Unternehmen arbeitspsychologisch bewerten. Ein Mehr-Ebenen-Ansatz unter besonderer Berücksichtigung von Mensch, Technik und Organisation. vdf Hochschulverlag, Zürich

Womack J, Jones D, Roos D (1991) Die zweite Revolution in der Autoindustrie. Campus, Frankfurt a. M.

Wulf V, Müller C, Pipek V, Randall D, Rohde M, Stevens G (2015) Practice-based computing. Empirically grounded conceptualizations derived from design case studies. In: Wulf V, Schmidt K, Randall D (Hrsg) Designing socially embedded technologies in the real-world. Springer, London

Ausblick 10

Michael Bansmann

Die Digitalisierung der Arbeitswelt hat weitreichende Auswirkungen auf Beschäftigte und Organisationen des produzierenden Gewerbes. Dies konkretisiert sich in Szenarien digitalisierter Arbeit. Deren Chancen und Risiken sowie die entsprechenden Gestaltungsfragen machen deutlich, dass nicht nur die technische Perspektive im Mittelpunkt digitalisierter Arbeitswelten steht. Vielmehr müssen auch die Perspektiven der Organisation und des Menschen in den Fokus gerückt werden. Mit der Nachhaltigkeitsmaßnahme Arbeit 4.0 hat der Spitzencluster it's OWL einen wichtigen Beitrag geleistet, die Potenziale, Herausforderungen und Gestaltungsoptionen digitalisierter Arbeitswelten zu untersuchen. In einer Praxisstudie mit fünf Pilotunternehmen wurden die unternehmensspezifischen Herausforderungen identifiziert und gemeinsam mit den Beschäftigten bedarfsgerechte Lösungsansätze entwickelt. Dabei konnte eine Balance zwischen technischen Möglichkeiten, organisatorischer Gestaltung sowie Auswirkungen auf die Beschäftigten erzielt werden. Es wurde deutlich, dass der digitale Wandel der Arbeitswelt alle Branchen sowie alle Unternehmensbereiche und -ebenen gleichermaßen betrifft. Auswirkungen auf Beschäftige und Organisation sind dabei immer abhängig von konkreten Technologie-Entscheidungen und unternehmensspezifischen Rahmenbedingungen. Vor diesem Hintergrund gibt es keine Patentlösungen für die Gestaltung digitalisierter Arbeitswelten. Bedarf besteht vor allem an Lösungen zur Unterstützung von Arbeitstätigkeiten. Technische Ansätze, die Arbeitskräfte ersetzen, sind kaum gefragt. Demonstratoren veranschaulichen konkrete Anwendungsbereiche und Wirkungen digitalisierter Arbeit, die anderen Unternehmen Impulse geben können. Als wichtiger Erfolgsfaktor erweist sich die Einbindung der Beschäftigten.

M. Bansmann (✉)
Fraunhofer IEM, Produktentstehung, Paderborn, Deutschland
E-Mail: michael.bansmann@iem.fraunhofer.de

Gemeinsam mit der IG Metall wurde in dem Projekt eine neue Herangehensweise für die Gestaltung von Arbeit 4.0 entwickelt: Anstatt erst nach der Einführung neuer Technologien nach der Akzeptanz und den Auswirkungen für die Beschäftigten zu fragen, wurden Veränderungsprozesse von Anfang an im Dialog mit Beschäftigten, Betriebsrat und Gewerkschaften umgesetzt. Bewusst angelegte Rückkopplungsschleifen zwischen den Akteuren führten zu neuen, ganzheitlichen Lösungen, die den Beschäftigten nutzen und von ihnen akzeptiert werden. Mit der Nachhaltigkeitsmaßnahme haben it's OWL und die beteiligten Unternehmen Neuland betreten und wichtige Pionierarbeit geleistet. Die Rückmeldungen der Beteiligten und das hohe Interesse weiterer Unternehmen unterstreichen, dass die Ansätze funktionieren und wir den Weg zur Arbeit 4.0 weitergehen müssen. Das bestätigte auch der ehemalige Bundespräsident Joachim Gauck, der sich bei seinem Besuch am 27. September 2016 sehr beeindruckt von den Aktivitäten des Projekts zeigte. Die Gestaltung der Arbeitswelt ist ein zentrales Themenfeld in der Strategie des Spitzenclusters für die nächsten Jahre. Dafür sehen wir insbesondere die folgenden Ansätze:

- Konkretisierung und Multiplikation: Erfahrungen und Lösungen für digitalisierte Arbeit sollen durch Transferprojekte in die Breite getragen und an die individuellen Bedarfe der KMU angepasst werden.
- Innovative Leuchtturmprojekte: In Kooperation von Wissenschaft und Unternehmen gilt es, innovative Ansätze für die digitalisierte Arbeitswelt zu entwickeln.
- Bildungsinitiative: Nachwuchs- und Fachkräfte müssen für neue Technologien im Kontext Industrie 4.0 qualifiziert werden. Dazu wollen wir unsere Kompetenzen und Weiterbildungsangebote in einer it's OWL Academy verfügbar machen.

MIX
Papier aus verantwortungsvollen Quellen
Paper from responsible sources
FSC® C105338

If you have any concerns about our products,
you can contact us on
ProductSafety@springernature.com

In case Publisher is established outside the EU,
the EU authorized representative is:
**Springer Nature Customer Service Center GmbH
Europaplatz 3, 69115 Heidelberg, Germany**

Printed by Libri Plureos GmbH
in Hamburg, Germany